"十四五"职业教育国家规划教材

1+X 职业技能等级证书（传感网应用开发）书证融通系列教材

物联网组网技术应用

组　编　北京新大陆时代教育科技有限公司
主　编　苏李果　楼惠群　高晓惠
副主编　宋　丽　袁小燕　程　琦　姚　嵩
　　　　张志红　李如平　王　琨
参　编　钱罕林　戚伟业　李　妹　李　菁
　　　　孟志达　刘马飞　陈晓峰　董明浩
　　　　魏美琴　邹宗冰

机械工业出版社

本书为1+X职业技能等级证书（传感网应用开发）书证融通教材，以职业岗位的"典型工作过程"为导向，融入行动导向教学法，将教学内容与职业能力相对接、单元项目与工作任务相对接，主要介绍物联网领域常见的组网技术，包括短距离通信技术 Basic RF、Wi-Fi 和蓝牙，有线通信技术 RS-485 和 CAN，低功耗广域技术 LoRa 和 NB-IoT，并将各技术在行业中的典型应用作为载体，采用"项目引领、任务驱动"的模式，以行动导向教学法的实施步骤为主线编排各任务，十分有利于读者学习与实践。本书是新形态教材，采用二维码技术配套微课视频等资源，提升了学习趣味性，可使学生随时、主动、反复地学习相关内容。

本书可作为高职高专院校电子信息大类相关专业的教学用书，也可作为从事传感网应用开发、物联网系统集成等岗位人员的自学参考用书。

为方便教学，本书配套 PPT 课件、电子教案等资源，选择本书作为授课教材的教师可登录 www.cmpedu.com 网站注册并免费下载。

图书在版编目（CIP）数据

物联网组网技术应用/北京新大陆时代教育科技有限公司组编；苏李果，楼惠群，高晓惠主编. —北京：机械工业出版社，2021.3（2024.8 重印）
1+X 职业技能等级证书（传感网应用开发）书证融通系列教材
ISBN 978-7-111-67621-8

Ⅰ.①物… Ⅱ.①北… ②苏… ③楼… ④高… Ⅲ.①物联网-高等职业教育-教材 Ⅳ.①TP393.4②TP18

中国版本图书馆 CIP 数据核字（2021）第 034859 号

机械工业出版社（北京市百万庄大街 22 号 邮政编码 100037）
策划编辑：赵红梅 责任编辑：赵红梅 苑文环
责任校对：梁 倩 封面设计：鞠 杨
责任印制：李 昂
河北宝昌佳彩印刷有限公司印刷
2024 年 8 月第 1 版第 9 次印刷
184mm×260mm · 21 印张 · 553 千字
标准书号：ISBN 978-7-111-67621-8
定价：67.00 元

电话服务　　　　　　　　网络服务
客服电话：010-88361066　　机 工 官 网：www.cmpbook.com
　　　　　010-88379833　　机 工 官 博：weibo.com/cmp1952
　　　　　010-68326294　　金 书 网：www.golden-book.com
封底无防伪标均为盗版　机工教育服务网：www.cmpedu.com

关于"十四五"职业教育
国家规划教材的出版说明

为贯彻落实《中共中央关于认真学习宣传贯彻党的二十大精神的决定》《习近平新时代中国特色社会主义思想进课程教材指南》《职业院校教材管理办法》等文件精神，机械工业出版社与教材编写团队一道，认真执行思政内容进教材、进课堂、进头脑要求，尊重教育规律，遵循学科特点，对教材内容进行了更新，着力落实以下要求：

1. 提升教材铸魂育人功能，培育、践行社会主义核心价值观，教育引导学生树立共产主义远大理想和中国特色社会主义共同理想，坚定"四个自信"，厚植爱国主义情怀，把爱国情、强国志、报国行自觉融入建设社会主义现代化强国、实现中华民族伟大复兴的奋斗之中。同时，弘扬中华优秀传统文化，深入开展宪法法治教育。

2. 注重科学思维方法训练和科学伦理教育，培养学生探索未知、追求真理、勇攀科学高峰的责任感和使命感；强化学生工程伦理教育，培养学生精益求精的大国工匠精神，激发学生科技报国的家国情怀和使命担当。加快构建中国特色哲学社会科学学科体系、学术体系、话语体系。帮助学生了解相关专业和行业领域的国家战略、法律法规和相关政策，引导学生深入社会实践、关注现实问题，培育学生经世济民、诚信服务、德法兼修的职业素养。

3. 教育引导学生深刻理解并自觉实践各行业的职业精神、职业规范，增强职业责任感，培养遵纪守法、爱岗敬业、无私奉献、诚实守信、公道办事、开拓创新的职业品格和行为习惯。

在此基础上，及时更新教材知识内容，体现产业发展的新技术、新工艺、新规范、新标准。加强教材数字化建设，丰富配套资源，形成可听、可视、可练、可互动的融媒体教材。

教材建设需要各方的共同努力，也欢迎相关教材使用院校的师生及时反馈意见和建议，我们将认真组织力量进行研究，在后续重印及再版时吸纳改进，不断推动高质量教材出版。

机械工业出版社

▶ PREFACE

前言

　　随着物联网应用规模的日益扩大，各种便携式电子设备已越来越深入人们的生活，其中物联网各种通信技术发挥了重大作用，其发展丰富了人与人的联系方式，更将"物"纳入通信体系，颠覆了人与物、物与物的沟通与联系方式。行业的发展促进了技术的进步，催生了对人才的需求。高职院校是培养高素质技能型人才的主要阵地，在职教改革的背景下，我们有责任及时调整专业人才培养方案，保证教学内容与岗位职业能力实现有效衔接。因此，为保证产业的发展与人才培养的紧密对接，编者联合企业，结合多年的教学与工程实践经验，编写了本书。

　　本书具有以下"三个对接、三个驱动"的特色：

　　1. 以书证融通为出发点，对接行业发展。

　　本书结合《国家职业教育改革实施方案》等国家战略，落实"1+X"证书制度，深化"三教"改革要求，围绕书证融通模块化课程体系，对接行业发展的新知识、新技术、新工艺、新方法，聚焦传感网应用开发的岗位需求，将职业等级证书中的工作领域、工作任务、职业能力融入原有物联网组网技术应用的教学内容，改革传统课程。

　　2. 以职业能力为本位，对接岗位需求。

　　本书强调以能力作为教学的基础，而不是以学历或学术知识体系为基础，将所从事行业应具备的职业能力作为教材内容的最小组织单元，培养岗位群所需职业能力。

　　3. 以行动导向为主线，对接工作过程。

　　本书优选各种通信技术在行业中的典型应用场景，分析职业院校学生学情及学习规律，遵循"资讯—计划—决策—实施—检查—评价"这一完整的工作过程序列，在教师的引导下，"教、学、做"一体，强化实践能力，学生成为学习过程中的中心，在自己"动手"实践中，形成职业技能、习得专业知识。

　　4. 以典型项目为主体，驱动课程教学实施。

　　本书采用项目化的方式，将岗位典型工作任务与行业企业真实应用相结合，学生在学习项目的过程中，掌握岗位群所需的典型工作任务的技能。

　　5. 以立体化资源为辅助，驱动课堂教学效果。

　　本书以"信息技术+"助力新一代信息技术专业升级，满足职业院校学生多样化的学习需求，通过配备丰富的微课视频、PPT、教案、工具包等资源，大力推进"互联网+""智能+"教育新形态，推动教育教学变革创新。

　　6. 以校企合作为原则，驱动应用型人才培养。

　　本书由闽西职业技术学院、浙江交通职业技术学院等院校与北京新大陆时代教育科技有限公司联合开发，充分发挥校企合作优势，利用企业对于岗位需求的认知及培训评价组织对于专业技能的把控，同时结合院校教材开发与教学实施的经验，保证本书的适应性与可行性。

　　本书从典型工作任务出发，分为三篇：一是短距离通信技术篇，介绍了 Basic RF、Wi-Fi和蓝牙 BLE 通信技术；二是有线通信技术篇，介绍了 RS-485 和 CAN 通信技术；三是低功耗广域技术篇，介绍了 LoRa 和 NB-IoT 通信技术。针对上述每种技术，本书都选取了真实的物联网应用作为载体，采用"项目引领、任务驱动"的模式，以行动导向教学法的实施步骤为主线编排各任务的教学内容，十分有利于读者学习与实践。本书的参考学时为 72 学时，各项目的知识重点和学时建议见下表：

职业领域	教材领域			
工作任务	项目名称	项目任务名称	知识重点	建议学时
Basic RF 应用开发	项目 1　智能家居控制系统	任务 1　建立 Basic RF 点对点通信网络	1. Basic RF 和 ZigBee 无线通信技术的特点及其应用场景	4 学时
		任务 2　设计智能照明功能	2. CC2530 无线单片机的特性与相关外设的工作原理	4 学时
		任务 3　设计智能窗帘控制功能	3. Basic RF Layer 的相关概念及其工作机制	4 学时
Wi-Fi 技术应用开发+驱动开发	项目 2　体温检测防疫系统	任务 1　建立 Wi-Fi 网络	1. Wi-Fi 无线通信技术的特点及其应用场景	4 学时
		任务 2　设计安检功能		4 学时
		任务 3　设计体温采集与上报功能	2. 基于 ESP8266 的 Wi-Fi 模组的特性及其控制原理	4 学时
蓝牙技术应用开发+驱动开发	项目 3　蓝牙心率监测仪	任务 1　建立蓝牙 BLE 通信网络	1. 蓝牙无线通信技术的特点及其应用场景	4 学时
		任务 2　设计蓝牙无线控制功能	2. CC2541 无线单片机的特性与相关外设的工作原理	4 学时
		任务 3　设计蓝牙心率监测仪	3. 蓝牙 BLE 协议栈的相关概念及其工作机制	4 学时
RS-485 网络搭建和故障排除	项目 4　工厂环境监控系统	任务 1　建立 RS-485 通信网络	1. RS-485 标准的电气特性 2. RS-485 通信的收发器芯片功能及典型应用电路的工作原理 3. Modbus 通信协议的基础知识	4 学时
		任务 2　设计车间湿度监测功能		4 学时
CAN 搭建和故障排除	项目 5　汽车传感系统	任务 1　建立 CAN 通信网络	1. CAN 总线相关的基础知识 2. CAN 控制器的工作原理 3. CAN 收发器芯片的功能及典型应用电路的工作原理	4 学时
		任务 2　设计汽车发动机温度监测功能		4 学时
		任务 3　设计汽车倒车雷达功能		4 学时
LoRa 技术应用开发+驱动开发	项目 6　基于 LoRa 的智能停车系统	任务 1　建立 LoRa 通信网络	1. LoRa 无线通信技术的特点及其应用场景 2. LoRa 模组的特性及其控制原理 3. LoRa 通信系统的工作原理与配置方法	4 学时
		任务 2　设计车位检测与显示功能		4 学时
NB-IoT 技术应用开发+驱动开发	项目 7　基于 NB-IoT 的智能井盖系统	任务 1　控制 NB-IoT 模组接入物联网云平台	1. NB-IoT 无线通信技术的特点及其应用场景	4 学时
		任务 2　设计井内有害气体监测功能	2. NB-IoT 模组的特性及其控制原理	4 学时
总　　计				72 学时

本书由高晓惠提供真实项目案例，分析岗位典型工作任务；苏李果负责统稿并编写项目 1、项目 3、项目 4 和项目 5；宋丽负责编写项目 2、项目 6 和项目 7；楼惠群、袁小燕、程琦、姚嵩、张志红、李如平、王琨负责信息化资源的制作；钱罕林、咸伟业、李姝、李菁、孟志达、刘马飞、陈晓峰、董明浩、魏美琴、邹宗冰参与了教材的编写及资源的制作。

由于编者水平有限，书中难免有错误和疏漏之处，恳请广大读者批评指正。

编　者

二维码索引

目 录

CONTENTS

短距离通信技术篇

项目 ①

智能家居控制系统

引导案例

近年来，安全、健康、舒适、智能的居家理念逐渐深入人心，智能家居颠覆了传统的居家生活理念，带来了全新的生活方式。随着电子、通信与计算机技术的发展，智能家居的功能越来越完善，逐渐深入到居家生活的方方面面，图 1-1-1 展示了智能家居的应用场景。

图 1-1-1　智能家居的应用场景

有了智能家居系统，你一天的生活可能是这样的：

清晨，你从迷蒙中睁开双眼，卧室的窗帘自动缓缓打开，顿时阳光洒满小屋。这时，轻柔的音乐开始缓缓响起，饮水机开始自动烧水。经过简单的洗漱，你为自己做了一顿营养丰富的早餐，刚端至桌前，电视机便自动开启，开始播放新闻，于是你边看电视边享用早餐……

用完早餐，该离家上学或上班了，此时电视机、窗帘、照明灯、背景音乐等会自动关闭。锁好门以后，智能安防系统悄然打开。在户外，你可以通过手机 APP 查看家里的情况。

傍晚回家前，你可以用手机提前打开家里的空调器、热水器、电饭煲等。打开家门，温暖的灯光、舒适的温度以及扑鼻的饭香迎面而来。

睡觉前，你轻点手机上的"睡眠模式"按键，窗帘将自动关闭，灯光也将缓缓变暗，在舒适的环境中，你逐渐进入梦乡……

本项目将揭开智能家居的神秘面纱，带领你设计一个属于自己的智能家居控制系统。

任务1 建立 Basic RF 点对点通信网络

职业能力目标

- 会搭建 TI CC2530 芯片的开发环境并完成工程的建立、配置、调试与下载；
- 会使用 Basic RF 协议进行点对点的无线通信。

任务描述与要求

任务描述：用户提出需求，需要设计一套智能家居控制系统。本任务需要为智能家居控制系统建立点对点的通信网络，为后续实现相关功能提供支撑。

任务要求：

- 网络中的两个节点之间通过 Basic RF 无线通信技术进行连接；
- 节点 1 每隔 2s 向节点 2 发送信息 "hello"；
- 节点 2 收到信息并判断无误后翻转其上的 LED 灯作为指示。

任务分析与计划

任务分析与计划见表 1-1-1。

表 1-1-1 任务分析与计划

项目名称	项目1 智能家居控制系统
任务名称	任务1 建立 Basic RF 点对点通信网络
计划方式	自主设计
计划要求	请用 8 个计划步骤完整描述出如何完成本任务
序号	计划步骤
1	
2	
3	
4	
5	
6	
7	
8	

▶ **知识储备**

一、认识 IEEE 802.15.4、ZigBee 和 Basic RF

1. 什么是 IEEE 802.15.4

IEEE 802.15.4 是一种技术标准，由 IEEE（Institute of Electrical and Electronics Engineers，电气电子工程师协会）802.15 第 4 任务组开发。在物联网领域应对低复杂性、低数据速率以及低功耗的需求日益增长的背景下，该标准的第一版于 2003 年应运而生。

IEEE 802.15.4 标准主要面向家庭自动化、工业控制、农业以及安全监控等领域的应用，它定义了低速率无线个域网（Low Rate-Wireless Personal Area Network，LR-WPAN）的协议，规定了 LR-WPAN 的物理层（PHY）和介质访问控制层（MAC），是物联网领域很多协议标准的基础。

2. 什么是 ZigBee

ZigBee 技术是一种近距离、低复杂度、低功耗、低速率、低成本的双向无线通信技术，它主要用于一些对传输速率要求不高、传输距离短且对功耗敏感的应用场合，目前已广泛应用于工业、农业、军事、环保和医疗等领域。

ZigBee 可工作在 2.4GHz（全球）、868MHz（欧洲）和 915MHz（美国）三个频段上，分别具有最高 250kbit/s、20kbit/s 和 40kbit/s 的传输速率，传输距离约为 10～80m，可通过加装信号增强模块扩展距离。

3. 什么是 Basic RF

Basic RF 是 TI 公司为 CC2530 芯片提供的 IEEE 802.15.4/ZigBee 标准的软件解决方案，它以软件包的形式提供。该软件包由硬件抽象层、Basic RF 层和应用层构成，每层都提供了相应的程序接口 API。

Basic RF 为数据的双向无线收发提供了一个简单的协议，它还使用 CCM-64 身份验证和数据加密为数据传输提供了安全通道。

4. 三者之间的关系

从上面的阐述可知，IEEE 802.15.4 标准是物联网领域很多低速率无线个域网协议的基础，它只定义了物理层（PHY）和介质访问控制层（MAC）。但是仅定义物理层和介质访问控制层并不足以保证不同的设备之间的对话，因此包括 ZigBee 联盟在内的组织则在 IEEE 802.15.4 标准的基础上，定义了网络层和应用层的规范，形成了一套完整的通信标准。ZigBee 与 IEEE 802.15.4 的关系如图 1-1-2 所示。

Basic RF 采用了与 IEEE 802.15.4 MAC 层兼容的数据包结构与 ACK 包结构，其数据包的收发基于 IEEE 802.15.4，因此可以被认为是 IEEE 802.15.4 标准的子集。Basic RF 仅用于演示设备的无线数据传输功能，从严格意义上来说，它不包含完整的数据链路层或者 MAC 层的协议标准，其功能限制如下：

1）不会自动加入网络，不会自动扫描其他节点，没有组网指示信标；

2）只提供点对点通信功能，所有的节点都是对等的，没有定义协调器、路由器或终端设备等角色；

3）传输时会等待信道空闲，但不按 802.15.4 CSMA-CA 的要求进行两次 CCA 检测；

4）没有数据包重传机制。

综上所述，Basic RF 与 ZigBee 技术的共同点：它们均基于 IEEE 802.15.4 标准的物理层和

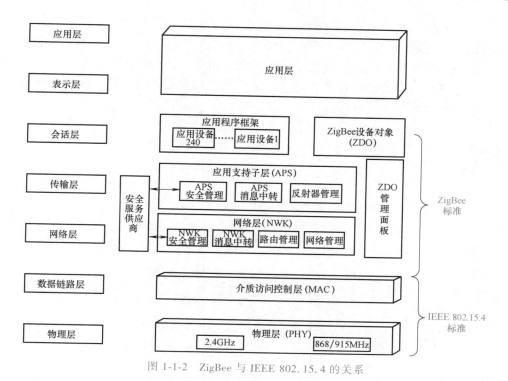

图 1-1-2　ZigBee 与 IEEE 802.15.4 的关系

MAC 层。不同点：Basic RF 仅为数据的双向无线收发提供了一个简单的协议，功能较弱；而 ZigBee 具有完整的网络层、传输层和应用层的功能。

▶ 扩展阅读：ZigBee 技术的特点及其应用领域

1. ZigBee 技术的特点

（1）低功耗

ZigBee 的传输速率低，发射功率仅为 1mW，而且具备休眠模式，因此 ZigBee 设备非常省电。据估算，采用 ZigBee 技术的终端设备仅靠两节 5 号电池就可以维持长达 6 个月到 2 年的使用时间。

（2）低成本

ZigBee 通过大幅简化协议，降低了对通信控制器的要求，以 8051 内核的 8 位微控制器测算，全功能的主节点代码需占用 32KB 空间，子功能节点的代码仅需 4KB 空间。同时，ZigBee 技术的应用是免协议专利费的。

（3）低时延

ZigBee 的通信时延和从休眠状态激活的时延都非常短，典型的设备搜索时延为 30ms，休眠激活时延为 15ms，远小于其他短距离无线通信技术的组网时延。因此，ZigBee 技术适用于对时延要求苛刻的无线控制（如工业控制场合等）领域。

（4）网络容量大

ZigBee 可采用星形、簇树形和网状网络结构，一个区域内可以同时存在最多 100 个 ZigBee 网络，网络组成十分灵活。网络中由一个主节点管理若干个（最多 254 个）子节点，通过节点级联最多可组成 65000 个节点的大网。

（5）可靠性高

ZigBee 的物理层采用了扩频技术，能够在一定程度上抵抗干扰，MAC 层具备应答重传功能，确保了数据收发的可靠性。借助 MAC 层的 CSMA 机制，节点在发送数据前可先监听信道，以便避开干扰。同时，当 ZigBee 网络受到外界干扰无法正常工作时，整个网络可以动态地切换到另一个工作信道上。

（6）安全性好

ZigBee 使用了数据完整性检查与鉴权功能，采用高级加密标准（Advanced Encryption Standard，AES-128）的加密算法，且各个应用可以灵活地确定安全属性，从而使网络安全能够得到有效的保障。

2. ZigBee 与其他短距离无线通信技术

在物联网技术应用领域，常见的短距离无线通信技术除了 ZigBee 外还有蓝牙和 Wi-Fi，下面从工作频段、传输速率、典型应用等方面对三种通信技术进行简单的比较，见表 1-1-2。

表 1-1-2　常见短距离无线通信技术比较

特性	ZigBee	Wi-Fi	蓝牙
标准	IEEE 802.15.4	IEEE 802.11	BR/EDR/HS/BLE
工作频段	868MHz/915MHz/2.4GHz	2.4GHz/5GHz	2.4GHz
传输速率	868MHz:20kbit/s 915MHz:40kbit/s 2.4GHz:250kbit/s	11b:11Mbit/s 11g:54Mbit/s 11n:600Mbit/s 11ac:1Gbit/s	1~24Mbit/s
典型距离	2.4GHz band : 10~100m	50~100m	1~100m
发射功率	1~100mW	终端:36mW AP:320mW	1~100mW
典型应用	家庭自动化、楼宇自动化 远程控制	无线局域网、家庭 室内场所高速上网	鼠标、无线耳机、手机、 计算机等邻近节点数据交换

3. ZigBee 技术的应用领域

（1）数字家庭领域

在家庭中，ZigBee 芯片可以被安装在电灯开关、烟火检测器、抄表系统、无线报警、安保系统和厨房器械中，所有的 ZigBee 节点都接入家中的中控网关，实现了用户对设备的远程监控。

（2）工业领域

传感器和 ZigBee 网络在工业领域的应用，使得数据的自动采集、分析和处理变得更加容易，如危险化学成分的检测、火警的早期检测和预报、高速旋转机器的检测和维护等。同时，它们还是决策辅助系统的重要组成部分。

（3）智慧农业领域

传统农业使用孤立的、没有通信能力的设备，主要依靠人力监控作物的生长状况。在农业领域应用了传感器和 ZigBee 网络后，其生产模式可以逐渐转向以信息和软件为中心，使用更多的自动化、网络化、智能化和远程控制的设备来耕种。传感器可以收集包括土壤湿度、氮浓度、pH 值、降水量、温度、空气湿度和气压等信息，这些数据与地理位置信息经由 ZigBee 网络传递到中央控制设备供农民决策和参考，使其可以尽早而准确地发现问题，从而有助于保持并提高农作物的产量。

（4）智慧医疗领域

医疗领域可借助各种传感器和 ZigBee 网络，准确且实时地监测病人的血压、体温和心率等信息，从而减少医生查房的工作负担。特别是在重病和病危患者的监护和治疗中，智慧医疗系统有助于医生做出更快速的响应。

二、认识 Basic RF 的软硬件开发平台

1. CC2530 射频单片机概述

根据 Basic RF 用户指南的说明，Basic RF 软件例程提供了 IEEE 802.15.4 标准在 TI 公司的 CC2530 SoC（System on Chip，片上系统）上实现的解决方案，因此我们有必要了解 CC2530 射频单片机的特性。

CC2530 是美国德州仪器（TI）生产的可支持 IEEE 802.15.4、ZigBee 和 RF4CE 标准的片上系统解决方案。CC2530 集成了业界领先 RF 收发器和增强型 8051MCU 内核，运行内存为 8KB，配备了 32/64/128/256KB 的 Flash，还集成了一系列功能强大的外设。

在软件方面，CC2530 支持 RemoTI、Z-Stack、SimpliciTI 等协议栈和 Basic RF 通信协议，极大地简化了使用者的开发流程。

CC2530 提供了多种外设，允许用户开发先进的应用，其提供的外设主要有：

- 21 个通用 I/O 引脚；
- Flash 闪存控制器；
- 具有 5 个通道的 DMA 控制器；
- 3 个通用定时器、1 个 MAC 定时器、1 个睡眠定时器和 1 个看门狗定时器；
- 2 个串行通信接口 USART；
- 1 个随机数发生器；
- AES 安全协处理器。

2. 支持 CC2530 的调试下载器

TI 为 CC2530 提供了多个型号的调试下载器，如 SmartRF04EB、SmartRF05EB 和 CC Debugger 等。

CC Debugger 是用于 TI 低功耗射频片上系统的小型编程器和调试器，它支持 TI 的多个 CC 系列产品线。CC Debugger 可以与 IAR Embedded Workbench for 8051（7.51A 或更高版本）一起使用以进行调试，并可与 SmartRF Flash Programmer（闪存编程器）一起使用以进行闪存编程。另外，CC Debugger 还可用于控制 SmartRF Studio 中的所选器件，其外形如图 1-1-3 所示。

3. IAR Embedded Workbench for 8051 介绍

TI 公司提供的 Basic RF 软件包中的示例程序是基于 IAR Systems 公司开发的 IAR Embedded Workbench for 8051 集成开发环境（Integrated Development Environment，IDE）建立的。IAR Systems 是全球领先的嵌入式系统开发工具和服务提供商，公司成立于 1983 年，其提供的产品和服务涉及嵌入式系统的设计、开发和测试的每一个阶段，

图 1-1-3　CC Debugger 外形图

包括带有 C/C++编译器和调试器的 IDE、实时操作系统和中间件、开发套件、硬件仿真器以及状态机建模工具，最著名的产品是微控制器开发的 IDE——IAR Embedded Workbench，支持 ARM、AVR、MSP430 等众多芯片内核平台。

IAR Embedded Workbench 是一套精密且易用的嵌入式应用编程开发工具，它包含 IAR 的 C/C++编译器、汇编工具、连接器、库管理器、文本编辑器、工程管理器和 C-SPY 调试器。通过其内置的针对不同芯片的代码优化器，IAR Embedded Workbench 可以为微控制器或微处理器生成高效和可靠的 Flash/PROMable 代码，有效地提高了用户的工作效率。

三、深入了解 Basic RF

1. Basic RF 工程架构

（1）文件夹结构

将 Basic RF 软件包解压后，将得到如图 1-1-4 所示的文件夹结构。

从图 1-1-4 中可以看到，Basic RF 软件包的一级目录有三个，分别是 docs、ide 和 source。其中，docs 文件夹中存放了 Basic RF 的说明文档；ide 文件夹中存放了 Basic RF 例程的 IAR 工程，它们是基于 IAR Embedded Workbench 集成开发环境建立的；source 文件夹中存放了 Basic RF 的例程源代码，二级目录 apps 为各例程的源代码所在，components 文件夹为 Basic RF 各层的驱动代码所在。

（2）Basic RF 的软件架构

Basic RF 的软件架构如图 1-1-5 所示。

图 1-1-4　Basic RF 的文件夹结构

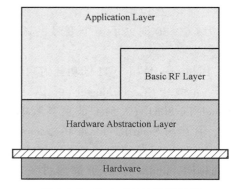

图 1-1-5　Basic RF 的软件架构

从图 1-1-5 中可以看到，Basic RF 的软件架构分为三层，分别是 Application Layer、Basic RF Layer 和 Hardware Abstraction Layer。

Hardware Abstraction Layer 是硬件抽象层，简称 HAL，它包含了使用无线射频功能和板载外设的接口 API 函数。

Basic RF Layer 是 Basic RF 层，该层为双向无线传输提供了一种简单的协议。

Application Layer 是应用层，它为用户提供使用 Basic RF 层和 HAL 的 API 函数。

2. Basic RF 层介绍

通过前面的学习，我们知道了 Basic RF 并不是一个完整的协议栈，它为数据的双向无线收发提供了一个简单的协议，另外还使用 CCM-64 身份验证和数据加密为数据传输提供了安全通道。从图 1-1-5 中可以看到，Basic RF 层位于 HAL 和应用层之间。用户可以调用 Basic RF 层的 API 函数进行数据的无线收发，同时用户可以调用 HAL 的 API 函数驱动硬件，进而完成应用程序的开发。

根据上述分析，Basic RF 层与数据的无线收发功能联系紧密，我们有必要深入了解其构成与主要的 API 函数功能。

（1）Basic RF 层配置结构体

用户在利用 Basic RF 开发无线通信的应用程序时，需要配置节点的网络 ID、信道号和本机地址等信息。Basic RF 层定义了一个配置结构体供用户使用，其原型定义如下。

```
1.  typedef struct {
2.    uint16 myAddr;
3.    uint16 panId;
4.    uint8 channel;
5.    uint8 ackRequest;
6.  #ifdef SECURITY_CCM
7.      uint8* securityKey;
8.      uint8* securityNonce;
9.  #endif
10. } basicRfCfg_t;
```

在结构体"basicRfCfg_t"中，用户必须要配置的成员包括"myAddr""panId""channel"和"ackRequest"。如果定义了宏"SECURITY_ CCM"启用 CCM-64 安全加密功能，则需要配置"＊securityKey"和"＊securityNonce"两个指针变量。

（2）主要 API 函数功能介绍

Basic RF 层的主要 API 函数声明位于"basic_rf. h"文件中，接下来对这些函数的功能及其参数含义进行介绍。

① uint8 basicRfInit（basicRfCfg_t ＊ pRfConfig）

函数功能：初始化 Basic RF 层，设置 panId、本机地址和信道号等信息。**注意**：在调用此函数前，必须先调用 HAL 层的 halBoardInit（）函数初始化板载外设和射频硬件。

参数：＊ pRfConfig，Basic RF 层配置结构体。

返回值：初始化成功返回"SUCCESS"，失败返回"FAILED"。

② uint8 basicRfSendPacket（uint16 destAddr，uint8 ＊ pPayload，uint8 length）

函数功能：发送数据至目标地址的节点。

参数 1：destAddr，目标地址。

参数 2：＊ pPayload，要发送的数据缓存区地址。

参数 3：length，要发送的数据长度。

返回值：发送成功返回"SUCCESS"，失败返回"FAILED"。

③ uint8 basicRfPacketIsReady（void）

函数功能：判断 Basic RF 层是否已准备好接收数据。

返回值：准备好返回"TRUE"，否则返回"FALSE"。

④ int8 basicRfGetRssi（void）

函数功能：返回收到的数据包的 RSSI（Received Signal Strength Indication，接收信号强度）值。

返回值：接收信号强度值。

⑤ uint8 basicRfReceive（uint8 * pRxData，uint8 len，int16 * pRssi）

函数功能：将 Basic RF 层接收到的数据和 RSSI 值存入预先分配好的缓冲区。

参数1：* pRxData，存放接收数据的缓冲区地址。

参数2：len，接收数据长度。

参数3：* pRssi，存放 RSSI 值的变量地址。

返回值：实际写入缓冲区的数据字节数。

⑥ void basicRfReceiveOn（void）

函数功能：打开数据接收器。

⑦ void basicRfReceiveOff（void）

函数功能：关闭数据接收器。

3. Basic RF 软件包示例程序分析

从图 1-1-4 中可以看到，Basic RF 软件包内置了三个示例程序："light_switch"为无线点灯程序；"per_test"为无线传输质量检测程序；"spectrum_analyzer"为频谱分析仪程序。本任务要建立 Basic RF 点对点通信网络，可用官方示例程序为模板进行裁剪。因此，我们有必要了解示例程序的工作流程。

这里以"light_switch"工程为例，定位到"\ basicRF \ ide \ srf05_cc2530 \ iar"路径，双击"light_switch. eww"打开工程。main（）函数位于"application"组的"light_switch. c"文件中，接下来对该文件中的关键代码进行分析。

```
1.  #define RF_CHANNEL         25              //2.4 GHz RF 信道号 -34 行（官方示例程序，下同）

2.

3.  #define PAN_ID             0x2007          //个人区域网络 ID -37 行

4.  #define SWITCH_ADDR        0x2520          //开关模块地址 -38 行

5.  #define LIGHT_ADDR         0xBEEF          //灯模块地址 -39 行

6.  #define APP_PAYLOAD_LENGTH  1              //数据载荷长度 -40 行

7.

8.  static uint8 pTxData[APP_PAYLOAD_LENGTH];    //发送数据缓存区 -56 行

9.  static uint8 pRxData[APP_PAYLOAD_LENGTH];    //接收数据缓存区 -57 行

10. static basicRfCfg_t basicRfConfig;           //Basic RF 层配置结构体 -58 行
```

main( )函数的代码如下。

```
1.  void main(void)
2.  {
3.     uint8 appMode = NONE;
4.     /* Basic RF 层参数配置 */
5.     basicRfConfig.panId = PAN_ID;
6.     basicRfConfig.channel = RF_CHANNEL;
7.     basicRfConfig.ackRequest = TRUE;
8.  #ifdef SECURITY_CCM          //是否启用 CCM-64 加密
9.     basicRfConfig.securityKey = key;
10. #endif
11.    halBoardInit();           //硬件外设初始化
12.    halJoystickInit();
13.    /* HAL 层初始化 RF 硬件 */
14.    if(halRfInit()==FAILED) {
15.      HAL_ASSERT(FALSE);
16.    }
17.    halLedSet(1);
18.    utilPrintLogo("Light Switch");    //在 LCD 上打印 Logo
19.    /* 等待用户按下按键 */
20.    while (halButtonPushed()!=HAL_BUTTON_1);
21.    halMcuWaitMs(350);
22.    halLcdClear();
23.    /* 配置应用程序角色 */
24.    appMode = appSelectMode();
25.    halLcdClear();
26.    /* 发送角色——开关 */
27.    if(appMode == SWITCH) {
28.       appSwitch();
29.    }
30.    /* 接收角色——灯 */
31.    else if(appMode == LIGHT) {
32.       appLight();
33.    }
34.    HAL_ASSERT(FALSE);
35. }
```

我们主要关注阴影部分代码的功能。

- 第 5~7 行配置了 Basic RF 层的个人区域网络 ID、信道号和是否响应请求；
- 第 11 行进行硬件外设初始化；
- 第 14 行在 HAL 层初始化 RF 硬件；
- 第 20 行等待用户按下按键选择工作模式；
- 第 27~29 行为开关节点相关代码；
- 第 31~33 行为灯节点相关代码。

接下来分析 appLight( ) 函数的执行流程，该函数的代码如下。

```
1.  static void appLight()
2.  {
3.    halLcdWriteLine(HAL_LCD_LINE_1, "Light");
4.    halLcdWriteLine(HAL_LCD_LINE_2, "Ready");
5.  #ifdef ASSY_EXP4618_CC2420
6.    halLcdClearLine(1);
7.    halLcdWriteSymbol(HAL_LCD_SYMBOL_RX, 1);
8.  #endif
9.    /* BasicRF 层初始化 */
10.   basicRfConfig.myAddr = LIGHT_ADDR;
11.   if(basicRfInit(&basicRfConfig)==FAILED) {
12.       HAL_ASSERT(FALSE);
13.   }
14.   basicRfReceiveOn();
15.   /* Main loop */
16.   while (TRUE) {
17.       while(!basicRfPacketIsReady());
18.       if(basicRfReceive(pRxData, APP_PAYLOAD_LENGTH, NULL)>0) {
19.         if(pRxData[0] == LIGHT_TOGGLE_CMD) {
20.           halLedToggle(1);
21.         }
22.       }
23.   }
24. }
```

对上述阴影部分的代码分析如下：

- 第 10~11 行：配置本机地址，然后初始化 Basic RF 层；
- 第 14 行：启动射频接收功能；
- 第 17 行：等待接收新数据，若没有新数据则阻塞等待；
- 第 18 行：从 Basic RF 层读取数据存入应用层的数据缓存区 pRxData 中；
- 第 19~20 行：判断接收到的命令，翻转 LED 灯。

"light_switch" 例程的工作流程如图 1-1-6 所示。

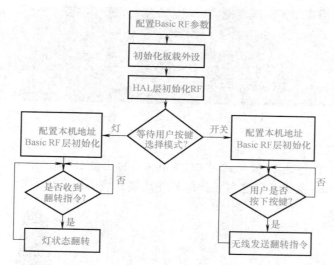

图 1-1-6 light_switch 示例工作流程图

四、硬件选型分析

1. NEWLab 实验平台

NEWLab 实验平台具备 8 个通用的实验模块插槽，可支持单个模块实验，也可支持最多 8 个实验模块联动的实验。平台内集成通信、供电与测量等功能，为实验提供环境保障和支撑。实验平台还内置了一块标准尺寸的面包板及独立电源，可用于电路搭建实验。NEWLab 实验平台的底板接口如图 1-1-7 所示，背部接口如图 1-1-8 所示。

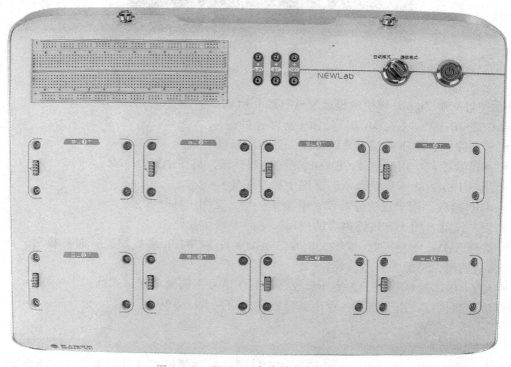

图 1-1-7 NEWLab 实验平台底板接口

图 1-1-8　NEWLab 实验平台背部接口

2. ZigBee 模块的主要硬件资源

由于 Basic RF 软件包是 TI 公司针对 CC2530 SoC 提出的 IEEE 802.15.4 标准的软件解决方案，因此应选择 ZigBee 模块来搭建本任务的硬件环境，该模块实物如图 1-1-9 所示。

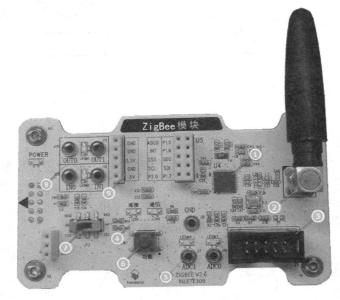

图 1-1-9　ZigBee 模块实物

对图 1-1-9 中 ZigBee 模块的板载硬件资源介绍如下：

- CC2530 SoC：主控 MCU，见图中标号①处；
- 天线接口：用于连接小辣椒天线，见图中标号②处；
- 调试器接口：用于连接 CC Debugger 等调试器，见图中标号③处；
- 用户 LED：用于现象指示，见图中标号④处；
- ADC 接口：用于连接外部输入模拟量信号，见图中标号⑤处；
- 用户按键：用于有按键需求的应用，见图中标号⑥处；
- 拨码开关：向左拨时，CC2530 的 USART0 与 NEWLab 底板相连；向右拨时，USART0 与 J11 接口相连，见图中标号⑦处；
- 输入/输出接口：用于连接外部数字量 I/O 信号，见图中标号⑧处；
- 传感器接口：用于连接各种传感器模块，见图中标号⑨处。

五、如何实现无线发送数据

通过前面的学习，我们知道在 Basic RF 层提供的数据发送 API 函数为 basicRfSendPacket

（uint16 destAddr，uint8 * pPayload，uint8 length）。要使用该函数，我们需要准备三个参数，分别是目的地址 destAddr、要发送的数据缓存 * pPayload、要发送的数据长度 length。以下代码片段可实现无线发送字符串"hello"的功能。

```
1.  char pData[6] = "hello";
2.  uint16 destAddr = 0x2020;
3.  basicRfSendPacket(destAddr, pData, 5);
```

六、如何判断收到数据的内容

在 C 语言标准库中，提供了字符串处理相关的函数。如"string. h"中声明了字符串比较函数 strcmp，其原型为"int strcmp（char * str1, char * str2）"，该函数的相关说明如下：

- 功能：比较两个字符串是否相等；
- 参数 1：* str1，要比较的字符串 1；
- 参数 2：* str2，要比较的字符串 2；
- 返回值：比较结果，根据字符的 ASCII 值，若 str1>str2，返回值大于 0；若 str1<str2，返回值小于 0；若 str1=str2，返回值等于 0。

在本任务中，我们可利用 strcmp（）函数判断收到数据的内容，以下代码片段可判断收到的数据是否为"hello"。

```
1.  #include "string.h"
2.  char str2[5] = "hello";
3.  char rxData[5];
4.  int8 ret;
5.  ret = strcmp(rxData, str2);
6.  if(ret == 0)
7.      printf("收到了 hello 字符串");
8.  else
9.      printf("收到的字符串不是 hello");
```

七、如何翻转板载 LED

Basic RF 软件包的 HAL 提供了可实现 LED 翻转的宏，其位于"hal_board. h"文件中（见图 1-1-10 中的箭头所指文件），相关宏定义如图中方框位置所示。如需要将 LED2 翻转，调用"HAL_LED_TGL_2（ ）"即可。

注：本任务所用的 ZigBee 模块上 LED1 和 LED2 连接的 I/O 引脚与 TI 官方开发板相同，因此无需修改程序即可使用。LED3 和 LED4 暂时不可用，具体修改方式在后续章节将会介绍。

以下代码片段可根据接收到数据的情况，控制板载 LED1 翻转。

```
1.  #define HAL_LED_TGL_1() \
2.          MCU_IO_TGL(HAL_BOARD_IO_LED_1_PORT, \HAL_BOARD_IO_LED_1_PIN)
3.  ret = strcmp(rxData, str2);
```

```
4.  if(ret == 0)

5.      HAL_LED_TGL_1();        //翻转板载 LED1

6.  else

7.      printf("收到的字符串不是 hello");
```

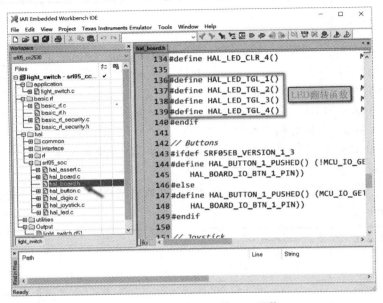

图 1-1-10　翻转 LED 的 API 函数

任务实施

任务实施前必须先准备好设备和资源，见表 1-1-3。

表 1-1-3　设备和资源清单

序号	设备/资源名称	数量	是否准备到位(√)
1	ZigBee 模块	2	
2	小辣椒天线	2	
3	CC Debugger 程序下载调试器	1	

 实施导航

- 搭建 Basic RF 的软件开发环境；
- 建立基于 Basic RF 的程序框架；
- 建立节点的编译配置项；
- 在工程中编写代码；
- 编译下载程序；
- 搭建硬件环境；
- 验证结果。

实施纪要

实施纪要见表 1-1-4。

表 1-1-4　实施纪要

项目名称	项目 1　智能家居控制系统
任务名称	任务 1　建立 Basic RF 点对点通信网络
序号	分步纪要
1	
2	
3	
4	
5	
6	
7	
8	

 实施步骤

1. 搭建 Basic RF 的软件开发环境

（1）安装开发软件

本任务使用 IAR Embedded Workbench for 8051 v8.10.1 版本，可访问网址 http://www.iar.com/ew8051 下载评估版本，并拥有 30 天免费使用时间。

双击安装文件，进入安装界面后，选择图 1-1-11 中标号①处的选项即可进入安装流程。整个安装过程比较简单，根据界面提示单击 "Next" 按钮即可。

程序默认安装路径为 "C：\Program Files（x86）\IAR Systems"，安装完毕后，双击桌面的快捷图标即可启动程序。程序的启动界面如图 1-1-12 所示。

（2）安装调试下载器驱动

通过前面的学习知道，本项目将使用 TI 公司的 CC2530 SoC 来运行 Basic RF 软件。本任务使用 CC Debugger 调试下载器来完成 ZigBee 模块的程序下载与调试。

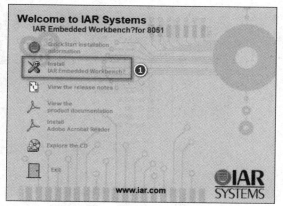

图 1-1-11　IAR Embedded Workbench
for 8051 安装界面

将 CC Debugger 接入计算机的 USB 接口后，在设备管理器中将找到一个标有黄色感叹号的未知设备，如图 1-1-13 的标号①位置所示。双击该未知设备，将跳出其 "属性框"，单击 "更新驱动程序" 按钮（图 1-1-13 中标号②位置），选择 "手动查找并安装驱动程序" 选项，定位到路径 "C：\Program Files（x86）\IAR Systems\Embedded Workbench 6.0\8051\drivers\Texas Instruments\win_64bit_x64" 即可为 CC Debugger 安装驱动程序。

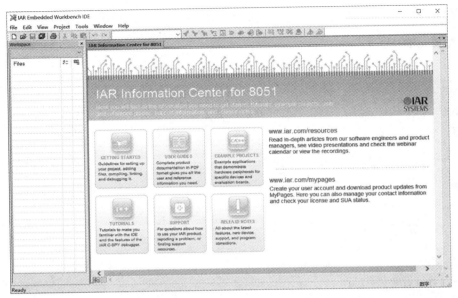

图 1-1-12　IAR Embedded Workbench for 8051 启动界面

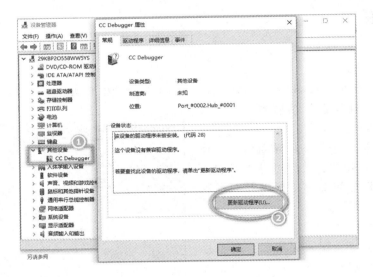

图 1-1-13　安装 CC Debugger 驱动

2. 建立基于 Basic RF 的程序框架

　　Basic RF 软件包提供的示例适用于 TI 公司官方的开发板，因此在进行基于 Basic RF 的应用开发时，应学会如何建立自己的程序框架。建立的步骤如下。

（1）建立工程存放文件夹

　　建立"project1_basicrf"文件夹，用于存放项目 1 的工程，在其下建立文件夹"task1_basicrf-network"。通过前面的学习知道，Basic RF 协议的软件架构包括 HAL 层、Basic RF 层和应用层，涉及的源代码较多。为了沿用示例工程的配置，可参照示例工程的文件夹架构建立程序框架。

注意：文件夹的层级结构必须完全相同，否则工程编译会出错。

视频　建立Basic RF点对点通信网络（工程创建）

建立如图 1-1-14 所示文件夹结构，各文件夹的功能见图中相关说明。

```
|-- task1_basicrf-network      //任务1文件夹
    |-- project                //存放工程
    |-- source                 //存放源代码
        |-- apps               //应用层源代码
        |   |-- smart_home     //智能家居任务相关源代码
        |-- components         //存放Basic RF各层源代码
```

图 1-1-14　工程文件夹结构图

（2）复制必要的源代码文件

在 Basic RF 软件包提供的三个示例程序中，"light_switch" 示例的功能与本项目较为接近，因此选择此示例作为模板建立程序框架。

进入原始 Basic RF 软件包的 "ide \ srf05_cc2530 \ iar" 路径，复制 "light_switch.ewd" "light_switch.ewp" 和 "light_switch.eww" 三个文件至之前创建的 "project" 文件夹中。

进入原始 Basic RF 软件包的 "source\components" 路径，复制 "basicrf" 等五个文件夹至之前创建的 "components" 文件夹中。

（3）建立应用层源代码文件并加入工程

在前述步骤建立的 "smart_home" 文件夹中建立两个源代码文件 "node1.c" 和 "node2.c"，分别用于编写节点 1 和节点 2 的应用层代码。

进入 "project" 文件夹，双击 "light_switch.eww" 文件打开工程。在 "app" 分组中可以看到有一个 "light_switch.c" 文件（见图 1-1-15 中标号①处），该文件为示例工程自带源代码文件，需要将其删除（通过单击图 1-1-15 中标号③处的选项实现），然后加入前面创建的 "node1.c" 和 "node2.c" 两个源代码文件（通过单击图 1-1-15 中标号②处的选项实现）。

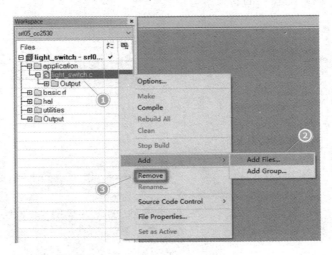

图 1-1-15　为工程添加源代码文件

至此，便完成了程序框架的建立。

3. 建立节点的编译配置项

本任务涉及两个节点，它们的应用层程序逻辑与节点地址不同，但是它们都调用了 Basic RF 软件包的 HAL 层和 Basic RF 层的程序，即两个节点大多数的程序是共用的。

由于工程中只能有一个 main（）函数参与工程的编译，为了实现两个节点的应用层程序在一个工程中共存，在编译其中一个节点的代码时，需要将另一个节点的代码排除编译的范围。要实现前述效果，可为每个节点建立其专用的编译配置项，具体操作步骤如下。

（1）新建编译配置项

如图 1-1-16 所示，单击"Project"菜单，选择"Edit Configurations"选项，将弹出如图 1-1-17 中标号①所示的配置对话框。

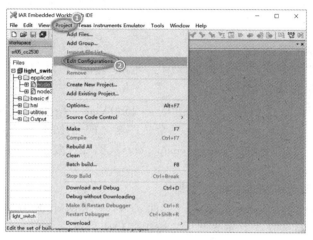

视频　建立Basic RF点对点通信网络（工程配置）

图 1-1-16　新建编译配置项 1

单击"New"按钮（图 1-1-17 中的标号②处）新建一个编译配置项，在标号③处的文本框内输入"node1"作为配置项的名称，父配置项（标号④处）保持默认，最后单击"OK"按钮即可完成节点 1 编译配置项的新建。

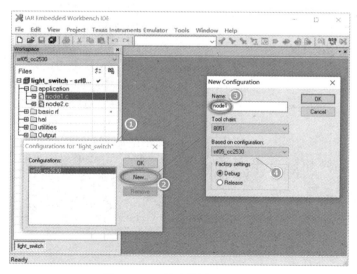

图 1-1-17　新建编译配置项 2

重复上述步骤新建节点 2 的编译配置项。

（2）配置参与编译的源代码文件

建立各节点的编译配置项之后，需要配置参与编译的源代码文件。通过前面的学习知道，一个工程只能有一个 main（）函数参与编译，因此对于节点 1 的工程来说，"node2. c"文件不能参与编译，需要通过配置将其排除。具体的操作步骤如图 1-1-18 所示。

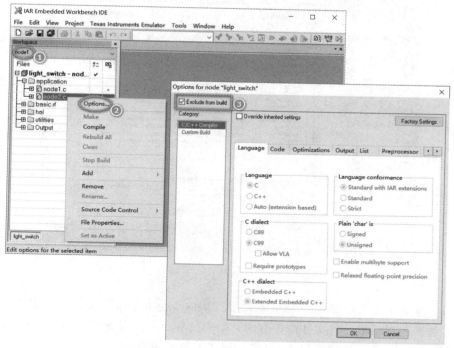

图 1-1-18　配置参与编译的源代码文件

- 查看图 1-1-18 的标号①处，确认选中了节点 1 的编译配置项"node1"；
- 用鼠标右击"node2. c"文件，在弹出的命令中选择"Options"选项（标号②处）；
- 在弹出的对话框中勾选"Exclude from build"选项（标号③处），即可将"node2. c"文件排除编译范围。

（3）配置头文件路径

在 IAR Embedded Workbench IDE 中，"头文件路径"一般采用头文件与"工程文件夹"的相对位置来表示。"工程文件夹"用通配符"$ PROJ_DIR"来表示，"上一级目录"使用"../"符号来表示，同理，"../../"符号表示"上两级目录"。在建立的程序框架中，"工程文件夹"与"头文件路径"的相对位置与 Basic RF 的例程不同，因此需要对"头文件路径"进行配置。具体配置步骤如图 1-1-19 所示。

用鼠标右击图 1-1-19 中标号①处，选择"Options"选项，在弹出的对话框中选择"C/C++ Compiler"选项，切换到"Preprocessor"标签页，将原头文件路径中的"/../../../"都修改为"/../"即可。读者可自行分析"头文件路径"与"工程文件夹"的相对位置以了解其中的原理。

完成后，单击"File"菜单，选择"Save All"选项，保存前面的配置，并关闭 IAR 开发工具。

（4）修改工程源代码路径

在建立程序框架时，为了减少工程配置的工作量而使用了 Basic RF 例程的工程文件。与"头文件路径"相同，"源代码路径"也是采用源代码与"工程文件夹"的相对位置来表示。因此，需要修改工程的"源代码路径"，否则在编译时会出现"找不到源代码文件"的错误。

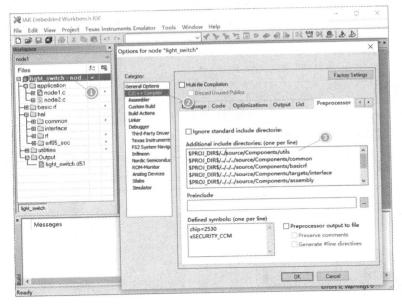

图 1-1-19　配置头文件路径

定位到工程文件夹"project"，用鼠标右击"light_switch. ewp"文件，使用"记事本"打开。打开"替换"对话框，将文件中所有的"\..\..\..\"符号都替换为"\..\"，同时将所有的"/../../../"符号都替换为"/../"，如图 1-1-20 所示。

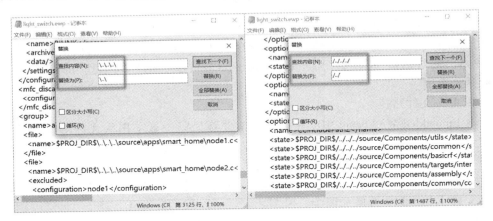

图 1-1-20　修改工程源代码路径

（5）修改配置文件

Basic RF 的示例工程采用 IAR Embedded Workbench for 8051 v7. x 版本建立，其默认的链接配置文件不适用 v8. 10. 1 开发环境，因此需要对该项进行修改。具体的操作步骤如图 1-1-21 所示。

打开工程配置对话框后，选择"Linker"配置项（图 1-1-21 中标号①处），在"Config"标签页中修改图 1-1-21 标号②处的链接配置文件。单击标号③处的按钮，在弹出的对话框中定位到"C:\Program Files（x86）\IAR Systems\Embedded Workbench 6.0 Evaluation\8051\config\devices\Texas Instruments"路径，选择"lnk51ew_cc2530F256. xcl"文件即可。

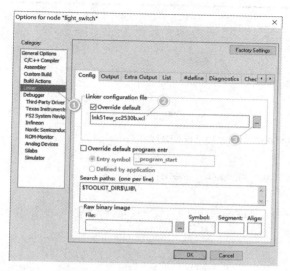

图 1-1-21　修改链接配置文件

4. 在工程中编写代码

（1）编写节点 1 代码

在 "node1.c" 文件中输入以下代码。

```
1.   ************************************************************
2.   * INCLUDES
3.   */
4.   #include <hal_led.h>
5.   #include <hal_assert.h>
6.   #include <hal_board.h>
7.   #include <hal_int.h>
8.   #include "hal_mcu.h"
9.   #include "hal_button.h"
10.  #include "hal_rf.h"
11.  #include "basic_rf.h"
12.  #include "string.h"
13.
14.  /************************************************************
15.  * CONSTANTS
16.  */
17.  #define RF_CHANNEL 25 // 2.4 GHz RF channel
18.
19.  /* BasicRF address definitions */
20.  #define PAN_ID 0x2007          //PANID
21.  #define NODE1_ADDR 0x2520      //节点 1 地址
22.  #define NODE2_ADDR 0xBEEF      //节点 2 地址
```

```
23. #define APP_PAYLOAD_LENGTH 5 //数据载荷长度

24.
25. /***************************************************************************
26. * LOCAL VARIABLES
27. */

28. static uint8 pTxData[APP_PAYLOAD_LENGTH]; //发送缓存

29. static uint8 pRxData[APP_PAYLOAD_LENGTH]; //接收缓存

30. static basicRfCfg_t basicRfConfig;                //Basic RF 层配置重要结构体

31.
32. /***************************************************************************
33. * LOCAL FUNCTIONS
34. */
35. void config_basicRf(void);

36.
37. void main(void)
38. {
39.   halBoardInit();    // 板载外设初始化

40.   config_basicRf(); //basicRf 初始化

41.   memcpy(pTxData, "hello", 5);
42.
43.   while (TRUE)
44.   {
45.     /* 发送 hello 至节点 2 */
46.     basicRfSendPacket(NODE2_ADDR, pTxData, APP_PAYLOAD_LENGTH);
47.     halMcuWaitMs(2000);
48.   }
49. }
50.
51. /**
52.  * @brief 配置 Basic RF 层
53.  * @param  None
54.  * @retval None
55.  */
56. void config_basicRf(void)
```

```
57. {

58.     basicRfConfig.panId = PAN_ID;          //配置 panId

59.     basicRfConfig.channel = RF_CHANNEL;  //配置信道号

60.     basicRfConfig.ackRequest = TRUE;       //响应请求

61.     basicRfConfig.myAddr = NODE1_ADDR;  //注意：node1 节点地址

62.     if (basicRfInit(&basicRfConfig) == FAILED)
63.     {
64.       HAL_ASSERT(FALSE);
65.     }

66.     basicRfReceiveOn(); //打开接收功能

67.   }
```

（2）编写节点 2 代码

在"node2. c"文件中输入以下代码。

```
1.  /****************************************************************
2.  * INCLUDES
3.  */
4.  #include <hal_led.h>
5.  #include <hal_assert.h>
6.  #include <hal_board.h>
7.  #include <hal_int.h>
8.  #include "hal_mcu.h"
9.  #include "hal_button.h"
10. #include "hal_rf.h"
11. #include "basic_rf.h"
12. #include "string.h"
13.
14. /****************************************************************
15. * CONSTANTS
16. */
17. #define RF_CHANNEL 25 //2.4GHz RF channel
18.
19. /* BasicRF address definitions */
20. #define PAN_ID 0x2007          //PAN_ID

21. #define NODE1_ADDR 0x2520      //节点 1 地址

22. #define NODE2_ADDR 0xBEEF      //节点 2 地址
```

```
23. #define APP_PAYLOAD_LENGTH 6 //数据载荷长度
24.
25. /*************************************************************
26. * LOCAL VARIABLES
27. */
28. static uint8 pTxData[APP_PAYLOAD_LENGTH]; //发送缓存
29. static uint8 pRxData[APP_PAYLOAD_LENGTH]; //接收缓存
30. static basicRfCfg_t basicRfConfig;           //Basic RF 层配置重要结构体
31. uint8 *myString = "hello";
32. int8 ret = -1;
33.
34. /*************************************************************
35. * LOCAL FUNCTIONS
36. */
37. void config_basicRf(void);
38.
39. void main(void)
40. {
41.    halBoardInit();    //板载外设初始化
42.    config_basicRf(); //basicRf 初始化
43.
44.    while (TRUE)
45.    {
46.      /* 如果收到了无线通信数据 */
47.      if (basicRfPacketIsReady())
48.      {
49.        if (basicRfReceive(pRxData, APP_PAYLOAD_LENGTH, NULL) > 0)
50.        {
51.          /* 判断收到的数据是否为 hello */
52.          ret = strcmp((const char *)pRxData, (const char *)myString);
53.          if (ret == 0)
54.          {
55.            HAL_LED_TGL_1();           //翻转 LED1
```

```
56.          memset(pRxData, 0, 6); //清空接收缓存便于下次使用
57.        }
58.      }
59.    }
60.    halMcuWaitMs(20);
61.  }
62. }
63.
64. /**
65.  * @brief  配置 Basic RF 层
66.  * @param  None
67.  * @retval None
68.  */
69. void config_basicRf(void)
70. {
71.   basicRfConfig.panId = PAN_ID;          //配置 panId
72.   basicRfConfig.channel = RF_CHANNEL;  //配置信道号
73.   basicRfConfig.ackRequest = TRUE;      //响应请求
74.   basicRfConfig.myAddr = NODE2_ADDR;   //注意：node2 节点地址
75.   if (basicRfInit(&basicRfConfig) == FAILED)
76.   {
77.     HAL_ASSERT(FALSE);
78.   }
79.   basicRfReceiveOn(); //打开接收功能
80. }
```

5. 编译下载程序

（1）编译下载节点 1 程序

在步骤 3 中已建立了节点 1 和节点 2 的编译配置项，在编译与下载节点程序前，需要正确地选择相应的编译配置项。编译下载节点 1 程序的步骤如图 1-1-22 所示。

- 确定在图 1-1-22 的标号①处已选择 "node1" 编译配置项；
- 单击标号②处的 "make" 按钮或者使用快捷键 "F7" 编译程序；
- 如果程序编译结果没有错误（见标号④处的提示），即可单击图中标号③处的 "Download and Debug" 按钮下载程序；
- 程序下载完成后，需要拔出下载器与 ZigBee 模块的连接头，并重启 ZigBee 模块。

注：目前图 1-1-22 的标号④处提示一项警告（warnings），原因是程序中定义了 pRxData[ ] 数据，接收缓存却没有使用，可忽略此警告。

图 1-1-22　编译下载节点 1 程序

（2）编译下载节点 2 程序

可参考编译下载节点 1 程序的步骤完成节点 2 程序的编译与下载，不同之处在于图 1-1-22 的标号①处应选择 "node2" 编译配置选项。

注：初学者在切换节点时容易忘记重新选择编译配置选项，要特别注意。

6. 搭建硬件环境

选取两个 ZigBee 模块板，连接 NEWLab 实验平台底板。将 CC Debugger 调试下载器的一边连接 PC 的 USB 接口，另一边连接 ZigBee 模块板的调试接口。然后为 NEWLab 实验平台通电，即可完成本任务的硬件环境搭建。

搭建完毕的硬件环境如图 1-1-23 所示。

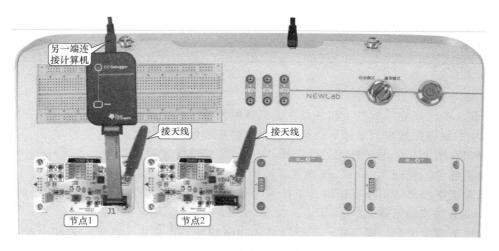

图 1-1-23　搭建完毕的硬件环境

7. 验证结果

如果程序编写无误，当程序被编译并下载至 ZigBee 模块后，将看到节点 2 上的 LED1 每隔 2s 翻转一次，说明节点 1 往节点 2 发送的 "hello" 信息已经被准确无误地接收到了。

任务检查与评价

完成任务实施后，进行任务检查与评价，任务检查与评价表存放在本书配套资源中。

任务小结

本任务介绍了 IEEE 802.15.4、ZigBee 和 Basic RF 的概念以及三者的关系，讲解了 Basic RF 的软硬件开发平台，并着重分析了 Basic RF 的细节。

通过本任务的学习，读者可掌握 CC2530 开发环境的搭建方法，能完成工程的建立、配置、调试与下载，能开发基于 Basic RF 的点对点无线通信应用程序。

本任务的相关知识技能小结的思维导图如图 1-1-24 所示。

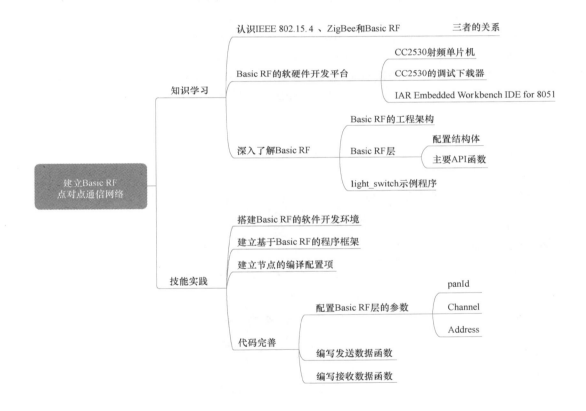

图 1-1-24 任务 1 小结思维导图

任务拓展

请在现有任务的基础上添加一项功能，具体要求如下：

1. 节点 2 收到信息 "hello" 之后，向节点 1 回复 "ack" 信息；

2. 节点 1 收到 "ack" 信息并判断无误后，翻转 LED2 作为指示。

任务 2	设计智能照明功能

职业能力目标

- 能根据项目需求自行规划通信协议；
- 会设计继电器的驱动程序并与物联网组网程序进行集成应用。

任务描述与要求

任务描述：用户提出需求，希望可以远程知晓家中照明灯的亮灭情况并对其进行控制。本任务需要为智能家居控制系统设计智能照明功能，以满足用户的需求。

任务要求：

- 照明节点与中控节点之间通过 Basic RF 无线通信技术进行连接；
- 照明节点每隔 0.5s 将灯的亮灭情况上报给中控节点；
- 用户使用中控节点上的按键 1 可远程控制照明节点上灯的状态翻转；
- 中控节点使用本地的 LED 灯来指示远程照明灯的亮灭情况，即远程照明灯亮则本地 LED 灯亮，反之亦然。

任务分析与计划

任务分析与计划见表 1-2-1。

表 1-2-1　任务分析与计划

项目名称	项目 1　智能家居控制系统
任务名称	任务 2　设计智能照明功能
计划方式	自主设计
计划要求	请用 8 个计划步骤完整描述出如何完成本任务
序号	计划步骤
1	
2	
3	
4	
5	
6	
7	
8	

知识储备

一、认识 CC2530 的外部引脚

1. CC2530 的引脚分布及其功能

CC2530 采用 6mm×6mm 的 QFN 封装，共有 40 个引脚，其引脚分布如图 1-2-1 所示。

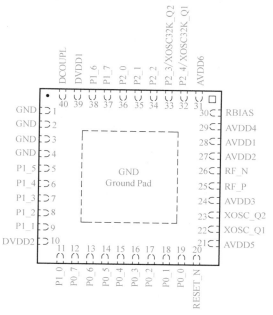

图 1-2-1　CC2530 引脚分布图

CC2530 的 40 个引脚按功能的不同可分为电源类引脚、数字 I/O 引脚、时钟引脚、复位引脚和 RF 天线引脚等，其功能简介见表 1-2-2。

表 1-2-2　CC2530 的各类引脚功能

引脚类型	包含引脚	功能简介
电源类引脚	AVDD1～AVDD6、DVDD1、DVDD2、GND、DCOUPL	为芯片内部供电
数字 I/O 引脚	P0_0～P0_7、P1_0～P1_7、P2_0～P2_4	数字输入/输出引脚
时钟引脚	XOSC_Q1、XOSC_Q2	32MHz 晶体振荡器引脚
复位引脚	RESET_N	复位引脚，低电平有效
RF 天线引脚	RF_N、RF_P	外接无线收发天线
其他引脚	RBIAS	为参考电流提供精确的偏置电阻

2. CC2530 的数字 I/O 特性

CC2530 共有三个 I/O 端口，分别是 P0 口、P1 口和 P2 口，其中，P0 口和 P1 口含 8 个 I/O 引脚，P2 口含 5 个 I/O 引脚，共 21 个数字 I/O 引脚。上述 I/O 引脚具有如下特性：

1）可配置为通用 I/O 引脚：对外输出低电平（逻辑 0）或高电平（逻辑 1），也可输入高/低电平；

2）可配置为外设 I/O 引脚：I/O 引脚作为 ADC、定时器或 USART 等外设的功能引脚，

CC2530 的外设 I/O 引脚映射见表 1-2-3；

　3）具有 3 种输入模式：上拉、下拉和三态；

　4）具有外部中断功能：I/O 引脚作为外部中断源的输入口。

表 1-2-3　CC2530 外设 I/O 引脚映射

外设/功能		P0								P1								P2				
		7	6	5	4	3	2	1	0	7	6	5	4	3	2	1	0	4	3	2	1	0
ADC		A7	A6	A5	A4	A3	A2	A1	A0													T
USART0 SPI	ALT1			C	SS	M0	M1															
	ALT2											M0	M1	C	SS							
USART0 UART	ALT1			RT	CT	TX	RX															
	ALT2											TX	RX	RT	CT							
USART1 SPI	ALT1				M1	M0	CC	SS														
	ALT2									M1	M0	CC	SS									
USART1 UART	ALT1				RX	TX	RT	CT														
	ALT2									RX	TX	RT	CT									
TIMER1	ALT1			4	3	2	1	0														
	ALT2	3	4												0	1	2					
TIMER3	ALT1												1	0								
	ALT2									1	0											
TIMER4	ALT1																					
	ALT2																			1		0
32kHz XOSC																		Q1	Q2			
DEBUG																					DC	DD

二、Basic RF 的 HAL 层硬件初始化

在 main() 函数中调用了 halBoardInit() 进行 HAL 层的硬件初始化。该函数实现了 CPU 时钟、LED 灯和按键的初始化配置工作。在 halBoardInit() 函数上右击，选择 "Go to definition of halBoardInit" 选项即可跳到该函数的定义处。

halBoardInit() 函数的定义位于 "hal_board.c" 文件中，其定义如下。

```
1.   /*****************************************************************
2.   * @fn        halBoardInit
3.   * @brief     Set up board. Initialize MCU, configure I/O pins and user interfaces
4.   * @param     none
5.   * @return    none
6.   */
7.   void halBoardInit(void)
8.   {
9.     halMcuInit(); //MCU 时钟初始化
10.
11.   // LEDs
12. #ifdef SRF05EB_VERSION_1_3
```

```
13.    // SmartRF05EB rev 1.3 has only one accessible LED
14.    MCU_IO_DIR_OUTPUT(HAL_BOARD_IO_LED_1_PORT, HAL_BOARD_IO_LED_1_PIN);
15.    HAL_LED_CLR_1();
16. #else

17.    /* 配置4个板载 LED 的引脚为输出方向  */

18.    MCU_IO_DIR_OUTPUT(HAL_BOARD_IO_LED_1_PORT, HAL_BOARD_IO_LED_1_PIN);

19.    HAL_LED_CLR_1(); //LED1 默认关闭

20.    MCU_IO_DIR_OUTPUT(HAL_BOARD_IO_LED_2_PORT, HAL_BOARD_IO_LED_2_PIN);

21.    HAL_LED_CLR_2(); //LED2 默认关闭

22.    MCU_IO_DIR_OUTPUT(HAL_BOARD_IO_LED_3_PORT, HAL_BOARD_IO_LED_3_PIN);

23.    HAL_LED_CLR_3(); //LED3 默认关闭

24.    MCU_IO_DIR_OUTPUT(HAL_BOARD_IO_LED_4_PORT, HAL_BOARD_IO_LED_4_PIN);

25.    HAL_LED_CLR_4(); //LED4 默认关闭

26. #endif

27.    // Buttons   配置按键引脚为输入方向  三态模式

28.    MCU_IO_INPUT(HAL_BOARD_IO_BTN_1_PORT, HAL_BOARD_IO_BTN_1_PIN, MCU_IO_TRISTATE);

29.    // Joystick push input   配置五向摇杆中键为输入方向

30.    MCU_IO_INPUT(HAL_BOARD_IO_JOY_MOVE_PORT, HAL_BOARD_IO_JOY_MOVE_PIN,
31.             MCU_IO_TRISTATE);

32.    // Analog input 配置五向摇杆的上、下、左、右四个方向键为模拟输入

33.    MCU_IO_PERIPHERAL(HAL_BOARD_IO_JOYSTICK_ADC_PORT,HAL_BOARD_IO_JOYSTICK_ADC_PIN);

34.

35.    halLcdSpiInit(); //LCD 屏幕 SPI 引脚配置

36.    halLcdInit();      //LCD 屏幕初始化

37.    halIntOn();        //开启中断

38. }
```

上述代码中的关键程序已进行中文注释，主要关注阴影部分的代码：

● 第 17~25 行：此处使用了 C 语言中的条件编译，由于程序中未定义宏"SRF05EB_VERSION_1_3"，因此阴影部分代码将参与编译。这部分代码主要实现两个功能：一是使用 MCU_IO_DIR_OUTPUT 宏配置 4 个 LED 引脚为输出方向；二是默认关闭 4 个 LED。此处 Zig-Bee 模块的板载 LED 的引脚与 TI 官方开发板不同，因此在后续的任务中需要对这部分代码进

行修改。

- 第 28 行：配置板载按键引脚为输入方向。

跟踪 "HAL_BOARD_IO_LED_1_PORT" 的定义，程序将跳转至 "hal_board.h" 文件中，有关 LED 端口和引脚的宏定义如下。

```
1.  //LEDs
2.  #define HAL_BOARD_IO_LED_1_PORT      1    // Green
3.  #define HAL_BOARD_IO_LED_1_PIN       0
4.  #define HAL_BOARD_IO_LED_2_PORT      1    // Red
5.  #define HAL_BOARD_IO_LED_2_PIN       1
6.  #define HAL_BOARD_IO_LED_3_PORT      1    // Yellow
7.  #define HAL_BOARD_IO_LED_3_PIN       4
8.  #define HAL_BOARD_IO_LED_4_PORT      0    // Orange
9.  #define HAL_BOARD_IO_LED_4_PIN       1
10. // Buttons
11. #define HAL_BOARD_IO_BTN_1_PORT      0    // Button S1
12. #define HAL_BOARD_IO_BTN_1_PIN       1
```

第 2~3 行代码定义了 LED1 相关的 I/O 端口和引脚，第 11~12 行定义了按键 1 相关的 I/O 端口和引脚，其他代码与之类似。

- 第 2 行：定义连接 LED1 的 I/O 端口为 1，即 P1 端口；
- 第 3 行：定义连接 LED1 的 I/O 引脚为 0 号，即 P1_0 引脚。

三、硬件选型分析

根据本任务的要求，照明节点需要控制 LED 灯的亮灭。在 CC2530 所有的 I/O 引脚中，除了 P1_0 和 P1_1 引脚具备 20mA 驱动能力之外，其他 I/O 引脚仅具备 4mA 驱动能力，因此需要借助继电器才能驱动 LED。下面对本任务所需的硬件模块进行介绍。

1. 继电器模块

从图 1-2-2 中可以看到，本继电器模块中有两路继电器电路，接下来以上面一路为例介绍该模块的输入/输出接口。

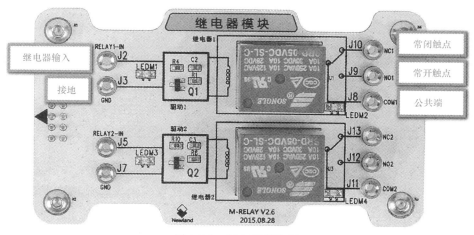

图 1-2-2　继电器模块图

- 继电器输入：连接 MCU 的数字 I/O 口；
- 接地：与 MCU 共地；
- 常闭触点：当"继电器输入"接口输入低电平时，常闭触点吸合；反之则断开；
- 常开触点：当"继电器输入"接口输入低电平时，常开触点断开；反之则吸合；
- 公共端：作为继电器输出的公共接口。

2. LED 模块

从图 1-2-3 中可以看到，LED 模块需要 12V 直流电源供电，仅有两个接线端子。其中，标有"+"的接线端子连接直流电源"+12V 端"，标有"－"的接线端子连接直流电源"接地端"即可。如果 LED 的亮灭需要通过 MCU 来控制，则需将上述接线端子与继电器模块相连。

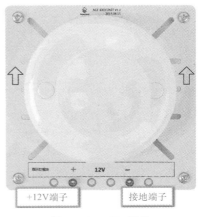

图 1-2-3　LED 模块

图 1-2-4　ZigBee 模块（黑 PCB）

3. ZigBee 模块（黑 PCB）

对图 1-2-4 中 ZigBee 模块（黑 PCB）上的主要硬件资源介绍如下：

- CC2530 SoC：主控 MCU，如图中标号①处所示；
- 天线接口：用于连接小辣椒天线，如图中标号②处所示；
- 调试器接口：用于连接 CC Debugger 等调试器，如图中标号③处所示；
- 用户 LED：共 4 个 LED，用于现象指示，如图中标号④处所示；
- 用户按键 1：用于有按键需求的应用，如图中标号⑤处所示；
- 用户按键 2：用于有按键需求的应用，如图中标号⑥处所示；
- RESET 按键：重启按键，如图中标号⑦处所示。

四、如何修改 HAL 层驱动以适配板载外设

通过前面对 HAL 层硬件初始化的学习，已经对 Basic RF 中板载外设的驱动方式有所了解。由于 ZigBee 模块上板载外设连接的 I/O 引脚与 TI 官方的开发板不同，需要对 Basic RF 的 HAL 层驱动代码进行修改。ZigBee 模块上的 LED 电路原理图如图 1-2-5 所示。

从图 1-2-5 可以看到，四个 LED 分别与 P1_0、P1_1、P1_3 和 P1_4 引脚相连，当引脚输出高电平时，LED 亮。按键电路原理图如图 1-2-6 所示。

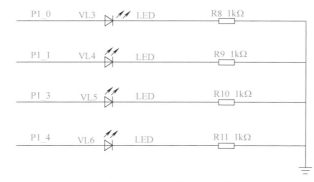

图 1-2-5 LED 电路原理图

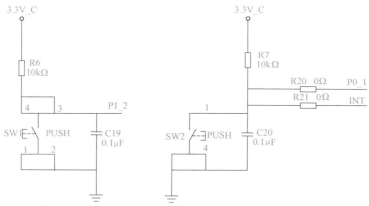

图 1-2-6 按键电路原理图

从图 1-2-6 中可以看到，按键 1 与 P1_2 引脚相连，按键 2 与 P0_1 相连。

修改 "hal_board. h" 文件中关于 LED 和按键的引脚宏定义如下，有改动的部分已用阴影标出。

```
1.  // LEDs
2.  #define HAL_BOARD_IO_LED_1_PORT 1 // Green
3.  #define HAL_BOARD_IO_LED_1_PIN 0
4.  #define HAL_BOARD_IO_LED_2_PORT 1 // Red
5.  #define HAL_BOARD_IO_LED_2_PIN 1
6.  #define HAL_BOARD_IO_LED_3_PORT 1 // Yellow

7.  #define HAL_BOARD_IO_LED_3_PIN 3   // 默认 4

8.  #define HAL_BOARD_IO_LED_4_PORT 1 // Orange 默认 0

9.  #define HAL_BOARD_IO_LED_4_PIN 4   // 默认 1

10. // Buttons

11. #define HAL_BOARD_IO_BTN_1_PORT 1 // Button 默认为 0

12. #define HAL_BOARD_IO_BTN_1_PIN 2   // 默认为 1
```

另需注意：由于使用的 ZigBee 模块上按键的极性也与 TI 官方开发板相反，若要使用 Basic RF 中提供的按键程序，需要对按键扫描函数进行修改。定位到"hal_button.c"文件中，修改第 69~72 行的代码如下。

```
1.  if (!HAL_BUTTON_1_PUSHED()) {              //修改前为(HAL_BUTTON_1_PUSHED())

2.     HAL_DEBOUNCE(HAL_BUTTON_1_PUSHED());  //修改前为(!HAL_BUTTON_1_PUSHED())

3.     v= HAL_BUTTON_1;

4.  }
```

五、根据任务要求制定通信协议

根据本任务的要求，照明节点需要上报 LED 灯的亮灭情况，同时中控节点可通过按键控制 LED 灯，即照明节点与中控节点之间需要双向数据通信。可制定表 1-2-4 所示的通信协议。

表 1-2-4　自定义通信协议

内容	包头	长度	主指令	副指令 1	副指令 2	校验位	包尾
英文缩写	HEAD	LEN	mCMD	sCMD1	sCMD2	CHKSUM	TAIL
示例	0x55	0x07	0x01	0x01	0x00	0x09	0xDD

对表 1-2-4 中自定义通信协议的各个字段说明如下：
- 包头：固定为 0x55；
- 长度：指示本帧数据的长度，单位为字节，本例中为 0x07；
- 主指令：指示本帧数据的类型，0x01 为灯泡亮灭状态，0x11 为控灯指令；
- 副指令 1：结合主指令使用，0x01 为开灯，0x02 为闭灯；
- 副指令 2：预留位，本示例暂未用到；
- 校验位：和校验位，计算"长度"+"主指令"+"副指令 1"+"副指令 2"的和，然后抛弃进位保留低 8 位数据；
- 包尾：固定为 0xDD。

任务实施

任务实施前必须先准备好设备和资源，见表 1-2-5。

表 1-2-5　设备和资源清单

序号	设备/资源名称	数量	是否准备到位(√)
1	ZigBee 模块(白 PCB)	1	
2	ZigBee 模块(黑 PCB)	1	
3	小辣椒天线	2	
4	CC Debugger 程序下载调试器	1	
5	继电器模块	1	
6	LED 灯模块	1	
7	各色香蕉线	若干	

实施导航

- 在工程中编写代码；
- 建立节点的编译配置项；
- 编译下载程序；
- 搭建硬件环境；
- 验证结果。

 实施纪要

实施纪要见表1-2-6。

表 1-2-6　实施纪要

项目名称	项目1　智能家居控制系统
任务名称	任务2　设计智能照明功能
序号	分步纪要
1	
2	
3	
4	
5	
6	
7	
8	

实施步骤

1. 在工程中编写代码

复制一份任务1的工程，更名为"task2_remote-lightSwitch"，进入"project"文件夹，双击"light_switch.eww"文件打开工程。

（1）新建源代码文件

删除工程中"application"组的"node1.c"和"node2.c"文件，新建"light.c"和"control.c"文件并将它们加入工程中的"application"组。

（2）编写照明灯控制相关代码

本任务中照明灯通过继电器模块与ZigBee模块（白PCB）的P1_5引脚相连，需要编写照明灯控制相关的代码。定位到"hal_board.h"第78行输入下列代码：

视频　设计智能照明功能（创建工程）

```
1.  #define HAL_BOARD_IO_LIGHT_PORT 1 //照明灯 Light
2.  #define HAL_BOARD_IO_LIGHT_PIN 5
3.  #define HAL_LIGHT_ON() \
4.          MCU_IO_SET_HIGH(HAL_BOARD_IO_LIGHT_PORT, HAL_BOARD_IO_LIGHT_PIN)
5.  #define HAL_LIGHT_OFF() \
6.          MCU_IO_SET_LOW(HAL_BOARD_IO_LIGHT_PORT, HAL_BOARD_IO_LIGHT_PIN)
7.  #define HAL_LIGHT_TGL() \
8.          MCU_IO_TGL(HAL_BOARD_IO_LIGHT_PORT, HAL_BOARD_IO_LIGHT_PIN)
```

定位到 "hal_board.c" 第 72 行输入照明灯 I/O 配置代码。另外，由于官方开发板的 SPI 接口使用了 P1_5 引脚，与继电器输入引脚冲突，而且开发板未使用五向按键和 LCD，因此可将相应的代码注释，具体如下所示，修改部分已用阴影部分标出。

```
1.  /* 添加照明灯 IO 引脚配置 */
2.  MCU_IO_DIR_OUTPUT(HAL_BOARD_IO_LIGHT_PORT, HAL_BOARD_IO_LIGHT_PIN);
3.  HAL_LIGHT_OFF();
4.  /* 官方开发板 SPI 接口 P1-5 和 P1-6 使用预编译代码注释 */
5.  #if 0
6.  // Joystick push input
7.  MCU_IO_INPUT(HAL_BOARD_IO_JOY_MOVE_PORT, HAL_BOARD_IO_JOY_MOVE_PIN, \
8.  MCU_IO_TRISTATE);
9.  // Analog input
10. MCU_IO_PERIPHERAL(HAL_BOARD_IO_JOYSTICK_ADC_PORT, HAL_BOARD_IO_JOYSTICK_ADC_PIN);
11. halLcdSpiInit();
12. halLcdInit();
13. #endif
```

（3）编写照明节点和中控控制节点的代码

在 "light.c" 源代码文件中输入以下代码。

```
1.  /*********************************** INCLUDES*******************************/
2.  #include <hal_led.h>
3.  #include <hal_assert.h>
4.  #include <hal_board.h>
5.  #include <hal_int.h>
6.  #include "hal_mcu.h"
7.  #include "hal_button.h"
8.  #include "hal_rf.h"
9.  #include "basic_rf.h"
10. /*********************************** CONSTANTS******************************/
11. // Application parameters
```

```
12. #define RF_CHANNEL 25 //2.4 GHz RF channel
13.
14. // BasicRF address definitions
15. #define PAN_ID 0x2007          //PANID
16. #define CONTROL_ADDR 0x2520    //中控节点地址
17. #define LIGHT_ADDR 0xBEEF      //照明节点地址
18. #define APP_PAYLOAD_LENGTH 7   //数据载荷长度
19.
20. #define HEAD 0x55              //包头
21. #define TAIL 0xDD              //包尾
22. #define MCMD_LIGHT_STATUS 0x01 //主指令-灯状态
23. #define MCMD_CTRL_LIGHT 0x11   //主指令-控制灯
24. #define SCMD_OPEN 0x01         //副指令-开
25. #define SCMD_CLOSE 0x02        //副指令-闭
26.
27. /* 判断照明灯亮灭情况  亮:1 灭:0 */
28. #define HAL_LIGHT_IS_ON() (MCU_IO_GET(HAL_BOARD_IO_LIGHT_PORT, \
29.                                 HAL_BOARD_IO_LIGHT_PIN))
30. /*************************** LOCAL VARIABLES ***************************/
31. static uint8 pTxData[APP_PAYLOAD_LENGTH]; //发送缓存
32. static uint8 pRxData[APP_PAYLOAD_LENGTH]; //接收缓存
33. static basicRfCfg_t basicRfConfig;        //Basic RF 层配置重要结构体
34. uint8 masterCMD, slaveCMD1, slaveCMD2;    //主指令、副指令 1 和副指令 2
35. /*************************** LOCAL FUNCTIONS ***************************/
36. void build_payload(uint8 mCMD, uint8 sCMD1, uint8 sCMD2);
37. int8 rcvdata_process(uint8 *rxbuf, uint8 *mCMD, uint8 *sCMD1, uint8 *sCMD2);
38. void config_basicRf(void);
39.
40. void main(void)
```

```
41.  {
42.      static uint8 led_count = 0;
43.      uint8 light_status = 0x66;
44.
45.      halBoardInit();     //板载外设初始化
46.      config_basicRf(); //Basic RF 层初始化
47.
48.      while (TRUE)
49.      {
50.          led_count++;
51.          /* 如果收到了无线通信数据 */
52.          if (basicRfPacketIsReady())
53.          {
54.              /* 取数据存入 pRxData 缓存区 */
55.              if (basicRfReceive(pRxData, APP_PAYLOAD_LENGTH, NULL) > 0)
56.              {
57.                  /* 解析接收数据并取出各指令 */
58.                  if (rcvdata_process(pRxData, &masterCMD, &slaveCMD1, &slaveCMD2) < 0)
59.                  {
60.                      HAL_ASSERT(FALSE);
61.                  }
62.                  /* 如果收到了照明灯控制指令 */
63.                  if (masterCMD == MCMD_CTRL_LIGHT)
64.                  {
65.                      if (slaveCMD1 == 0x01)
66.                          HAL_LIGHT_ON(); //开灯
67.                      else if (slaveCMD1 == 0x02)
68.                          HAL_LIGHT_OFF(); //关灯
69.                  }
70.              }
71.          }
72.          if (led_count >= 10) //每隔 500ms 上报 LED 灯泡亮灭情况
73.          {
74.              halLedToggle(1);
```

```
75.        led_count = 0;
76.        /* 判断照明灯亮灭情况 */
77.        if (HAL_LIGHT_IS_ON())
78.          light_status = SCMD_OPEN;
79.        else
80.          light_status = SCMD_CLOSE;
81.        /* 组建要发送的数据 */
82.        build_payload(MCMD_LIGHT_STATUS, light_status, 0x00);
83.        /* 发送数据 */
84.        basicRfSendPacket(CONTROL_ADDR, pTxData, APP_PAYLOAD_LENGTH);
85.      }
86.      halMcuWaitMs(50);
87.    }
88. }
89. /**
90.  * @brief   配置Basic RF 层
91.  * @param   None
92.  * @retval None
93.  */
94. void config_basicRf(void)
95. {
96.  basicRfConfig.panId = PAN_ID;           //配置 PANID
97.    basicRfConfig.channel = RF_CHANNEL;  //配置信道号
98.    basicRfConfig.ackRequest = TRUE;      //响应请求
99.    basicRfConfig.myAddr = LIGHT_ADDR;   //注意：照明节点地址
100. if (basicRfInit(&basicRfConfig) == FAILED)
101.  {
102.    HAL_ASSERT(FALSE);
103.  }
104.  basicRfReceiveOn(); //打开接收功能
105. }
106. /**
107. * @brief   组建要发送的数据 存入 pTxData 缓存
```

```
108. * @param  mCMD 主指令 | sCMD1 副指令 1 | sCMD2 副指令 2

109. * @retval None
110. */
111. void build_payload(uint8 mCMD, uint8 sCMD1, uint8 sCMD2)
112. {
113.   pTxData[0] = HEAD;
114.   pTxData[1] = APP_PAYLOAD_LENGTH;
115.   pTxData[2] = mCMD;
116.   pTxData[3] = sCMD1;
117.   pTxData[4] = sCMD2;
118.   pTxData[5] = (pTxData[1] + pTxData[2] + pTxData[3] + pTxData[4]) % 256;
119.   pTxData[6] = TAIL;
120. }
121. /**

122. * @brief  接收数据解析

123. * @param  *rxbuf 收到的数据 | mCMD 主指令 | sCMD1 副指令 1 | sCMD2 副指令 2

124. * @retval 0 checksum 正确 | -1 checksum 错误

125.  */
126. int8 rcvdata_process(uint8 *rxbuf, uint8 *mCMD, uint8 *sCMD1, uint8 *sCMD2)
127. {
128.    uint8 checksum = 0x00;

129.   /* 判断包头包尾 */

130.   if ((rxbuf[0] != HEAD) || (rxbuf[6] != TAIL))
131.     return -1;

132.   /* 判断 checksum */

133.   checksum = (rxbuf[1] + rxbuf[2] + rxbuf[3] + rxbuf[4]) % 256;
134.   if (rxbuf[5] != checksum)
135.     return -1;

136.   *mCMD = rxbuf[2];  //获取主指令

137.   *sCMD1 = rxbuf[3]; //获取副指令 1

138.   *sCMD2 = rxbuf[4]; //获取副指令 2

139.   return 0;
140. }
```

在"control. c"源代码文件中输入以下代码。

```
1.  /******************************* INCLUDES ********************************/
2.  #include <hal_led.h>
3.  #include <hal_assert.h>
4.  #include <hal_board.h>
5.  #include <hal_int.h>
6.  #include "hal_mcu.h"
7.  #include "hal_button.h"
8.  #include "hal_rf.h"
9.  #include "basic_rf.h"
10. /******************************* CONSTANTS ********************************/
11. // Application parameters
12. #define RF_CHANNEL 25 //2.4 GHz RF channel
13. // BasicRF address definitions
14. #define PAN_ID 0x2007          //PANID

15. #define CONTROL_ADDR 0x2520   //中控节点地址

16. #define LIGHT_ADDR 0xBEEF      //照明节点地址

17. #define APP_PAYLOAD_LENGTH 7 //数据载荷长度

18.

19. #define HEAD 0x55              //包头

20. #define TAIL 0xDD              //包尾

21. #define MCMD_LIGHT_STATUS 0x01 //主指令-灯状态

22. #define MCMD_CTRL_LIGHT 0x11    //主指令-控制灯

23. #define SCMD_OPEN 0x01          //副指令-开

24. #define SCMD_CLOSE 0x02         //副指令-闭

25. /******************************* LOCAL VARIABLES **************************/
26. static uint8 pTxData[APP_PAYLOAD_LENGTH]; //发送缓存

27. static uint8 pRxData[APP_PAYLOAD_LENGTH]; //接收缓存

28. static basicRfCfg_t basicRfConfig;         //Basic RF 层配置重要结构体

29. uint8 masterCMD, slaveCMD1, slaveCMD2;     //主指令和副指令
```

```
30. /***************************** LOCAL FUNCTIONS *****************************/
31. void build_payload(uint8 mCMD, uint8 sCMD1, uint8 sCMD2);
32. int8 rcvdata_process(uint8 *rxbuf, uint8 *mCMD, uint8 *sCMD1, uint8 *sCMD2);
33. void config_basicRf(void);
34.
35. void main(void)
36. {
37.   uint8 cmd_ctrl = 0x00;
38.   uint8 currentLight = 0x02; //存储当前照明灯开闭情况，刚上电默认为关
39.
40.   halBoardInit();    //板载外设初始化
41.   config_basicRf(); //basicRf 初始化
42.
43.   while (TRUE)
44.   {
45.     /* 如果收到了无线通信数据 */
46.     if (basicRfPacketIsReady())
47.     {
48.       /* 取数据存入 pRxData 缓存区 */
49.       if (basicRfReceive(pRxData, APP_PAYLOAD_LENGTH, NULL) > 0)
50.       {
51.         /* 解析接收数据并取出各指令 */
52.         if (rcvdata_process(pRxData, &masterCMD, &slaveCMD1, &slaveCMD2) < 0)
53.         {
54.           HAL_ASSERT(FALSE);
55.         }
56.         if (masterCMD == MCMD_LIGHT_STATUS) //如果收到了照明灯亮灭情况数据
57.         {
58.           currentLight = slaveCMD1; //更新当前照明灯亮灭情况
59.           if (slaveCMD1 == 0x01)
60.             HAL_LED_SET_1();
61.           else if (slaveCMD1 == 0x02)
62.             HAL_LED_CLR_1();
63.         }
```

```
64.          }
65.      }

66.      /* 等待按下 Key1 */

67.      if (halButtonPushed() == HAL_BUTTON_1)
68.      {

69.          halLedToggle(2); //翻转 LED2 作为按键按下指示

70.          /* 判断照明灯亮灭情况 */

71.          if (currentLight == 0x01)
72.            cmd_ctrl = SCMD_CLOSE;
73.          else if (currentLight == 0x02)
74.            cmd_ctrl = SCMD_OPEN;

75.          /* 组建要发送的数据 */

76.          build_payload(MCMD_CTRL_LIGHT, cmd_ctrl, 0x00);

77.          /* 发送数据 */

78.          basicRfSendPacket(LIGHT_ADDR, pTxData, APP_PAYLOAD_LENGTH);
79.      }
80.      halMcuWaitMs(20);
81.  }
82. }
83. /**

84.  * @brief   配置 Basic RF 层

85.  * @param   None

86.  * @retval  None

87.  */
88. void config_basicRf(void)
89. {

90.  basicRfConfig.panId = PAN_ID;          //配置 PANID

91.  basicRfConfig.channel = RF_CHANNEL; //配置信道号

92.  basicRfConfig.ackRequest = TRUE;      //响应请求

93.  basicRfConfig.myAddr = CONTROL _ADDR;   //注意：中控节点地址

94.  if (basicRfInit(&basicRfConfig) == FAILED)
95.  {
96.    HAL_ASSERT(FALSE);
```

```
97.    }
98.    basicRfReceiveOn();  //打开接收功能
99.  }
100. /**
101. * @brief   组建要发送的数据
102. * @param   mCMD 主指令 | sCMD1 副指令1 | sCMD2 副指令2
103. * @retval None
104. */
105. void build_payload(uint8 mCMD, uint8 sCMD1, uint8 sCMD2)
106. {
107.   pTxData[0] = HEAD;
108.   pTxData[1] = APP_PAYLOAD_LENGTH;
109.   pTxData[2] = mCMD;
110.   pTxData[3] = sCMD1;
111.   pTxData[4] = sCMD2;
112.   pTxData[5] = (pTxData[1] + pTxData[2] + pTxData[3] + pTxData[4]) % 256;
113.   pTxData[6] = TAIL;
114. }
115. /**
116. * @brief   接收数据解析
117. * @param   *rxbuf 收到的数据 | mCMD 主指令 | sCMD1 副指令1 | sCMD2 副指令2
118. * @retval 0 checksum 正确 | -1 checksum 错误
119. */
120. int8 rcvdata_process(uint8 *rxbuf, uint8 *mCMD, uint8 *sCMD1, uint8 *sCMD2)
121. {
122.   uint8 checksum = 0x00;
123.   /* 判断包头包尾 */
124.   if ((rxbuf[0] != HEAD) || (rxbuf[6] != TAIL))
125.     return -1;
126.   /* 判断 checksum */
127.   checksum = (rxbuf[1] + rxbuf[2] + rxbuf[3] + rxbuf[4]) % 256;
128.   if (rxbuf[5] != checksum)
129.     return -1;
130.   *mCMD = rxbuf[2];  //获取主指令
```

```
131.  *sCMD1 = rxbuf[3]; //获取副指令 1

132.  *sCMD2 = rxbuf[4]; //获取副指令 2

133.  return 0;
134. }
```

2. 建立节点的编译配置项

由于在任务 1 中已对节点的编译配置项进行了配置，此处可基于"node1"编译配置项新建照明节点和中控节点的编译配置项。具体操作步骤如下：

- 新建编译配置项，取名为"light"，基于原"node1"编译配置项，单击"OK"按钮；
- 新建编译配置项，取名为"control"，基于原"node1"编译配置项，单击"OK"按钮；
- 删除原"node1"和"node2"编译配置项；
- 选中"light"编译配置项，配置"control. c"文件不参与编译；
- 选中"control"编译配置项，配置"light. c"文件不参与编译。

3. 编译下载程序

（1）编译下载照明节点程序

在步骤 2 中已建立了照明节点和中控节点的编译配置项，在编译与下载节点程序前，需要正确地选择相应的编译配置项。

- 确定已选择"light"编译配置项；
- 单击工具栏的"make"按钮或者使用快捷键"F7"编译程序；
- 如果程序编译结果没有错误，即可单击工具栏的"Download and Debug"按钮下载程序。

（2）编译下载中控节点程序

可参考编译下载照明节点程序的步骤完成中控节点程序的编译与下载，注意在编译下载前应将编译配置项切换为"control"。

4. 搭建硬件环境

根据任务要求制定表 1-2-7 所示的硬件接线表。

视频 设计智能照明功能（程序下载与验证）

视频 设计家居智能照明功能（硬件搭建）

表 1-2-7　硬件接线表

模块名称	接线端子	说明
ZigBee 模块（白 PCB）	OUT1（连接 P1_5 引脚）	继电器输入 J2
ZigBee 模块（黑 PCB）	DC 电源	5V 电源适配器
继电器模块	常开触点	LED 灯+12V
	公共端	直流+12V
LED 灯	"负"	直流−12V

完成接线的硬件环境如图 1-2-7 所示。

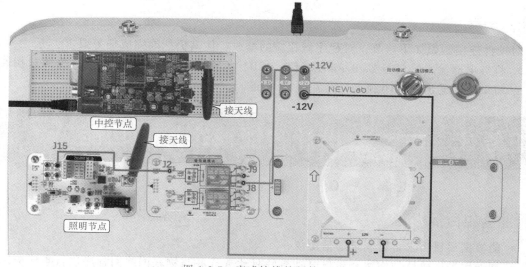

图 1-2-7 完成接线的硬件环境

5. 验证结果

如果程序编写无误，在程序编译下载入 ZigBee 模块后，将看到以下现象：

● 中控节点按下按键 1，灯 VL4 的状态将会翻转，用来作为按键按下的指示；同时中控节点会向照明节点发送控制指令，用来翻转照明灯的状态。

● 照明节点每隔 0.5s 上报当前照明灯的亮灭情况至中控节点。

● 中控节点上的灯 VL3 用来实时指示远程照明灯的亮灭情况，远程照明灯亮，则 VL3 亮，反之则远程照明灯灭，VL3 灭。

▶ **任务检查与评价**

完成任务实施后，进行任务检查与评价，任务检查与评价表存放在本书配套资源中。

▶ **任务小结**

本任务介绍了 CC2530 的引脚分布与数字 I/O 的特性，分析了 Basic RF 的 HAL 层硬件初始化的流程。

通过本任务的学习，读者可掌握 CC2530 通过继电器控制电器的接线方法，会根据板载外设实际的电路连接修改 Basic RF 的 HAL 层驱动代码，能根据任务要求制定通信协议。

本任务的相关知识技能小结的思维导图如图 1-2-8 所示。

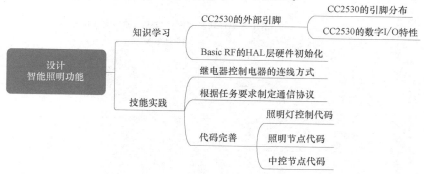

图 1-2-8 任务 2 小结思维导图

任务拓展

对硬件连接图做如下修改，对程序做相应的修改，使其仍然能完成任务要求：

1. 将继电器输入接口与 ZigBee 模块（白 PCB）上 OUT0 接线端子（P1_6 引脚）相连；
2. 将继电器输出的常闭触点与直流 +12V 相连。

任务3　设计智能窗帘控制功能

职业能力目标

- 能根据项目需求自行制定通信协议；
- 能调用光敏传感器模块和步进电动机的驱动 API 并与物联网组网程序进行集成应用。

任务描述与要求

任务描述：用户希望为智能家居控制系统增加智能窗帘控制功能，即用户可在中控节点上远程控制窗帘打开与关闭，同时窗帘可根据环境光照强度自动控制其开闭状态。

任务要求：

- 窗帘控制节点与中控节点之间通过 Basic RF 无线通信技术进行连接；
- 用户使用中控节点上的按键 2 可远程控制窗帘的开闭；
- 窗帘控制节点上连接光敏传感器，环境光照度强时自动控制窗帘打开，反之亦然（即白天拉开窗帘，晚上关闭窗帘）；
- 窗帘控制节点每隔 3s 将窗帘的开闭情况发至中控节点；
- 中控节点收到窗帘的开闭情况后，通过串口发至上位机显示。

任务分析与计划

任务分析与计划见表 1-3-1。

表 1-3-1　任务分析与计划

项目名称	项目1　智能家居控制系统
任务名称	任务3　设计智能窗帘控制功能
计划方式	自主设计
计划要求	请用 8 个计划步骤完整描述出如何完成本任务
序号	计划步骤
1	
2	
3	
4	
5	
6	
7	
8	

一、认识 CC2530 的 ADC 外设

1. CC2530 的 ADC 外设概述

ADC（Analog-Digital Converter，模-数转换器）是一种可将输入的模拟信号转换为数字信号的器件。例如，速度、温度、光照强度、有害气体浓度等信号，它们是连续变化的物理量，传感器采集这些物理量并将其转变为相应的电压或电流值。由于单片机系统只能处理数字信号，因此需要借助 ADC 外设将模拟信号转换成数字信号。

CC2530 的 ADC 外设最高支持 12 位分辨率，其结构框图如图 1-3-1 所示。

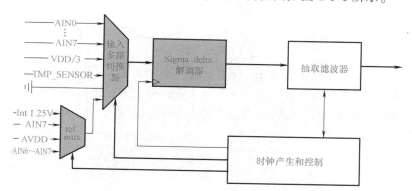

图 1-3-1　CC2530 的 ADC 外设结构框图

CC2530 的 ADC 外设具备以下主要特征：

- 可选的抽取率，分辨率可配置为 7、9、10 或 12 位；
- 8 个独立的输入通道，可接收单端或差分信号；
- 参考电压可选为内部单端、外部单端、外部差分或 AVDD5；
- 转换结束产生中断请求；
- 转换结束时可发出 DMA 触发；
- 可以将片内温度传感器作为输入；
- 电池电压测量功能。

2. ADC 的工作模式

（1）ADC 的输入

CC2530 的 ADC 外设可接收多种不同的输入信号，具体如下。

- 单端输入：P0 端口的 8 个引脚可配置为 ADC 的输入端，分别对应 AIN0 ~ AIN7 八路输入。
- 差分输入：AIN0 ~ AIN1、AIN2 ~ AIN3、AIN4 ~ AIN5、AIN6 ~ AIN7 四组输入可作为 ADC 的差分输入源。在差分输入模式下，输入信号取输入对之间的电压差。
- 片内温度传感器：将 CC2530 的片内温度传感器的输出作为 ADC 的输入源，用于片上温度测量。
- AVDD5/3 电压：将 AVDD5/3 电压作为 ADC 的输入源，用于实现电池电量监测的功能（**注意**：在这种情况下，ADC 的参考电压不能选择 AVDD5）。

（2）ADC 的转换模式

CC2530 的 ADC 外设有两种转换模式，分别是序列转换和单通道转换模式。

序列转换模式是指在应用中对多个输入通道的模拟量进行转换。例如，可以配置 ADC 外设对 AIN0、AIN3、AIN4 和 AIN7 四个通道进行序列转换，先转换 AIN0 通道输入的模拟量，然后依次转换 AIN3、AIN4 和 AIN7 通道输入的模拟量。用户通过配置 APCFG 和 ADCCON2 寄存器，可选择需要转换的通道序列。

单通道转换模式即在应用中对一个输入通道的模拟量进行转换，用户通过配置 APCFG 和 ADCCON3 寄存器，可选择需要转换的通道。

3. ADC 配置相关的寄存器

CC2530 中与 ADC 外设配置相关的寄存器有以下几个。

- ADCL：ADC 转换数据存放寄存器（低 8 位），各位段的具体含义见表 1-3-2。
- ADCH：ADC 转换数据存放寄存器（高 8 位），各位段的具体含义见表 1-3-2。
- APCFG：模拟外设配置寄存器，用于 AIN0 ~ AIN7 八路输入通道的使能与禁用，各位段的具体含义见表 1-3-3。
- ADCCON1：ADC 控制寄存器 1，各位段的具体含义见表 1-3-4。
- ADCCON2：ADC 控制寄存器 2，用于序列转换相关的配置，此处略。
- ADCCON3：ADC 控制寄存器 3，用于单次转换相关的配置，各位段的具体含义见表 1-3-5。

表 1-3-2　ADC 转换数据存放寄存器

位	名称	复位	读/写	描述
ADCL (0xBA)-ADC 数据低位（ADC Data, Low）				
7:2	ADC[5:0]	000000	R	ADC 转换结果的低位部分
1:0	—	00	R0	没有使用,读出来一直是 0
ADCH (0xBB)-ADC 数据高位（ADC Data, High）				
7:0	ADC[13:6]	0x00	R	ADC 转换结果的高位部分

表 1-3-3　模拟外设配置寄存器

位	名称	复位	读/写	描述
7:0	APCFG[7:0]	0x00	R/W	模拟外设端口配置寄存器,选择 P0_0 ~ P0_7 作为模拟外设端口。0:GPIO;1:模拟端口

表 1-3-4　ADC 控制寄存器 1

位	名称	复位	读/写	描述
7	EOC	0	R/H0	转换结束。当 ADCH 被读取的时候清除,如果读取前一数据之前完成一个新的转换,EOC 位仍然为高 0:转换没有完成;1:转换完成
6	ST	0	R/W	开始转换。读为 1,直到转换完成 0:没有转换正在进行 1:如果 ADCCON1.STSEL = 11 并且没有序列正在运行,就启动一个转换序列
5:4	STSEL[1:0]	11	R/W1	启动选择。选择该事件,将启动一个新的转换序列 00:P2_0 引脚的外部触发 01:全速。不等待触发器 10:定时器 1 通道 0 比较事件 11:ADCCON1.ST = 1

（续）

位	名称	复位	读/写	描述
3:2	RCTRL[1:0]	00	R/W	控制 16 位随机数发生器,当写 01 时,操作完成时设置将自动返回到 00 00:正常运行 01:LFSR 的时钟一次 10:保留 11:停止。关闭随机数发生器
1:0	-	11	R/W	保留。一直设为 11

表 1-3-5　ADC 控制寄存器 3（单次转换模式）

位	名称	复位	读/写	描述
7:6	EREF[1:0]	00	R/W	选择用于额外转换的参考电压 00:内部参考电压 01:AIN7 引脚上的外部参考电压 10:AVDD5 引脚 11:在 AIN6~AIN7 差分输入的外部参考电压
5:4	EDIV[1:0]	00	R/W	设置用于额外转换的抽取率。抽取率也决定了完成转换需要的时间和分辨率 00:64 抽取率(7 位 ENOB) 01:128 抽取率(9 位 ENOB) 10:256 抽取率(11 位 ENOB)(注:CC2530 手册是 10 位) 11:512 抽取率(13 位 ENOB)(注:CC2530 手册是 12 位)
3:0	ECH[3:0]	0000	R/W	单个通道选择。选择写 ADCCON3 触发的单个转换所在的通道号码。当单个转换完成时,该位自动清除 0000:AIN0;0001:AIN1;0010:AIN2 0011:AIN3;0100:AIN4;0101:AIN5 0110:AIN6;0111:AIN7;1000:AIN0~AIN1 1001:AIN2~AIN3;1010:AIN4~AIN5 1011:AIN6~AIN7;1100:GND 1101:正电压参考;1110:温度传感器;1111:VDD/3

二、认识 CC2530 的 USART 外设

1. CC2530 的 USART 外设概述

CC2530 有两个 USART（Universal Synchronous/Asynchronous Receiver/Transmitter，通用同步/异步串行接收/发送器），分别是 USART0 和 USART1。它们能运行在异步模式（UART）或同步模式（SPI）。

两个 USART 外设具有相同的功能，可以设置单独的 I/O 引脚且都具备两个备用位置，USART 外设与 I/O 引脚具体的对应关系见表 1-2-3。

从表 1-2-3 中可以看到，当 USART 外设工作在异步模式（UART）时，可使用双线连接方式（包括 RXD、TXD）或四线连接方式（包括 RXD、TXD、RTS 和 CTS），其中，RTS 和 CTS 引脚用于硬件流量控制。使用双线连接方式时，USART0 和 USART1 对应的 I/O 引脚如下所示。

位置1：RX0——P0_2｜TX0——P0_3｜RX1——P0_5｜TX1——P0_4

位置 2：RX0——P1_4 | TX0——P1_5 | RX1——P1_7 | TX1——P1_6

2. USART 外设配置相关寄存器

CC2530 中与 USART 外设配置相关的寄存器有以下几个。

- UxCSR：USARTx 控制和状态寄存器，各位段的具体含义见表 1-3-6。
- UxUCR：USARTx 控制寄存器，各位段的具体含义见表 1-3-7。
- UxGCR：USARTx 通用控制寄存器，各位段的具体含义见表 1-3-8。
- UxDBUF：USARTx 接收/发送数据缓冲寄存器，各位段的具体含义见表 1-3-9。
- UxBAUD：USARTx 波特率控制寄存器，各位段的具体含义见表 1-3-10。

表 1-3-6 UxCSR 寄存器

位	名称	复位	读/写	描述
7	MODE	0	R/W	USART 模式选择 0:SPI 模式　1:UART 模式
6	RE	0	R/W	UART 接收器使能。(注:在 UART 完全配置之前不使能接收) 0:禁用接收器　1:接收器使能
5	SLAVE	0	R/W	SPI 主或者从模式选择 0:SPI 主模式；　1:SPI 从模式
4	FE	0	R/W	UART 帧错误状态 0:无帧错误检测；1:字节收到不正确停止位级别
3	ERR	0	R/W	UART 奇偶错误状态 0:无奇偶错误检测；1:字节收到奇偶错误
2	RX_BYTE	0	R/W	接收字节状态。URAT 模式和 SPI 从模式。当读 U0DBUF 时,该位自动清除;也可以通过写 0 清除它,都可有效丢弃 U0DBUF 中的数据 0:没有收到字节；1:准备好接收字节
1	TX_BYTE	0	R/W	传送字节状态。URAT 模式和 SPI 主模式 0:字节没有被传送 1:写到数据缓存寄存器的最后字节被传送
0	ACTIVE	0	R	USART 传送/接收主动状态。在 SPI 从模式下,该位等于从模式选择位 0:USART 空闲;1:在传送或者接收模式 USART 忙碌

表 1-3-7 UxUCR 寄存器

位	名称	复位	读/写	描述
7	FLUSH	0	R0/W1	清除单元。当设置时,该事件将会立即停止当前操作并且返回单元的空闲状态
6	FLOW	0	R/W	UART 硬件流使能。用 RTS 和 CTS 引脚选择硬件流控制的使用 0:流控制禁止;1:流控制使能
5	D9	0	R/W	UART 奇偶校验位。当使能奇偶校验,写入 D9 的值决定发送的第 9 位的值,如果收到的第 9 位不匹配收到字节的奇偶校验,接收时报告"ERR"。如果奇偶校验使能,那么该位设置以下奇偶校验级别 0:奇校验;1:偶校验
4	BIT9	0	R/W	UART 9 位数据使能。当该位是 1 时,使能奇偶校验位传输(即第 9 位)。如果通过 PARITY 使能奇偶校验,第 9 位的内容是通过 D9 给出的 0:8 位传送;1:9 位传送

（续）

位	名称	复位	读/写	描述
3	PARITY	0	R/W	UART 奇偶校验使能。除了为奇偶校验设置该位用于计算,必须使能 9 位模式 0:禁用奇偶校验;1:奇偶校验使能
2	SPB	0	R/W	UART 停止位的位数。选择要传送的停止位的位数 0:1 位停止位;1:2 位停止位
1	STOP	1	R/W	UART 停止位的电平必须不同于开始位的电平 0:停止位低电平;1:停止位高电平
0	START	0	R/W	UART 起始位电平。闲置线的极性采用选择的起始位级别的电平的相反电平 0:起始位低电平;1:起始位高电平

表 1-3-8 UxGCR 寄存器

位	名称	复位	读/写	描述
7	CPOL	0	R/W	SPI 的时钟极性。0:负时钟极性;1:正时钟极性
6	CPHA	0	R/W	SPI 的时钟相位 0:当 SCK 从 CPOL 倒置到 CPOL 时,数据输出到 MOSI 端口;当 SCK 从 CPOL 到 CPOL 倒置时,对 MISO 端口数据采样输入 1:当 SCK 从 CPOL 到 CPOL 倒置时,数据输出到 MOSI 端口;当 SCK 从 CPOL 倒置到 CPOL 时,对 MISO 端口数据采样输入
5	ORDER	0	R/W	传送位顺序。0:LSB 先传送;1:MSB 先传送
4:0	BAUD_E[4:0]	0 0000	R/W	波特率指数值。BAUD_E 和 BAUD_M 决定了 UART 波特率和 SPI 的主 SCK 时钟频率

表 1-3-9 UxDBUF 寄存器

位	名称	复位	读/写	描述
7:0	DATA[7:0]	0x00	R/W	USART 数据接收与发送缓存寄存器。在数据发送流程,需要发送的数据(1B)被写入寄存器,在数据接收流程,主控制器从该寄存器读取收到的数据(一次 1B)

表 1-3-10 UxBAUD 寄存器

位	名称	复位	读/写	描述
7:0	BAUD_M[7:0]	0x00	R/W	波特率小数部分的值。BAUD_E 和 BAUD_M 决定了 UART 的波特率和 SPI 的主 SCK 时钟频率

三、硬件选型分析

1. 认识光照传感模块

本任务要求监测环境光照,因此需要选用光照传感器。光敏电阻器是一种利用半导体的光电导效应制成的一种电阻值随着入射光的强弱而改变的电阻器（又被称为光电导探测器）,它一般用于光测量、光控制和光电转换（将光的变化转换为电的变化）。

光敏电阻器对光线十分敏感,在无光照时呈高阻状态,暗电阻一般可达 $1.5M\Omega$。随着光照强度的升高,光敏电阻值迅速降低,亮电阻值最小为 $1k\Omega$。图 1-3-2 展示了一款基于 GL5528 型光敏电阻器设计而成的温度/光照传感模块。

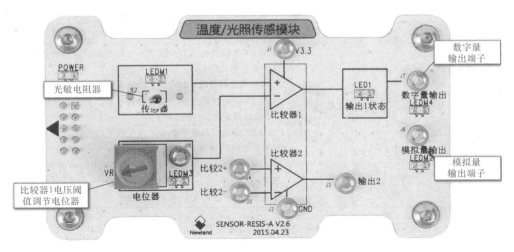

图 1-3-2　温度/光照传感模块

接下来对图 1-3-2 中几个主要的部分进行介绍。

- 光敏电阻器接口：可接入 GL5528 型光敏电阻器；
- 电位器：调节比较器 1 的"负"端输入电压，起到调节光敏电阻器的比较电压阈值的作用；
- 数字量输出端子：当光敏电阻器两端的电压高于电压阈值，此处输出高电平，反之亦然；
- 模拟量输出端子：直接输出光敏电阻器两端的电压值，一般接入单片机的 ADC 采样电路。

2. 光照传感模块工作原理分析

从图 1-3-2 可以看到，光照传感模块有两个输出端子，一个输出数字量，另一个输出模拟量。

数字量输出端子接比较器 1 的输出，仅输出两种电平：高电平对应 1，低电平对应 0。比较器 1 的基准电压来自于电位器，调节电位器可改变基准电压值。

光照传感模块的主要电路原理图如图 1-3-3 所示。

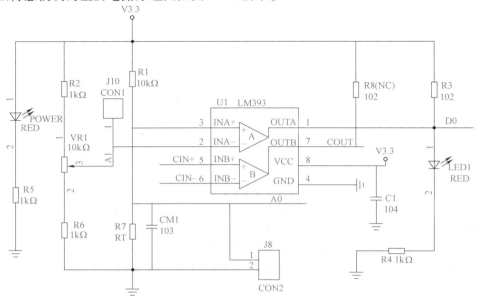

图 1-3-3　光照传感模块的主要电路原理图

在图 1-3-3 中，R7 为光敏电阻器，它与 R1（10kΩ）组成分压电路。当光照强度上升时，R7 的阻值减小，从而使其两端的电压值也减小。该电压值输入比较器 1 的 + 端，与基准电压值进行比较，若光敏电阻器两端的电压更高，则比较器 1 输出高电平；反之亦然。

模拟量输出端子直接与光敏电阻器相连，该端子输出的电压直接反映光敏电阻器两端的电压，该电压值随着光照强度的上升而下降。

3. 直流电动机模块

电动窗帘通过电动机牵引轨道滑轮以实现对窗帘开闭的控制，因此本任务需要使用直流电动机。直流电动机是将直流电能转换为机械能的电动机，图 1-3-4 是一款基于直流电动机设计而成的直流电动机模块。

从图 1-3-4 可以看到，直流电动机模块有两个输入端子，分别是 "+" 和 "–" 端子。该模块的工作特性如下：

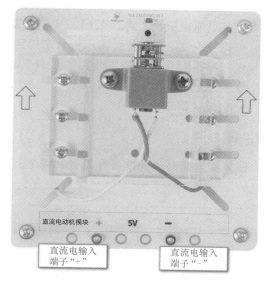

图 1-3-4　直流电动机模块

- 当 "+" 端子接 "+5V" 电压而 "–" 端子接 "GND" 时，电动机正转；

- 当 "+" 端子接 "GND" 电压而 "–" 端子接 "+5V" 时，电动机反转。

四、CC2530 如何通过光敏电阻器得知光照强度

光敏电阻器的阻值随着温度的变化而变化，进而导致其两端电压值的改变。这个变化过程是连续的，因此可以借助 CC2530 内部的模-数转换器采集电阻器两端的电压值，该电压值的变化特性如下：

- 进入黑夜时，环境光照较弱，光敏电阻器阻值很大，分配在其上的电压接近 3.3V；
- 白天时，环境光照较强，光敏电阻器的阻值减小，分配在其上的电压也减小；
- 环境光照很强时，光敏电阻器的阻值接近 0Ω，分配在其上的电压也接近 0V。

综上所述，通过查看光敏电阻器两端的电压值，即可大致得知当前的环境光照强度。

五、根据任务要求制定通信协议

根据本任务的要求，中控节点可通过按键控制窗帘的开闭，同时窗帘控制节点需要上报窗帘的开闭情况，即窗帘控制节点与中控节点之间需要双向数据通信。可在任务 2 通信协议的基础上进行扩展，具体格式见表 1-3-11。

表 1-3-11　自定义通信协议

内容	包头	长度	主指令	副指令 1	副指令 2	校验位	包尾
英文缩写	HEAD	LEN	mCMD	sCMD1	sCMD2	CHKSUM	TAIL
示例	0x55	0x07	0x02	0x01	0x00	0x09	0xDD

对表 1-3-11 中自定义通信协议的各个字段说明如下：

- 包头：固定为 0x55；

- 长度：指示本帧数据的长度，单位为字节，本例中为 0x07；
- 主指令：指示本帧数据的类型，0x02 为窗帘开闭状态，0x12 为窗帘控制指令；
- 副指令 1：结合主指令使用，0x01 代表当前窗帘状态为"打开"或控制窗帘打开，0x02 代表当前窗帘状态为"关闭"或控制窗帘关闭；
- 副指令 2：预留位，本示例暂未用到；
- 校验位：和校验位，计算"长度"＋"主指令"＋"副指令 1"＋"副指令 2"的和，然后抛弃进位保留低 8 位数据；
- 包尾：固定为 0xDD。

任务实施

任务实施前必须先准备好设备和资源，见表 1-3-12。

表 1-3-12　设备和资源清单

序号	设备/资源名称	数量	是否准备到位（√）
1	ZigBee 模块（白 PCB）	1	
2	ZigBee 模块（黑 PCB）	1	
3	小辣椒天线	2	
4	CC Debugger 程序下载调试器	1	
5	继电器模块	1	
6	光照传感模块	1	
7	光敏电阻器	1	
8	直流电动机模块	1	
9	任务 2 的最终代码	1	
10	key 代码包	1	
11	各色香蕉线	若干	

实施导航

- 添加代码包；
- 编写代码；
- 建立节点编译配置项；
- 编译下载程序；
- 搭建硬件环境；
- 验证结果。

实施纪要

实施纪要见表 1-3-13。

表 1-3-13　实施纪要

项目名称	项目1　智能家居控制系统
任务名称	任务3　设计智能窗帘控制功能
序号	分步纪要
1	
2	
3	
4	
5	
6	
7	
8	

实施步骤

1. 添加代码包

（1）复制任务2的工程并更名

复制一份任务2的工程文件夹，将其更名为"task3_remote-curtainControl"。

（2）添加光敏电阻器驱动代码包

在"task3_remote-curtainControl\source"目录下建立"hardware"文件夹用于存放增加的代码包，然后复制光敏电阻器驱动代码文件夹"light_sensor"至"hardware"文件夹下。

进入"task3_remote-curtainControl\project"文件夹，双击"light_switch.eww"文件打开工程，然后将"light_sensor.c"加入工程的"application"组中。

（3）添加USART驱动代码包

将USART驱动代码文件夹"usart"复制到"hardware"文件夹下，然后将"hal_uart.c"加入工程的"application"组中。

2. 编写代码

进入"task3_remote-curtainControl\project"文件夹，双击"light_switch.eww"文件打开工程。

（1）新建源代码文件

新建"curtain.c"文件存放于"task3_remote-curtainControl\source\apps\smart_home"文件夹中，并将它加入工程的"application"组中。

（2）编写窗帘控制相关代码

本任务中窗帘电动机通过继电器模块与ZigBee模块（白PCB）的P1_6引脚相连，需要编写窗帘控制相关的代码。定位到"hal_board.h"第85行，输入下列代码。

```
1.  /* 窗帘控制相关宏定义 */

2.  #define HAL_BOARD_IO_CURTAIN_PORT        1    //窗帘 Curtain 控制

3.  #define HAL_BOARD_IO_CURTAIN_PIN         6

4.  #define HAL_CURTAIN_ACT()                MCU_IO_SET_HIGH(HAL_BOARD_IO_CURTAIN_PORT,

    HAL_BOARD_IO_CURTAIN_PIN)

5.  #define HAL_CURTAIN_STOP()               MCU_IO_SET_LOW(HAL_BOARD_IO_CURTAIN_PORT,

    HAL_BOARD_IO_CURTAIN_PIN)

6.  /* 按键 2 相关宏定义 */

7.  #define HAL_BOARD_IO_BTN_2_PORT          0

8.  #define HAL_BOARD_IO_BTN_2_PIN           1

9.  #define HAL_BUTTON_2_PUSHED() (MCU_IO_GET(HAL_BOARD_IO_BTN_2_PORT,
    HAL_BOARD_IO_BTN_2_PIN))
```

定位到 "hal_board.c" 第 77 行，增加窗帘控制和按键 2 的 I/O 引脚的配置代码。

```
1.  /* 窗帘控制引脚--P1.6 配置 */

2.  MCU_IO_DIR_OUTPUT(HAL_BOARD_IO_CURTAIN_PORT, HAL_BOARD_IO_CURTAIN_PIN);

3.  HAL_CURTAIN_STOP();

4.  /* 按键 2 引脚-P0.1 配置 */

5.  MCU_IO_INPUT(HAL_BOARD_IO_BTN_2_PORT, HAL_BOARD_IO_BTN_2_PIN, MCU_IO_TRISTATE);
```

（3）编写窗帘控制节点的代码

在 "curtain.c" 源代码文件中输入以下代码。

```
1.  /*********************************INCLUDES*********************************/
2.  #include <hal_led.h>
3.  #include <hal_assert.h>
4.  #include <hal_board.h>
5.  #include <hal_int.h>
6.  #include "hal_mcu.h"
7.  #include "hal_button.h"
8.  #include "hal_rf.h"
9.  #include "basic_rf.h"
10. #include "light_sensor.h"
11. #include "hal_uart.h"
12. #include <stdio.h>
13. #include <string.h>
```

```
14. /********************************CONSTANTS*****************************************/
15. #define RF_CHANNEL 25 //2.4 GHz RF channel
16. // BasicRF address definitions
17. #define PAN_ID 0x2007           //PANID

18. #define CONTROL_ADDR 0x2520    //中控节点地址

19. #define LIGHT_ADDR 0xBEEF       //照明节点地址

20. #define CURTAIN_ADDR 0x387A    //窗帘节点地址

21. #define APP_PAYLOAD_LENGTH 7 //数据载荷长度

22. #define HEAD 0x55                    //包头

23. #define DATA_LENGTH 0x06           //长度

24. #define TAIL 0xDD                   //包尾

25. #define MCMD_LIGHT_STATUS 0x01      //主指令-灯状态

26. #define MCMD_CURTAIN_STATUS 0x02    //主指令-窗帘状态 add

27. #define MCMD_INTENSITY_STATUS 0x03 //主指令-光照强度 add

28. #define MCMD_CTRL_LIGHT 0x11        //主指令-控制灯

29. #define MCMD_CTRL_CURTAIN 0x12      //主指令-控制窗帘 add

30. #define SCMD_OPEN 0x01              //副指令-开

31. #define SCMD_CLOSE 0x02             //副指令-闭

32. char tArray[5] = {0};                            //存放字符串型电压值

33. int inte_volt, deci_volt;                        //电压值的整数和小数部分

34. uint8 curtain_status = SCMD_CLOSE;               //当前窗帘开闭情况：1开,2关

35. uint8 curtain_open_act = 0, curtain_open_done = 0;    //窗帘打开动作，打开到位

36. uint8 curtain_close_act = 0, curtain_close_done = 1; //窗帘关闭动作，关闭到位

37. /**************************LOCAL VARIABLES*****************************************/
```

```
38. static uint8 pTxData[APP_PAYLOAD_LENGTH]; //发送缓存

39. static uint8 pRxData[APP_PAYLOAD_LENGTH]; //接收缓存

40. static basicRfCfg_t basicRfConfig;              //Basic RF 层配置重要结构体

41. uint8 masterCMD, slaveCMD1, slaveCMD2;      //主指令与副指令

42. char myString[32] = {0};
43. /************************LOCAL FUNCTIONS********************************/
44. void build_payload(uint8 mCMD, uint8 sCMD1, uint8 sCMD2);
45. int8 rcvdata_process(uint8 *rxbuf, uint8 *mCMD, uint8 *sCMD1, uint8 *sCMD2);
46. void config_basicRf(void);
47. void main(void)
48. {

49.    uint8 static curtain_count = 0;        //窗帘开闭情况上传计数

50.    uint8 static intensity_count = 0;     //光照情况上传计数

51.    uint8 static curtain_act_count = 0;  //窗帘电动机动作计时

52.    uint16 adcVolt = 0;

53.    halBoardInit();        //板载外设初始化

54.    light_sensor_init(); //光敏电阻器初始化

55.    halUartInit(115200); //USART0 初始化

56.    config_basicRf();      //basicRf 初始化

57.    halUartWrite("curtain node\r\n", 14);
58.    while (TRUE)
59.    {
60.      curtain_count++;
61.      intensity_count++;

62.      /* 如果收到了无线通信数据 */

63.      if (basicRfPacketIsReady())
64.      {
65.        if (basicRfReceive(pRxData, APP_PAYLOAD_LENGTH, NULL) > 0)
66.        {
67.          if (rcvdata_process(pRxData, &masterCMD, &slaveCMD1, &slaveCMD2) < 0)
```

```
68.            {
69.                HAL_ASSERT(FALSE);
70.            }
71.            if (masterCMD == MCMD_CTRL_CURTAIN) //如果收到了窗帘开闭控制指令
72.            {
73.                if (slaveCMD1 == 0x01) //开指令
74.                    curtain_open_act = 1;
75.                else if (slaveCMD1 == 0x02) //关指令
76.                    curtain_close_act = 1;
77.            }
78.        }
79.    }

80.    /* 窗帘打开指令 */
81.    if ((curtain_open_act == 1) && (curtain_open_done == 0))
82.    {
83.      HAL_CURTAIN_ACT(); //窗帘电动机转动
84.      if (curtain_act_count++ >= 50)
85.      {
86.      HAL_CURTAIN_STOP(); //5s时间到-窗帘电动机停止
87.        curtain_open_act = 0;    //窗帘打开指令置零
88.        curtain_open_done = 1;   //窗帘打开到位
89.        curtain_close_done = 0;  //关闭与打开标志需要同时设置
90.        curtain_act_count = 0;
91.        curtain_count = 100;     //立刻上传窗帘开闭情况
92.      }
93.    }

94.    /* 窗帘关闭指令 */
95.    else if (curtain_close_act == 1)
96.    {
97.      HAL_CURTAIN_STOP();        //窗帘电动机停止
98.      curtain_close_act = 0;     //窗帘关闭指令置零
```

```
99.      curtain_close_done = 1;    //窗帘关闭到位

100.     curtain_open_done = 0;    //关闭与打开标志需要同时设置

101.     curtain_act_count = 0;

102.     curtain_count = 100;      //立刻上传窗帘开闭情况

103.   }

104.  /* 每隔 5s 上报窗帘开闭情况 */

105.  if (curtain_count >= 100)

106.  {

107.    halLedToggle(2);

108.    curtain_count = 0;

109.     /* 判断窗帘开闭情况 */

110.     if (curtain_open_done == 1) //打开到位

111.       curtain_status = SCMD_OPEN;

112.     else if (curtain_close_done == 1) //关闭到位

113.       curtain_status = SCMD_CLOSE;

114.     /* 组件数据帧并发送 */

115.     build_payload(MCMD_CURTAIN_STATUS, curtain_status, 0x00);

116.     basicRfSendPacket(CONTROL_ADDR, pTxData, APP_PAYLOAD_LENGTH);

117.   }

118.  /* 每隔 3s 采集光照强度值 */

119.  if (intensity_count >= 60)

120.  {

121.    halLedToggle(1);

122.    intensity_count = 0;

123.    adcVolt = light_sensor_getVoltage(); //获取光敏 ADC 电压值

124.     /* 根据光照强度自动开闭窗帘 */

125.     if (adcVolt < 70) //光照强打开窗帘

126.       curtain_open_act = 1;

127.     else if (adcVolt > 300) //光照弱关闭窗帘

128.       curtain_close_act = 1;
```

```
129.      }
130.      halMcuWaitMs(50);
131.   }
132. }
133. /**
134.  * @brief   配置 Basic RF 层
135.  * @param   None
136.  * @retval None
137.  */
138. void config_basicRf(void)
139. {
140.      basicRfConfig.panId = PAN_ID;
141.      basicRfConfig.channel = RF_CHANNEL;
142.      basicRfConfig.ackRequest = TRUE;
143.      basicRfConfig.myAddr = CURTAIN_ADDR; //注意：窗帘控制节点地址
144.      if (basicRfInit(&basicRfConfig) == FAILED)
145.      {
146.        HAL_ASSERT(FALSE);
147.      }
148.      basicRfReceiveOn();
149. }
150. /**
151.  * @brief   组建要发送的数据
152.  * @param   mCMD 主指令 | sCMD1 副指令 1 | sCMD2 副指令 2
153.  * @retval None
154.  */
155. void build_payload(uint8 mCMD, uint8 sCMD1, uint8 sCMD2)
156. {
157.    pTxData[0] = HEAD;
158.    pTxData[1] = APP_PAYLOAD_LENGTH;
159.    pTxData[2] = mCMD;
160.    pTxData[3] = sCMD1;
161.    pTxData[4] = sCMD2;
162.    pTxData[5] = (pTxData[1] + pTxData[2] + pTxData[3] + pTxData[4]) % 256;
163.    pTxData[6] = TAIL;
164. }
165. /**
166.  * @brief   接收数据解析
```

```
167.    * @param  *rxbuf 收到的数据 | mCMD 主指令 | sCMD1 副指令 1 | sCMD2 副指令 2

168.    * @retval 0 checksum 正确 | -1 checksum 错误

169.    */
170.   int8 rcvdata_process(uint8 *rxbuf, uint8 *mCMD, uint8 *sCMD1, uint8 *sCMD2)
171.   {
172.     uint8 checksum = 0x00;

173.     /* 判断包头包尾 */

174.     if ((rxbuf[0] != HEAD) || (rxbuf[6] != TAIL))
175.       return -1;

176.     /* 判断 checksum */

177.     checksum = (rxbuf[1] + rxbuf[2] + rxbuf[3] + rxbuf[4]) % 256;
178.     if (rxbuf[5] != checksum)
179.       return -1;
180.     *mCMD = rxbuf[2];
181.     *sCMD1 = rxbuf[3];
182.     *sCMD2 = rxbuf[4];
183.     return 0;
184.   }
```

（4）编写中控节点的代码

为"control. c"文件中的代码作以下修改，增加头文件包含，输入以下代码。

视频 设计智能
窗帘控制功能
（中控节点
代码编写）

```
1.   #include "hal_uart.h"

2.   #include <stdio.h>

3.   #include <string.h>
```

修改宏定义和变量定义如下。

```
1.   #define PAN_ID 0x2007          //PANID

2.   #define CONTROL_ADDR 0x2520    //中控节点地址

3.   #define LIGHT_ADDR 0xBEEF       //照明节点地址

4.   #define CURTAIN_ADDR 0x387A    //窗帘控制节点地址

5.   #define APP_PAYLOAD_LENGTH 7 //数据载荷长度

6.   #define HEAD 0x55               //包头
```

```
7.  #define TAIL 0xDD                        //包尾

8.  #define MCMD_LIGHT_STATUS 0x01           //主指令-灯状态

9.  #define MCMD_CURTAIN_STATUS 0x02         //主指令-窗帘状态 add

10. #define MCMD_INTENSITY_STATUS 0x03       //主指令-光照强度 add

11. #define MCMD_CTRL_LIGHT 0x11             //主指令-控制灯

12. #define MCMD_CTRL_CURTAIN 0x12           //主指令-控制窗帘 add

13. #define SCMD_OPEN 0x01                   //副指令-开

14. #define SCMD_CLOSE 0x02                  //副指令-闭

15. uint8 cmd_ctrl = 0x00; //控制指令

16. /*  当前照明与窗帘开闭情况, 刚上电默认为关  */

17. uint8 currentLight = 0x02, currentCurtain = 0x02;

18. uint16 intensityValue = 0; //光照值

19. char myString[32] = {0};
```

在 main( )函数之前定义按键扫描函数, 代码如下。

```
1.  /**

2.   * @brief   按键扫描程序

3.   * @param   None

4.   * @retval None

5.   */

6.  void scan_keys(void)

7.  {

8.     /* 按键2按下 */

9.     if (!HAL_BUTTON_2_PUSHED())

10.    {

11.       halMcuWaitMs(5);

12.       if (!HAL_BUTTON_2_PUSHED())

13.       {

14.          halLedToggle(4);
```

```
15.        /* 判断窗帘开闭情况 */
16.        if (currentCurtain == 0x01)
17.          cmd_ctrl = SCMD_CLOSE;
18.        else if (currentCurtain == 0x02)
19.          cmd_ctrl = SCMD_OPEN;

20.        /* 发送窗帘控制命令 */
21.        build_payload(MCMD_CTRL_CURTAIN, cmd_ctrl, 0x00);
22.        basicRfSendPacket(CURTAIN_ADDR, pTxData, APP_PAYLOAD_LENGTH);
23.        while (HAL_BUTTON_2_PUSHED() == 0)
24.          ;
25.      }
26.    }
27. }
```

修改 main( ) 函数如下。

```
1.  void main(void)
2.  {
3.    halBoardInit();        //板载外设初始化

4.    halUartInit(115200); //USART0 初始化

5.    config_basicRf();      //basicRf 初始化

6.    while (TRUE)
7.    {

8.      /* 如果收到了无线通信数据 */

9.      if (basicRfPacketIsReady())
10.     {
11.       if (basicRfReceive(pRxData, APP_PAYLOAD_LENGTH, NULL) > 0)
12.       {
13.         if (rcvdata_process(pRxData, &masterCMD, &slaveCMD1, &slaveCMD2) < 0)
14.         {
15.           HAL_ASSERT(FALSE);
16.         }

17.         if (masterCMD == MCMD_LIGHT_STATUS) //如果收到了照明灯亮灭情况数据

18.         {

19.           currentLight = slaveCMD1; //更新当前照明灯亮灭情况

20.           if (slaveCMD1 == 0x01)
```

```
21.                HAL_LED_SET_1();
22.             else if (slaveCMD1 == 0x02)
23.               HAL_LED_CLR_1();
24.          }
25.        else if (masterCMD == MCMD_CURTAIN_STATUS) //如果收到了窗帘开闭情况数据
26.        {
27.            currentCurtain = slaveCMD1; //更新当前窗帘开闭情况
28.            if (slaveCMD1 == 0x01)
29.            {
30.              HAL_LED_SET_2();
31.              sprintf(myString, "窗帘状态：打开\r\n");
32.              halUartWrite((uint8 *)myString, strlen(myString));
33.            }
34.            else if (slaveCMD1 == 0x02)
35.            {
36.              HAL_LED_CLR_2();
37.              sprintf(myString, "窗帘状态：关闭\r\n");
38.              halUartWrite((uint8 *)myString, strlen(myString));
39.            }
40.        }
41.        else if (masterCMD == MCMD_INTENSITY_STATUS) //如果收到了光照强度数据
42.        {
43.            //intensityValue = (uint16)(slaveCMD1 << 8) | slaveCMD2;
44.            sprintf(myString, "当前光照：%d.%02d V\r\n", slaveCMD1, slaveCMD2);
45.            halUartWrite((uint8 *)myString, strlen(myString));
46.        }
47.        memset(myString, 0, 32);
48.        memset(pRxData, 0, 7);
49.      }
50.    }

51.    /* 轮询扫描按键 */

52.    scan_keys();
53.  }
54. }
```

3. 建立节点的编译配置项

本任务需要新建窗帘控制节点的编译配置项，具体操作步骤如下：

● 新建编译配置项，取名为"curtain"，基于原"light"编译配置项，单击"OK"按钮；

● 选中"curtain"编译配置项，配置"control.c"和"light.c"文件不参与编译；

● 选中"control"编译配置项，配置"curtain.c""light.c"和"light_sensor.c"文件不参与编译；

● 分别选中"curtain"与"control"编译配置项，根据图 1-1-19 所示的步骤添加以下两条头文件的路径：

"＄PROJ_DIR＄/../source/hardware/light_sensor"

"＄PROJ_DIR＄/../source/hardware/usart"

4. 编译下载程序

（1）编译下载窗帘控制节点的程序

在步骤 3 中已建立了窗帘控制节点和中控节点的编译配置项，在编译与下载节点程序前，需要正确选择相应的编译配置项。

● 确定已选择"curtain"编译配置项；

● 单击工具栏的"make"按钮或者使用快捷键"F7"编译程序；

● 如果程序编译结果没有错误，即可单击工具栏的"Download and Debug"按钮下载程序。

视频 设计智能
窗帘控制功能
（硬件搭建）

（2）编译下载中控节点程序

可参考编译下载窗帘控制节点程序的步骤完成中控节点程序的编译与下载，注意在编译下载前应将编译配置项切换为"control"。

5. 搭建硬件环境

根据任务要求制定表 1-3-14 所示的硬件接线表。

表 1-3-14 硬件接线表

模块名称	接线端子	接线端子
ZigBee 模块 （白 PCB）	OUT0（J16） （连接 P1_6 引脚）	继电器输入 2（J5） "RELAY2-IN"
ZigBee 模块 （黑 PCB）	RS-232 口	PC 的 USB 口
	DC 电源	5V 电源适配器
继电器模块	常开触点 J12	直流电动机模块+5V
	公共端 J11	直流+5V
直流电动机模块	"－"	直流－5V
光照传感模块	传感器接口	光敏电阻器
	模拟量输出端子	ZigBee 模块（白 PCB）ADC1

完成接线的硬件环境如图 1-3-5 所示。

6. 验证结果

完成接线后，打开 PC 的串口调试助手，可看到图 1-3-6 所示的运行结果。

对图 1-3-6 中的运行情况说明如下：

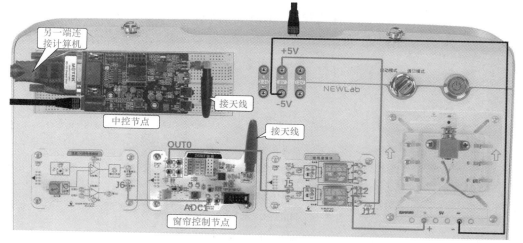

图 1-3-5　完成接线的硬件环境

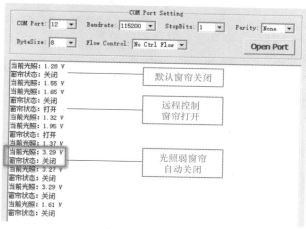

图 1-3-6　运行结果图

- 上电时，窗帘默认为关闭状态；
- 按下中控节点的按键 2，远程控制窗帘打开，电动机转动几秒后停止，模拟窗帘打开到位；
- 用手捂住光敏电阻器模拟极低的环境光照度（夜晚），此时，光敏电阻值升高（两端电压值大），窗帘自动关闭。

任务检查与评价

完成任务实施后，进行任务检查与评价，任务检查与评价表存放在本书配套资源中。

任务小结

本任务介绍了 CC2530 的 ADC 外设与 USART 外设的工作原理与配置方法，分析了光照传感模块和直流电动机模块的原理与使用方法。

通过本任务的学习，可巩固通过继电器控制电器的接线方法，会根据板载外设实际的电路连接修改 Basic RF 的 HAL 层驱动代码，能根据任务要求制定通信协议，会进行利用 CC2530

的 ADC 外设采集光照强度值的应用开发。

本任务的相关知识技能小结的思维导图如图 1-3-7 所示。

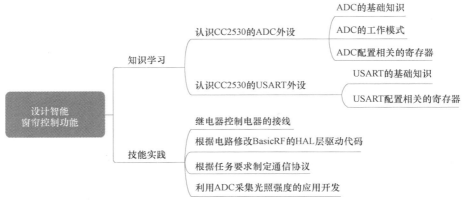

图 1-3-7　任务 3 知识技能小结思维导图

任务拓展

请在现有任务的基础上添加一项功能，具体要求如下：

- 不影响已有功能；
- 窗帘控制节点每隔 3s 上传光照强度值（光敏电阻器两端的电压值）至中控节点；
- 中控节点收到光照强度值后，通过串口发至上位机显示。

项目 ②

体温检测防疫系统

▶ 引导案例

Wi-Fi 技术自诞生以来，已经对当今世界产生巨大的影响并将持续影响。从家庭的无线网络到办公室和公共场所，不依赖电缆的高速无线连接无处不在，这从根本上改变了计算的方式。由于有了随时可用的 Wi-Fi，笔记本电脑、平板电脑等便携式电子产品才能够发挥其高移动性的特点，用户也可以摆脱身边一堆杂乱电线的困扰。

图 2-1-1　生活中 Wi-Fi 无处不在

自 1999 年首个 Wi-Fi 标准正式发布；到今天已经走过了二十多年。最初 6 家公司创建的标准到现在几乎遍布全世界，成为当今社会不可或缺的无线传输协议。图 2-1-2 展示了 Wi-Fi

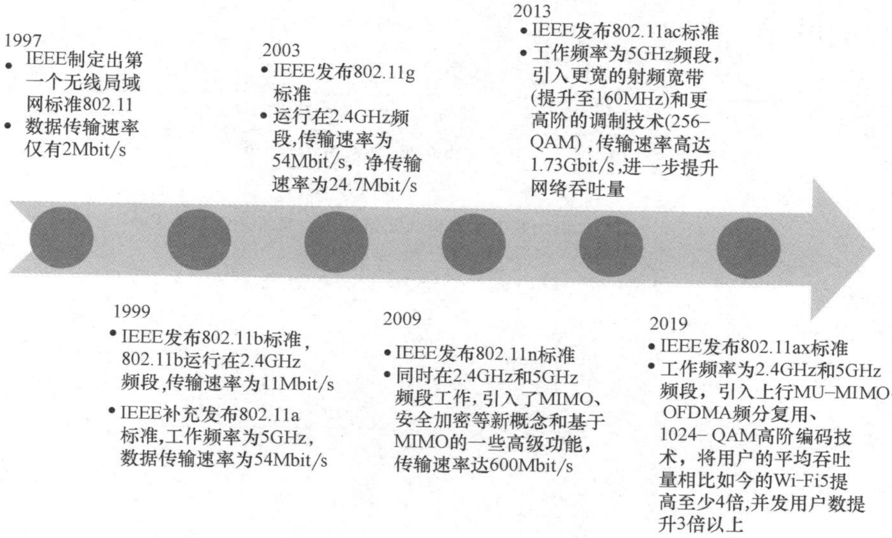

1997
- IEEE制定出第一个无线局域网标准802.11
- 数据传输速率仅有2Mbit/s

1999
- IEEE发布802.11b标准，802.11b运行在2.4GHz频段，传输速率为11Mbit/s
- IEEE补充发布802.11a标准，工作频率为5GHz，数据传输速率为54Mbit/s

2003
- IEEE发布802.11g标准
- 运行在2.4GHz频段，传输速率为54Mbit/s，净传输速率为24.7Mbit/s

2009
- IEEE发布802.11n标准
- 同时在2.4GHz和5GHz频段工作，引入了MIMO、安全加密等新概念和基于MIMO的一些高级功能，传输速率达600Mbit/s

2013
- IEEE发布802.11ac标准
- 工作频率为5GHz频段，引入更宽的射频宽带（提升至160MHz）和更高阶的调制技术(256–QAM)，传输速率高达1.73Gbit/s,进一步提升网络吞吐量

2019
- IEEE发布802.11ax标准
- 工作频率为2.4GHz和5GHz频段，引入上行MU–MIMO、OFDMA频分复用、1024–QAM高阶编码技术，将用户的平均吞吐量相比如今的Wi-Fi5提高至少4倍，并发用户数提升3倍以上

图 2-1-2　Wi-Fi 技术的发展历程

技术的发展历程。

2019 年 9 月 16 日，Wi-Fi 联盟宣布启动 Wi-Fi 6 认证计划。Wi-Fi 6 除了提供更高的速度和更大的容量、更低的延迟以及更加精细化的流量管理以外，还将拥有更高的频谱效率、更大的覆盖范围、更节能的接入终端功耗需求、更高的可靠性和安全性，以及对流量消耗型和时延敏感型应用的接入能力，它将大幅扩展 Wi-Fi 网络的应用范围和场景。

本项目将带领读者完成基于 Wi-Fi 技术的体温检测防疫系统的设计与实现。

任务 1　　建立 Wi-Fi 网络

职业能力目标

- 会查阅 Wi-Fi 模组的 AT 指令手册；
- 能根据应用需求通过 AT 指令配置 Wi-Fi 模组的工作模式并控制其工作流程。

任务描述与要求

任务描述：某公司需要设计一个体温检测防疫系统，该系统基于 Wi-Fi 无线通信技术实现。本任务要求建立起 Wi-Fi 网络，并实现节点之间的无线通信功能。

任务要求：
- 节点 1 与节点 2 之间通过 Wi-Fi 无线通信技术进行连接；
- 节点 1 与节点 2 均可收到对方发来的任意信息。

任务分析与计划

任务分析与计划见表 2-1-1。

表 2-1-1　任务分析与计划

项目名称	项目 2　体温检测防疫系统
任务名称	任务 1　建立 Wi-Fi 网络
计划方式	自主设计
计划要求	请用 8 个计划步骤完整描述出如何完成本次任务
序号	计划步骤
1	
2	
3	
4	
5	
6	
7	
8	

知识储备

一、WLAN、IEEE 802.11 与 Wi-Fi

1. WLAN

WLAN（Wireless Local Area Networks，无线局域网）是设备利用射频技术在免授权频段中进行无线连接，在局部范围内建立的网络。WLAN 具有安装简单、部署成本较低和扩展性能好等优点。由于 WLAN 提供了与有线局域网相同的功能，同时用户又可以摆脱线缆的制约，随时随地接入 Internet，已在各行各业有了十分广泛的应用。

2. IEEE 802.11

IEEE 802.11 是电气电子工程师协会（Institute of Electrical and Electronics Engineers，IEEE）802 标准化委员会下第 11 标准工作组制定的一系列与 WLAN 组建相关的标准。IEEE 802.11 标准工作组在 1990 年成立，经过了多年发展，如今 IEEE 802.11 已逐渐形成了一个家族，其中包括正式标准和一些对标准的修正案。

3. Wi-Fi

Wi-Fi（Wireless Fidelity，无线保真）技术是世界上最热门的 WLAN 标准，在早期专门指代 IEEE 802.11b 标准。

早在 2000 年年初，IEEE 802.11b 投入市场应用，当时的无线以太网联盟（Wireless Ethernet Compatibility Alliance，WECA）——后改名为 Wi-Fi 联盟，为了给 IEEE 802.11b 取一个更好记的名字，便雇用著名的商标公司 Interbrand 创造出了"Wi-Fi"这个名字。最早 Wi-Fi 仅是一个商标名称，但随着后续的 IEEE 802.11g、802.11n、802.11ac 等标准的上市，Wi-Fi 已经不仅指代 IEEE 802.11b 这一标准了，而被人们广泛地用于整个 IEEE 802.11 家族，甚至已成为 WLAN 的代名词。

二、Wi-Fi 网络的组成及其拓扑结构

1. Wi-Fi 网络的组成

通常一个 Wi-Fi 网络由站点、接入点、无线介质和分布式系统等几部分组成，如图 2-1-3 所示。

接下来对上述几个网络组成部分进行介绍。

（1）站点

站点（Station，STA）是 Wi-Fi 网络中的客户端，通常是具备无线网络接入能力的计算设备，也被称作网络适配器或网络接口卡。站点的基本功能包括鉴权、加密与数据传输，它既可以是固定的，也可以是移动的。

（2）接入点

接入点（Access Point，AP）在 Wi-Fi 网络中的功能类似蜂窝移动通信中的基站，它的基本功能如下。

● 桥接：作为无线局域网与分布式系统

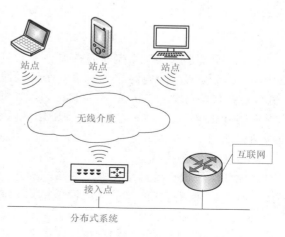

图 2-1-3　Wi-Fi 的网络组成

的桥接点完成两者之间的桥接功能；

- 控制与管理：作为无线局域网的控制中心完成对站点的控制与管理功能。

（3）无线介质

无线介质（Wireless Medium，WM）是 Wi-Fi 网络中各站点之间、站点与 AP 之间通信的传输媒介，一般指大气。

（4）分布式系统

由于单个 Wi-Fi 网络的覆盖范围有限，为了拓展局域网络范围或者将网络接入 Internet，就需要借助分布式系统（Distribution System，DS）来完成。分布式系统通过入口与骨干网相连，其传输介质既可以是有线介质，也可以是无线介质。

2. 常见的 Wi-Fi 网络拓扑结构

（1）点对点模式

点对点（Peer-to-Peer）模式又称"Ad-hoc"，这种模式的网络完全由 STA 构成，无需 AP，各站点之间为对等关系。点对点模式的拓扑结构如图 2-1-4 所示。

（2）基础架构模式

基础架构（Infrastructure）模式的网络由 AP、STA 以及分布式系统 DS 构成。AP 通常兼具无线路由器的功能，它与有线网络连接，实现无线局域网与 Internet 的互联。基础架构模式的拓扑结构如图 2-1-5 所示。

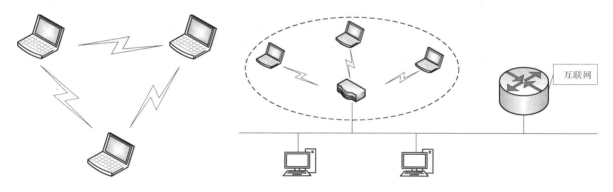

图 2-1-4　点对点模式的拓扑结构　　　　图 2-1-5　基础架构模式的拓扑结构

（3）多 AP 模式

多 AP 模式是基础架构模式的拓展，一般应用于类似园区、学校等覆盖范围较大的场景。每个 AP 及其覆盖范围内的 STA 构成一个无线网络基本服务集（Basic Service Set，BSS），多个 BSS 构成扩展服务集（Extended Service Set，ESS）。通常，所有的 AP 都使用相同的扩展服务集识别码（Extended Service Set ID，ESSID），因此站点可在各无线网络间漫游。多 AP 模式的拓扑结构如图 2-1-6 所示。

（4）无线网桥模式

在无线网桥模式的网络中，一对 AP 通过无线方式连接，进而将两个原本独立的无线局域网或者有线局域网连接起来。无线网桥模式的拓扑结构如图 2-1-7 所示。

（5）无线中继器模式

受 IEEE 802.11 标准的物理层性能限制，单个 AP 的覆盖范围有限。利用无线中继器即可起到转发数据从而延伸系统的覆盖范围。无线中继器模式的拓扑结构如图 2-1-8 所示。

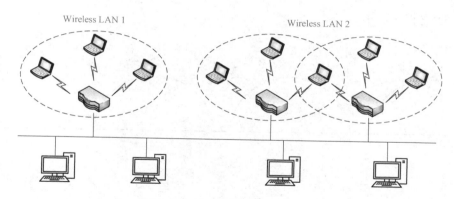

图 2-1-6　多 AP 模式的拓扑结构

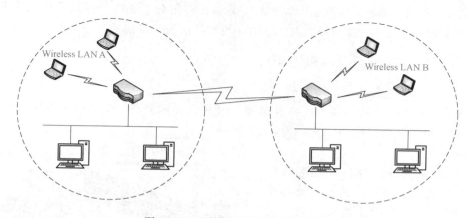

图 2-1-7　无线网桥模式的拓扑结构

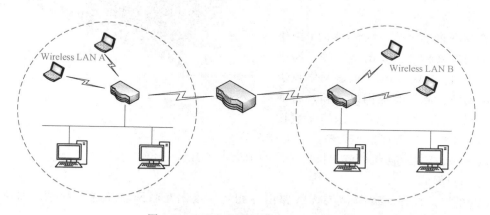

图 2-1-8　无线中继器模式的拓扑结构

三、Wi-Fi 的物理信道划分

在 2.4GHz 的 ISM 频段，Wi-Fi 共划分了 14 个信道，每个信道的带宽为 22MHz，相邻信道的中心频率间隔为 5MHz。在多网络拓扑的环境中，为了避免邻道干扰，相邻网络的中心频率间隔至少为 25MHz。因此，在整个 2.4GHz 的 ISM 频段中，只有 3 个互不重叠的信道（1、6、

11），如图 2-1-9 所示。

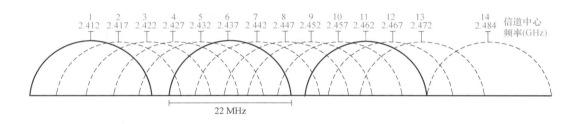

图 2-1-9 2.4GHz 频段的 Wi-Fi 信道划分

在 5GHz 的频段，从 5GHz 开始，以 5MHz 为步长共划分了 201 个信道。中国大陆地区最早只能使用 5.725～5.850GHz 频段，共 125MHz 的射频信道，目前已支持更多信道。

四、认识 Wi-Fi 模组及其应用市场

1. 什么是 Wi-Fi 模组

所谓 Wi-Fi 模组，是指由 Wi-Fi 控制芯片、PCB 和外围器件（如 Flash 芯片、电源电路、天线电路等）构成的电路模块，其结构如图 2-1-10 所示。

目前市面上常见的 Wi-Fi 控制芯片厂家有高通、华为、联发科、德州仪器和乐鑫等，Wi-Fi 模组供应厂家有安信可、庆科、海凌科、博联、有人物联等。

2. Wi-Fi 模组的应用市场

随着物联网技术的发展，Wi-Fi 模组的应用市场越来越广，如网络电视、网络机顶盒、手机、PAD、PC、智能网络投影仪、移动网络设备、智能网络冰箱、智能网络洗衣机、智能网络音箱、网络车载设备、智能网络空调、智能监控设备、智能仪表等。

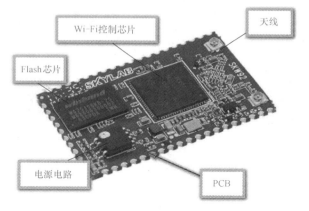

图 2-1-10 Wi-Fi 模组结构图

总的来说，Wi-Fi 模组的应用模式可以归纳为以下几种。

（1）站点模式

Wi-Fi 模组工作在 STA 模式与无线路由器相连，接入互联网获取各种信息，如视频、网页、语音、应用软件等。

（2）接入点模式

Wi-Fi 模组工作在 AP 模式，作为网络的接入点与各站点组成无线局域网，通过有线网络接入互联网。

（3）站点与接入点共存模式

Wi-Fi 模组工作在 STA&AP 共存的模式，起到无线网络中继的作用。

图 2-1-11 展示了 Wi-Fi 模组在网络机顶盒中的应用。

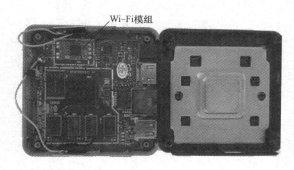

图 2-1-11　Wi-Fi 模组在网络机顶盒中的应用

扩展阅读：常见的 Wi-Fi 标准

- IEEE 802.11—1997

IEEE 802.11—1997 是最早的 IEEE 802.11 标准，工作频段为 2.4~2.4835GHz。其设计的初衷是解决住宅与企业中难以布线区域的网络接入问题，最高传输速率为 1Mbit/s 或 2Mbit/s（取决于调制方式）。

- IEEE 802.11b

IEEE 802.11b 是 IEEE 802.11—1997 的演进，工作频段也是 2.4GHz，它的物理层接入速度达到 5.5Mbit/s 和 11Mbit/s。由于 2.4GHz 的 ISM 频段在全世界通用，该标准于 2000 年年初投放市场后很快就得到了广泛的应用。"Wi-Fi"这个名字也是在这个阶段被创造出来的。

- IEEE 802.11a

IEEE 802.11a 标准在 1999 年 9 月获批发布，引入了正交频分复用技术，定义了 5GHz 频段高速物理层规范。由于高频段信号衰减较快，同等发射功率下 IEEE 802.11a 的有效覆盖范围比 IEEE 802.11b 更小。IEEE 802.11a 标准于 2001 年才上市销售，晚于 IEEE 802.11b 标准，同时由于产品中的 5GHz 组件研制较慢，因此在当时该标准没有得到广泛应用。

- IEEE 802.11g

IEEE 802.11g 标准在 2003 年发布，它可实现 6、9、12、18、24、36、48 和 54Mbit/s 的传输速率。IEEE 802.11g 仍然工作在 2.4GHz 频段，又保留了 CCK 技术，因此可与 IEEE 802.11b 产品保持兼容。

- IEEE 802.11n

IEEE 802.11n 标准于 2009 年 9 月获批发布，归功于 MIMO 空分复用及 40MHz 带宽的引入，该标准的物理层数据传输速度相对于 IEEE 802.11g 又有了显著的增长，传输速率最高可达 600Mbit/s。

- IEEE 802.11ac

IEEE 802.11ac 标准是 IEEE 802.11a 标准的延续，其工作频段为 5GHz。得益于数据传输通道带宽的增加（从 20MHz 增至 40MHz 或者 80MHz），最高可以支持约 7Gbit/s 传输速率。2018 年 10 月，Wi-Fi 联盟为了便于 Wi-Fi 用户和设备厂商轻松了解其设备连接或支持的 Wi-Fi 型号，选择使用数字序号对 Wi-Fi 重新命名，将 802.11ac 更名为 Wi-Fi 5。

- IEEE 802.11ax

IEEE 802.11ax 标准又称为高效率无线标准，正式命名为 Wi-Fi 6，代表第六代 Wi-Fi 技术。Wi-Fi 6 相对 Wi-Fi 5（IEEE 802.11ac 标准）而言，在网络带宽、并发用户数、网络时延等方面均有大幅度提高，其理论最高速率可达 9.6Gbit/s。

各代 Wi-Fi 技术的传输速率如图 2-1-12 所示。

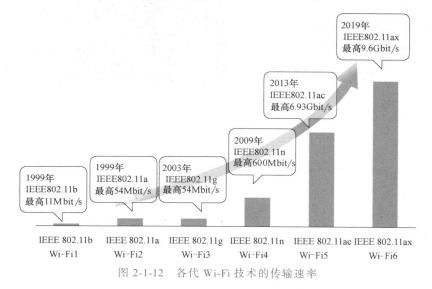

图 2-1-12　各代 Wi-Fi 技术的传输速率

各标准的工作频段、物理速率和信道带宽的对比见表 2-1-2。

表 2-1-2　各种 Wi-Fi 标准的对比

标准版本	802.11b	802.11a	802.11g	802.11n	802.11ac	802.11ax
发布时间	1999.09	1999.09	2003.06	2009.09	2013.06	2019.12
工作频段	2.4GHz	5GHz	2.4GHz	2.4/5GHz	2.4/5GHz	2.4/5GHz
物理速率	11Mbit/s	54Mbit/s	54Mbit/s	600Mbit/s	6.9Gbit/s	9.6Gbit/s
信道带宽	22MHz	20MHz	20MHz	20/40MHz	20/40/80/160/80+80MHz	20/40/80/160/80+80MHz

五、硬件选型分析

本任务要求建立 Wi-Fi 网络以实现节点 1 和节点 2 之间的无线数据收发功能，因此在硬件的选型方面，Wi-Fi 模组是必选项。

1. Wi-Fi 通信模块的硬件资源

本任务用到的 Wi-Fi 通信模块如图 2-1-13 所示。

对图 2-1-13 中 Wi-Fi 通信模块的主要硬件资源介绍如下：

• Wi-Fi 模组：Wi-Fi 通信模块的核心，使用安信可公司出品的 ESP-12F 型号的 Wi-Fi 模组；

• 启动/下载拨码开关：此开关用于控制 Wi-Fi 模组的工作模式，向左拨使模组工作在"启动"模式（正常工作），向右拨对应"下载"模式（固件下载）；

• 复位按钮：用于使 Wi-Fi 模组复位；

• 串口连接拨码开关：此开关用于切换 Wi-Fi 模组上串行通信接口的连接位置，向左拨

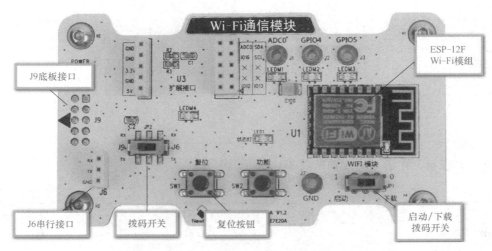

图 2-1-13　Wi-Fi 通信模块硬件资源图

与"J9 底板接口"相连,向右拨与"J6 串行接口"相连;

- J6 串行接口:Wi-Fi 模组串行通信接口,可通过 USB-TTL 模块与 PC 通信;
- J9 底板接口:Wi-Fi 通信模块与 NEWLab 实验平台底板的接口。

2. ESP-12F 模组介绍

ESP-12F 模组是一款基于 ESP8266EX 芯片的 Wi-Fi 模组,该模组外观尺寸为 16mm×24mm×3mm,使用增益为 3DB 的 PCB 板载天线,如图 2-1-14a 所示。ESP-12F 模组共引出 18 个接口,如图 2-1-14b 所示。

a) ESP-12F模组外观　　　　　　　　　b) ESP-12F引脚功能定义

图 2-1-14　ESP-12F 模组

ESP-12F 模组的主要引脚功能定义见表 2-1-3。

表 2-1-3　ESP-12F 模组的主要引脚功能定义

序号	引脚名称	功能说明
1	RST	模组复位,低电平有效
3	EN	芯片使能端,高电平有效
8	VCC	3.3V 供电
15	GND	接地

（续）

序号	引脚名称	功能说明
16	GPIO15	GPIO15；MTDO；HSPICS；UART0_RTS
17	GPIO2	GPIO2，与GPIO0和GPIO15配合用于模组工作模式配置
18	GPIO0	GPIO0，与GPIO2和GPIO15配合用于模组工作模式配置
21	RXD	UART0_RXD；GPIO3
22	TXD	UART0_TXD；GPIO1

ESP-12F 模组工作模式的配置见表 2-1-4。

表 2-1-4　模组工作模式配置

工作模式	GPIO15	GPIO0	GPIO2
UART 下载模式	低	低	高
Flash Boot 模式	低	高	高

当需要为 ESP-12F 模组更新固件时，则需将模组配置为"UART 下载模式"，"Flash Boot 模式"则是模组正常启动工作的模式。

ESP-12F 模组的核心处理器为乐鑫科技公司出品的 ESP8266EX（内核为 Tensilica L106 超低功耗 32 位 MCU），其主要特性如下：

- 支持 IEEE 802.11b/g/n 标准；
- 内置 Tensilica L106 超低功耗 32 位微型 MCU，主频支持 80MHz 和 160MHz，支持 RTOS；
- 内置 10bit 高精度 ADC；
- 内置 TCP/IP 协议栈；
- 内置 TR 开关、balun、LNA、功率放大器和匹配网络；
- 内置 PLL、稳压器和电源管理组件，802.11b 模式下 +20dBm 的输出功率；
- 工作频段为 2.4GHz，支持 WPA/WPA2 安全模式；
- 支持 AT 进程升级及云端 OTA 升级；
- 支持 STA/AP/STA+AP 无线网络模式；
- 支持 Smart Config 功能（包括 Android 和 iOS 设备）；
- 支持 HSPI、UART、I^2C、I^2S、IR Remote Control、PWM、GPIO 等接口；
- 深度睡眠保持电流为 10μA，关断电流小于 5μA；
- 2ms 之内唤醒、连接并传递数据包；
- 待机状态消耗功率小于 1.0mW（DTIM3）；
- 工作温度范围：−40~125℃。

六、如何进行 ESP-12F 模组的应用开发

ESP-12F 模组有如下三种常用的开发模式：

一是使用 AT 指令对其进行控制。这种模式基于乐鑫科技公司提供的"AT 固件"，使用 PC 或者单片机通过串行通信的方式发送相应的 AT 指令对模组进行联网和数据收发等操作。

二是基于 Arduino IDE 进行应用开发。这种模式基于乐鑫科技公司提供的"Arduino core for ESP8266"开发库，然后利用 Arduino IDE 进行程序的编辑、编译与下载。

三是基于乐鑫科技公司提供的 ESP 8266 SDK 进行应用开发。官方提供了两种开发 SDK，一种基于实时操作系统 FreeRTOS，另一种不带实时操作系统。

在上述三种开发模式中，模式一的开发难度相对较低，容易上手与入门，本任务将选取这种模式进行 ESP-12F 模组的应用开发。

七、ESP-12F 模组常用的 AT 指令

乐鑫科技公司官方的 ESP8266 AT 固件提供了三种类型的 AT 指令：基础 AT 指令、Wi-Fi 功能 AT 指令和 TCP/IP 功能 AT 指令。接下来对常用 AT 指令的功能进行简介，见表 2-1-5。因篇幅限制，此处仅对 AT 指令的功能进行简述，具体的使用方法可查阅 ESP8266 的 AT 指令集。

表 2-1-5　ESP-12F 模组常用的 AT 指令

指令类型	指令	功能简述
基础 AT 指令	AT	测试模块启动
	AT+RST	重启模组
	ATE	开关回显功能
Wi-Fi 功能 AT 指令	AT+CWMODE_DEF	设置 Wi-Fi 模式（STA/AP/STA+AP），保存到 Flash
	AT+CWJAP_DEF	连接指定的 AP，保存到 Flash
	AT+CWDHCP_DEF	设置 DHCP，保存到 Flash
	AT+CWDHCPS_DEF	设置 ESP8266 SoftAP DHCP 分配的 IP 范围，保存到 Flash
TCP/IP 功能 AT 指令	AT+CIPSTART	建立 TCP 连接，UDP 传输或者 SSL 连接
	AT+CIPSEND	发送数据
	AT+CIPMUX	设置多连接模式
	AT+CIPSERVER	设置 TCP 服务器

任务实施

任务实施前必须先准备好设备和资源，见表 2-1-6。

表 2-1-6　设备和资源清单

序号	设备/资源名称	数量	是否准备到位（√）
1	Wi-Fi 通信模块	2	
2	USB 转 RS-232 线缆	1	
3	方头 USB 线	1	
4	智慧盒	1	
5	固件烧写工具	1	
6	乐鑫科技公司官方 AT 固件	1	

实施导航

- 搭建硬件环境；
- 烧写 ESP-12F 模组的 AT 固件；
- 配置 ESP-12F 模组的 AP 工作模式；

- 配置 ESP-12F 模组的 STA 工作模式;
- 通过 Wi-Fi 网络收发数据。

 实施纪要

实施纪要见表 2-1-7。

表 2-1-7　实施纪要

项目名称	项目 2　体温检测防疫系统
任务名称	任务 1　建立 Wi-Fi 网络
序号	分步纪要
1	
2	
3	
4	
5	
6	
7	
8	

 实施步骤

1. 搭建硬件环境

按照图 2-1-15 所示完成硬件环境的搭建。

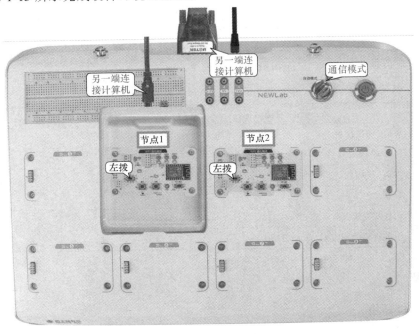

图 2-1-15　Wi-Fi 组网硬件环境的搭建

- 取两个 Wi-Fi 通信模块,一个安装至智慧盒上,取名为"节点1",另一个安装至 NE-WLab 实验平台底板上,取名为"节点2";

- 将"节点1"和"节点2"的串口连接拨码开关向左拨,即将两个 Wi-Fi 通信模块的 USART 都与"J9 底板接口"相连;

- 将 USB 转 RS-232 线缆的一端与 PC 的 USB 接口相连,另一端与 NEWLab 底板背后的 DB-9 串行接口相连,并将 NEWLab 实验平台底板右上方的旋钮拨至"通信模式";

- 将方头 USB 线的一端与智慧盒相连,另一端与 PC 的 USB 接口相连。

2. 烧写 ESP-12F 模组的 AT 固件

(1)配置模组进入"下载模式"

Wi-Fi 通信模块上电后,将图 2-1-13 中的启动/下载拨码开关向右拨,然后按下复位按钮使 ESP-12F 模组进入"下载模式"。

(2)运行 Flash Download Tools 工具

定位到乐鑫科技公司提供的 AT 固件下载工具——Flash Download Tools 的文件夹,双击"flash_download_tools_v3.6.6. exe"启动程序(图 2-1-16 中标号①处)。在随后弹出的对话框中单击"ESP8266 DownloadTool"按钮(图 2-1-16 中标号②处),进入下载工具的主界面。

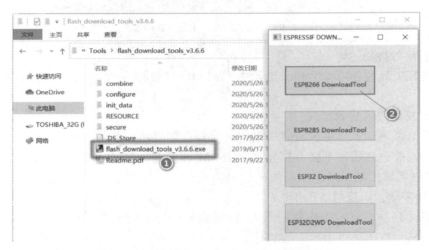

图 2-1-16 运行 Flash Download Tools 下载工具

(3)配置 Flash Download Tools

在 Flash Download Tools 的主界面中需要配置的内容如下。

- 固件 bin 文件:按照图 2-1-17 中标号①处配置固件 bin 文件,本任务使用乐鑫科技公司提供的 v1.6.2 版本的 AT 固件,注意:需要配置的位置有 5 处。

- 固件 bin 文件的烧写地址:配置每个 bin 文件需要烧写的 Flash 地址如图 2-1-17 标号②处所示。

- SPI 总线传输速率:选择 40MHz(图 2-1-17 标号③处)。

- SPI 工作模式:选择 DOUT(双倍输出)模式(图 2-1-17 标号④处)。

- Flash 大小:ESP-12F 内置了 4MB 的 Flash,因此选择 32Mbit(图 2-1-17 标号⑤处)。

- 串行通信口与波特率:串行通信口的编号根据实际情况进行配置,波特率选择"230400"(图 2-1-17 标号⑥处),如果后续的烧写过程失败,则可降低传输波特率。

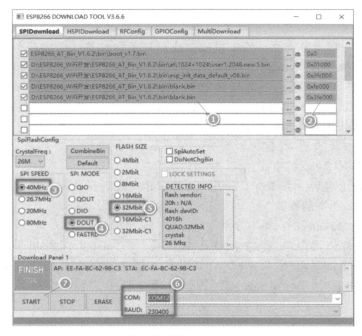

图 2-1-17　配置 Flash Download Tools

（4）开始固件烧写

配置好烧写工具的各项参数后，可单击"START"按钮（图 2-1-17 中标号⑦处）开始固件烧写进程。

（5）配置模组进入启动模式

烧写进程结束后，工具将跳出"FINISH"字样作为提示。此时，将图 2-1-13 中的启动/下载拨码开关向左拨，然后按下复位按钮使 ESP-12F 模组进入"启动模式"，即正常工作模式。打开 PC 的串口调试工具，选择正确的串行通信接口，波特率选择"115200"，若可看到模块输出"ready"字样，则烧写 AT 固件成功。

重复步骤（1）～（5）完成另一个 Wi-Fi 通信模块的 AT 固件烧写。

3. 配置 ESP-12F 模组的 AP 工作模式

打开 PC 上的串口调试助手，选择与"节点 1"相连的串口，单击"打开串口"按钮，然后按照表 2-1-8 所列步骤将 ESP-12F 模组配置为 AP 工作模式。

表 2-1-8　ESP-12F 模组 AP 工作模式配置步骤

步骤	操作	功能描述与指令
1	配置功能	确定 Wi-Fi 通信模块重启完毕
	具体指令	AT
2	配置功能	配置为 AP 模式
	具体指令	AT+CWMODE_DEF = 2
3	配置功能	配置 AP 模式启用 DHCP 功能
	具体指令	AT+CWDHCP_DEF = 0,1
4	配置功能	配置 AP 模式的 SSID 和密码,信道 5,WPA2_PSK 加密方式
	具体指令	AT+CWSAP_DEF = "ESP8266","1234567890",5,3

（续）

步骤	操作	功能描述与指令
5	配置功能	配置 AP 分配的 IP 地址范围
	具体指令	AT+CWDHCPS_DEF = 1,2880,"192.168.4.10","192.168.4.15"
6	配置功能	配置多连接模式
	具体指令	AT+CIPMUX = 1
7	配置功能	启动 TCP Socket 服务器,端口号为 1001
	具体指令	AT+CIPSERVER = 1,1001

4. 配置 ESP-12F 模组的 STA 工作模式

打开 PC 上的串口调试助手,选择与"节点 2"相连的串口,单击"打开串口"按钮,按照表 2-1-9 所列步骤将 ESP-12F 模组配置为 STA 工作模式。

表 2-1-9　ESP-12F 模组 STA 工作模式配置步骤

步骤	操作	功能描述与指令
1	配置功能	确定 Wi-Fi 通信模块重启完毕
	具体指令	AT
2	配置功能	配置为 STA 模式
	具体指令	AT+CWMODE_DEF = 1
3	配置功能	使能 STA 模式的 DHCP 功能
	具体指令	AT+CWDHCP_DEF = 1,1
4	配置功能	加入 AP 热点
	具体指令	AT+CWJAP_DEF = "ESP8266","1234567890"
5	配置功能	配置为单连接模式
	具体指令	AT+CIPMUX = 0
6	配置功能	连接 TCP Socket 服务器,端口号为 1001
	具体指令	AT+CIPSTART = "TCP","192.168.4.1",1001

5. 通过 Wi-Fi 网络收发数据

在本任务中,节点 1 作为 AP,是 TCP Socket 通信的服务器端;节点 2 作为 STA,是 TCP Socket 通信的客户端。节点 1 和节点 2 为对等关系,即组建的网络拓扑为点对点。当节点 2 连上节点 1 的 TCP Socket 服务器后,可通过以下步骤进行数据的收发,此处以节点 1 为例。

• PC 端发送 "AT+CIPSEND = 0,11"指令至 Wi-Fi 通信模块,表明要与 Socket 编号为 "0"的节点（即节点 2）通信,需要发 11 字节数据;

• 当 PC 端收到 ">"符号后,发送 "Hello,node2"字符串至 Wi-Fi 通信模块,该字符串将作为数据发送至 Socket 编号为 "0"的节点;

• 在节点 2 连接的串口调试助手窗口可收到 "+IPD,11:Hello,node2"数据,表示数据接收成功。

具体数据发送过程参考图 2-1-18。

图 2-1-18　通过 Wi-Fi 网络收发数据

任务检查与评价

完成任务实施后，进行任务检查与评价，任务检查与评价表存放在本书配套资源中。

任务小结

本任务介绍了 WLAN、IEEE 802.11 与 Wi-Fi 的概念，讲解了 Wi-Fi 网络的组成及其拓扑结构、Wi-Fi 的物理信道划分、Wi-Fi 模组及其应用市场，着重对本任务用到的 ESP-12F 模组的使用细节进行了分析。

通过本任务的学习，读者可掌握 ESP-12F 模组的 AP 模式与 STA 模式的配置步骤，会组建点对点的 Wi-Fi 网络并完成数据的收发。本任务相关的知识技能小结思维导图如图 2-1-19 所示。

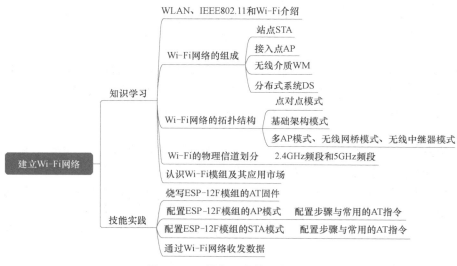

图 2-1-19　任务 1 小结思维导图

任务拓展

自主查阅 ESP8266 的 AT 指令集文档，实现下列功能：

- 使能节点 2（TCP Socket 客户端）的透传功能；
- 节点 2 使用透传模式向节点 1 发送任意数据；
- 使节点 2 退出透传功能。

任务2　设计安检功能

职业能力目标

- 能根据项目需求自行制定通信协议；
- 会设计 Cortex-M3 微控制器与 Wi-Fi 模组的接口程序，组建 Wi-Fi 网络完成数据的收发；

任务描述与要求

任务描述：某公司需要设计一个体温检测防疫系统，本任务需要为该系统添加安检功能，即当有人靠近入口的岗亭时，监测节点将自动识别并将情况上报至控制节点。

任务要求：

- 监测节点与控制节点之间通过 Wi-Fi 无线通信技术进行连接；
- 监测节点连接红外对射传感器，当有人靠近时，监测节点将自动识别并将情况上报至控制节点；
- 控制节点接收到"有人靠近"的信息后，通过串口发至上位机显示。

任务分析与计划

任务分析与计划见表 2-2-1。

表 2-2-1　任务分析与计划

项目名称	项目2　体温检测防疫系统
任务名称	任务2　设计安检功能
计划方式	自主设计
计划要求	请用 8 个计划步骤完整描述出如何完成本任务
序号	任务计划
1	
2	
3	
4	
5	
6	
7	
8	

知识储备

一、STM32 微控制器与 ESP-12F 模组的接口程序设计

1. 软件架构设计

通过对任务 1 的学习，知道了 ESP-12F 模组与 PC 之间可以通过串行接口进行通信。根据本任务的要求，监测节点与控制节点的主控单元不再是 PC，应由嵌入式微控制器取代。STM32 微控制器具备多个 USART（Universal Synchronous/Asynchronous Receiver and Transmitter，通用同步/异步收发器）外设资源，可用于与 ESP-12F 模组进行通信。

为了减小代码对硬件的依赖性，使各软件模块之间保持松耦合进而提高程序的可移植性，在设计 ESP-12F 模组的接口程序时，可融入"软件分层"的思想。ESP-12F 模组接口程序软件架构如图 2-2-1 所示。

从图 2-2-1 中可以看到，底层的 STM32Cube HAL 硬件抽象层向上层软件提供了 USART 外设接口函数。ESP-12F 模组的驱动程序由两部分构成，分别是 ESP8266_IO（输入/输出）和 ESP8266_Function（功能函数）。

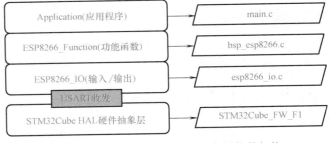

图 2-2-1　ESP-12F 模组接口程序的软件架构

ESP8266_IO（输入/输出）层主要由 USART 收发函数构成，对应源代码文件"esp8266_io.c"，在本任务中主要适配 STM32F1 微控制器。将 USART 收发函数从 ESP-12F 模组的驱动程序中剥离出来的目的是提高驱动程序的移植性，即如果要将本驱动程序移植到其他型号的 MCU（如 51 单片机、AVR 单片机等）时，只需要修改 ESP8266_IO（输入/输出）层的程序，使之与新 MCU 的 USART 收发驱动相匹配即可。

ESP8266_Function（功能函数）层由各种 ESP-12F 模组的配置函数构成，完成模组工作模式的配置、数据的收发等功能，由源代码文件"bsp_esp8266.c"实现。

该软件架构的最上层为应用层，它调用 ESP8266_Function（功能函数）层提供的各种功能函数对 ESP-12F 模组进行控制，完成应用程序的需求。

2. ESP8266_IO 层程序代码

"esp8266_io.c"中有三个比较重要的函数，分别是：

- 初始化函数"ESP8266_IO_Init"；
- 数据发送函数"ESP8266_IO_Send"；
- 数据接收函数"ESP8266_IO_Receive"。

"esp8266_io.c"文件中的程序如下。

```
1.  /* Includes --------------------------------------------------------*/
2.  #include "esp8266_io.h"
3.  #include "usart.h"
4.  /* Private variables -----------------------------------------------*/
5.  RingBuffer_t WiFiRxBuffer;    //环形 FIFO 缓存区
```

```
6.   uint8_t UartTxDone = 0;        //UART 发送完毕标志位
7.
8.   int8_t ESP8266_IO_Init(void)
9.   {
10.    WiFiRxBuffer.head = 0;       //环形 FIFO 缓存头清零
11.    WiFiRxBuffer.tail = 0;       //环形 FIFO 缓存尾清零
12.    /* UART 中断方式接收数据，此处主要用于开启接收中断 */
13.    HAL_UART_Receive_IT(&WiFiUartHandle, (uint8_t *)&WiFiRxBuffer.data[WiFiRxBuffer.
       tail], 1);
14.    return 0;
15.  }
16.  int8_t ESP8266_IO_Send(uint8_t *pData, uint32_t Length)
17.  {
18.    uint32_t tickstart;
19.    UartTxDone = 0;
20.    /* UART 发送数据 */
21.    if (HAL_UART_Transmit_IT(&WiFiUartHandle, (uint8_t *)pData, Length) != HAL_OK)
22.      return -1;
23.    tickstart = HAL_GetTick();
24.    while (UartTxDone != 1)
25.    {
26.      if ((HAL_GetTick() - tickstart) > DEFAULT_TIME_OUT)        //阻塞一段时间
27.        return -1;
28.    }
29.    return 0;
30.  }
31.  int32_t ESP8266_IO_Receive(uint8_t *Buffer, uint32_t Length, uint32_t timeout)
32.  {
33.    uint32_t ReadData = 0;
34.    while (Length--)
35.    {
36.      uint32_t tickStart = HAL_GetTick();
37.      do
38.      {
39.        if (WiFiRxBuffer.head != WiFiRxBuffer.tail)     //有数据未读
40.        { /* 从环形 FIFO 缓存中读取数据至指定的缓存区 Buffer */
41.          *Buffer++ = WiFiRxBuffer.data[WiFiRxBuffer.head++];
42.          ReadData++;
43.          /* 检测环形 FIFO 缓存下标越界 */
44.          if (WiFiRxBuffer.head >= RING_BUFFER_SIZE)
45.          { /* 环形 FIFO 缓存下标越界，重置为 0 */
46.            WiFiRxBuffer.head = 0;
47.          }
```

```
48.            break;
49.        }
50.      } while ((HAL_GetTick() - tickStart) < timeout);  //阻塞一段时间
51.    }
52.    return ReadData;
53. }
54. void HAL_UART_TxCpltCallback(UART_HandleTypeDef *UartHandle)
55. {
56.    UartTxDone = 1;    //发送完成中断标志位置 1
57. }
```

3. ESP8266 功能函数层相关函数

ESP8266 功能函数层由一系列 ESP-12F 模组的配置函数构成，其功能简述见表 2-2-2。

表 2-2-2　ESP8266 功能函数简述

序号	函数原型	功能简述
1	ESP8266_AP_Init(void)	AP 模式初始化流程
2	ESP8266_Station_Init(void)	STA 模式初始化流程
3	ESP8266_Reset(void)	复位 Wi-Fi 模组
4	ESP8266_AtTest(void)	测试模组是否复位完成
5	ESP8266_DisableEcho(void)	禁止回显功能
6	ESP8266_GetVersionInfo(uint8_t * version_string)	获取模组固件版本号
7	ESP8266_ConfigWorkMode(uint8_t workmode)	配置模组的无线网络模式，AP 或 STA 或 AP&STA
8	ESP8266_ConfigAccessPoint(uint8_t * Ssid, uint8_t * Password)	配置 AP 的 SSID 和密码
9	ESP8266_JoinAccessPoint(uint8_t * ssid, uint8_t * password)	加入 AP
10	ESP8266_QuitAccessPoint(void)	退出 AP
11	ESP8266_SetMuxMode(uint8_t mode)	配置多连接模式
12	ESP8266_EnableDHCP(uint8_t workmode, uint8_t dhcpmode)	使能 AP 或 STA 模式的 DHCP 功能
13	ESP8266_IsConnectedWithServer(void)	判断是否与服务器端连接
14	ESP8266_EstablishConnection(uint8_t * ipAddress, uint32_t port)	建立与服务器端的连接
15	ESP8266_CloseConnection(const uint8_t channel_id)	关闭 TCP Socket 连接
16	ESP8266_SendData(uint8_t * Buffer, uint32_t Length)	发送数据
17	ESP8266_ReceiveData(void)	接收数据

4. AT 指令发送与响应内容解析函数的流程

上述各 ESP8266 功能函数主要包括以下两个内容：

● 微控制器发送 AT 指令至 ESP-12F 模组；

● 微控制器对 ESP-12F 模组响应的内容进行解析。

该函数原型定义如下。

```
1.  /**
2.   * @brief   发送 AT 指令
3.   * @param   *cmd 存放 AT 指令的缓存区
4.   * @param   Length   AT 指令的长度
5.   * @param   *Token1 希望收到的响应内容 1
6.   * @param   *Token2 希望收到的响应内容 2
7.   * @retval Returns ESP8266_OK on success and ESP8266_ERROR otherwise.
8.   */
9.  static ESP8266_StatusTypeDef runAtCmd(uint8_t *cmd, uint32_t Length, const uint8_t
    *Token1, const uint8_t *Token2)
```

该函数的工作流程如图 2-2-2 所示，读者可结合代码进行分析。

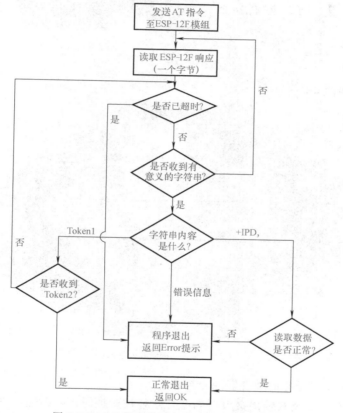

图 2-2-2　AT 指令发送与响应内容解析的流程

二、硬件选型分析

根据本任务的要求，应选择微控制器作为 ESP-12F 模组的控制芯片，而使用红外传感模块可满足来访人员的感应需求。接下来对本任务所需硬件的资源进行介绍。

1. M3 主控模块的硬件资源

对图 2-2-3 中涉及本任务的硬件资源介绍如下。

标号①：Cortex-M3 内核微控制器，型号为 STM32F103VET6。

标号②：ST-Link v2 或 J-Link 下载调试器接口（JTAG）。

标号③：JP1 拨码开关，用于启动模式的配置。向上拨从系统存储器启动，用于 ISP 程序下载；向下拨系统从主闪存启动，即正常工作模式。

标号④：JP2 拨码开关，用于微控制器的 USART1 连接切换。向左拨，US-ART1 与底板相连，向右拨，USART1 与 J9 接口相连。

标号⑤：J9 接口，通过 JP2 拨码开关选择可与 USART1 相连；

标号⑥：J8 接口，与微控制器的 UART4 外设相连；

标号⑦：无源蜂鸣器。

2. 红外传感模块

红外传感模块如图 2-2-4 所示。

图 2-2-3　M3 主控模块图

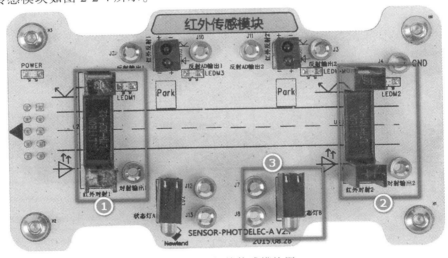

图 2-2-4　红外传感模块图

对图 2-2-4 中涉及本任务的硬件资源介绍如下。

标号①：红外对射 1 及其输出接口。当红外对射被遮挡时，对射输出高电平，否则输出低电平。

标号②：红外对射 2 及其输出接口。当红外对射被遮挡时，对射输出高电平，否则输出低电平。

标号③：状态灯 B 及其输入接口，J7 对应绿灯，J8 对应红灯，输入低电平时对应的状态灯亮。

三、如何判断是否有人来访

通过对红外传感模块硬件资源的学习，已掌握了模块上红外对射传感器及其输出信号的特性。有人来访且通过红外对射传感器时，将遮挡红外发射管与接收管之间的通道，此时对射输出接口的电平将由低电平切换为高电平（上升沿跳变）。同时，红外发射管与接收管之间的通道持续保持被遮挡时，对射输出接口的电平也将保持高电平。

根据上述红外传感模块的特性，可采用以下两种方法判断是否有人来访。

方法一：使能微控制器某个引脚的外部中断（External Interrupt，EXTI）功能，并将触发方式配置为"上升沿"，利用 EXTI 通知微控制器"有人来访"的信息；

方法二：直接读取微控制器 GPIO 引脚的电平状态，判断其是否为"高电平"，如此可感知来访人员是否停留在监测点。

四、根据任务要求制定通信协议

根据本任务的要求可制定表 2-2-3 所示的通信协议。

表 2-2-3　自定义通信协议

内容	包头	长度	主指令	副指令 1	副指令 2	校验位	包尾
英文缩写	HEAD	LEN	mCMD	sCMD1	sCMD2	CHKSUM	TAIL
示例	0x55	0x07	0x01	0x01	0x00	0x09	0xDD

对表 2-2-3 中自定义通信协议的各个字段说明如下。

- 包头：固定为 0x55；
- 长度：指示本帧数据的长度，单位为字节，本例中为 0x07；
- 主指令：指示本帧数据的类型，0x01 为红外对射状态；
- 副指令 1：结合主指令使用，0x01 为红外对射输出高电平，0x02 为输出低电平；
- * 副指令 2：预留位，本示例暂未用到；
- 校验位：和校验位，计算"长度"＋"主指令"＋"副指令 1"＋"副指令 2"的和，然后抛弃进位保留低 8 位数据；
- 包尾：固定为 0xDD。

五、制定硬件接线表

根据任务要求制定表 2-2-4 所示的硬件接线表。

表 2-2-4　硬件接线表

模块名称	接线端子	接线端子	模块名称
M3 主控模块 （监测节点）	J2-PE8	对射输出 2	红外传感模块
	J2-PE9	状态灯 B-J7	
	J2-PE10	状态灯 B-J8	
	J8-TX4	J6-wifi_RX	Wi-Fi 通信模块 （监测节点）
	J8-RX4	J6-wifi_TX	
	J8-GND	J6-GND	
M3 主控模块 （控制节点）	J8-TX4	J6-wifi_RX	Wi-Fi 通信模块 （控制节点）
	J8-RX4	J6-wifi_TX	
	J8-GND	J6-GND	

任务实施

任务实施前必须先准备好以下设备和资源，见表 2-2-5。

表 2-2-5　设备和资源清单

序号	设备/资源名称	数量	是否准备到位（√）
1	M3 主控模块	2	
2	智慧盒	1	
3	Wi-Fi 通信模块	2	
4	红外传感模块	1	
5	USB 转 RS-232 线缆	1	
6	方口 USB 线	1	
7	香蕉线和杜邦线	若干	
8	代码包	1	

实施导航

- 基于 STM32CubeMX 工具建立工程；
- 添加代码包；
- 编写代码；
- 搭建硬件环境；
- 编译下载程序；
- 结果验证。

实施纪要

实施纪要见表 2-2-6。

表 2-2-6　实施纪要

项目名称	项目 2　体温检测防疫系统
任务名称	任务 2　设计安检功能
序号	分步纪要
1	
2	
3	
4	
5	
6	
7	
8	

实施步骤

1. 基于 STM32CubeMX 工具建立工程

（1）建立工程存放的文件夹

在任意路径新建文件夹"project2_wifi"，用于存放项目 2 的工程，然后在该文件夹下新建文件夹"task2_security-check"，用于保存本任务工程。

（2）新建 STM32CubeMX 工程

打开 STM32CubeMX 工具，单击"ACCESS TO MCU SELECTOR（选择 MCU）"按钮，如图 2-2-5 所示。

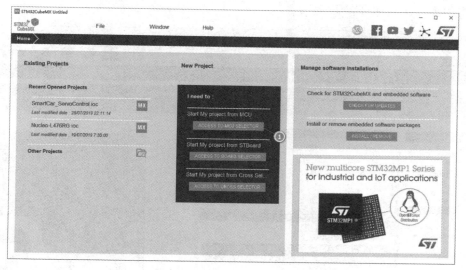

图 2-2-5　单击"MCU 选择"按钮

进入"MCU 选择"窗口，如图 2-2-6 所示。

图 2-2-6　查找 MCU 型号

在图 2-2-6 中的标号①处，输入 MCU 型号的关键字，如 STM32F103VE。选中标号②处的 MCU 型号，然后单击标号③处的"Start Project"按钮，新建 STM32CubeMX 工程。

（3）配置时钟系统

选择"Pinout & Configuration"标签页左侧的"RCC（复位、时钟配置）"选项，如图 2-2-7 中的标号①所示。将 MCU 的"High Speed Clock（HSE，高速外部时钟）"配置为"Crystal/Ceramic Resonator（晶体/陶瓷谐振器）"，如图 2-2-7 中的标号②所示。同样地，将 MCU 的"Low Speed Clock（LSE，低速外部时钟）"配置为"Crystal/Ceramic Resonator（晶体/陶瓷谐振器）"，如图 2-2-7 中的标号③所示。

配置完毕后，MCU 的"Pinout view（引脚视图）"中相应的引脚功能将被配置，如图 2-2-7 中的标号④和标号⑤所示。

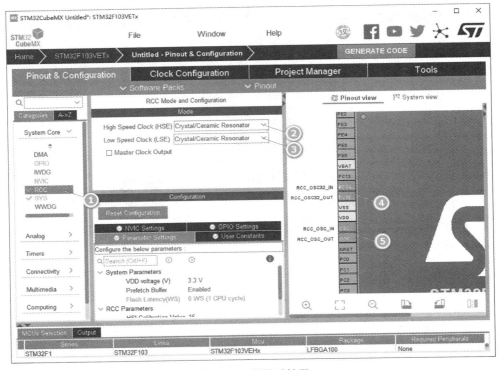

图 2-2-7 配置时钟源

切换到"Clock Configuration（时钟配置）"标签，进行 STM32 微控制器的时钟树配置，如图 2-2-8 所示。图中各个标号的含义如下。

标号①："PLL Source Mux（锁相环时钟源选择器）"的时钟源选择为"HSE"，即 8MHz 外部晶体谐振器；

标号②："PLLMul（锁相环倍频）"配置为"×9"；

标号③："System Clock Mux（系统时钟选择器）"的时钟源选择为"PLLCLK"；

标号④：配置"SYSCLK（系统时钟）（MHz）"为 72；

标号⑤：配置"HCLK（高性能总线时钟）（MHz）"为 72；

标号⑥：配置"To Cortex System timer（Cortex 内核系统嘀嗒定时器）（MHz）"的时钟源为 HCLK 的八分频，即 9MHz；

标号⑦：配置"APB1 Peripheral clocks（低速外设总线时钟）（MHz）"为 HCLK 的二分

频，即 36MHz；

标号⑧：配置"APB2 Peripheral clocks（高速外设总线时钟）（MHz）"为 HCLK 的一分频，即 72MHz。

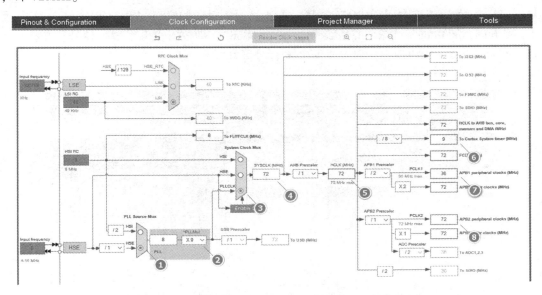

图 2-2-8　配置 STM32 微控制器的时钟树

（4）配置调试端口

展开"Pinout & Configuration"标签页左侧的"System Core（系统内核）"选项（图 2-2-9 中标号①处），选择"SYS（系统）"选项（图 2-2-9 标号②处），在"Debug（调试）"下拉菜单中选择"Serial Wire（串口线）"选项（图 2-2-9 中标号③处），即可将"PA13"引脚配置为 SWDIO 功能（图 2-2-9 中标号⑤处），"PA14"引脚配置为 SWCLK 功能（图 2-2-9 中标号④处）。

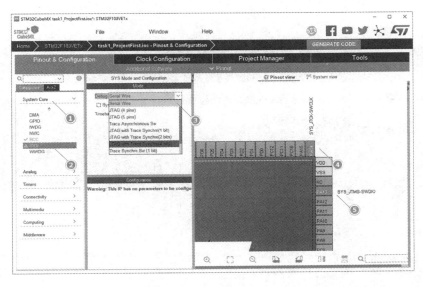

图 2-2-9　配置调试端口

（5）配置其他外设

根据表 2-2-4，在 STM32CubeMX 工具的"Pinout view"界面单击"PE8"引脚处，选择功能"GPIO_EXTI8"，将其配置为"外部中断 8"引脚，如图 2-2-10 中标号①处所示。展开"System Core"菜单，选择"GPIO"选项，在此界面中将"PE8"的"GPIO mode"配置为"External Interrupt Mode with Rising edge trigger detection"，即监听上升沿触发信号，并将"User Label"配置为"INFRARED"，如图 2-2-10 中标号②和③处所示。

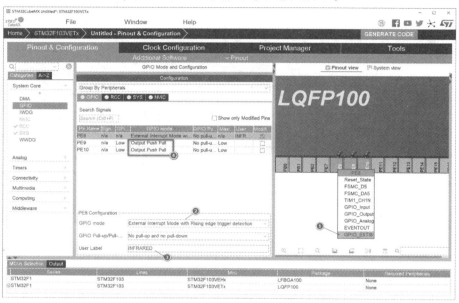

图 2-2-10　配置其他外设

参照上述步骤，将"PE9"和"PE10"引脚配置为"GPIO_Output（GPIO 输出）"，选择"Output Push Pull（推挽输出）"模式，如图 2-2-10 中标号④处所示。

切换到"NVIC"标签（图 2-2-11 中标号①处），使能"外部中断 5~9"（图 2-2-11 中标号②处）。

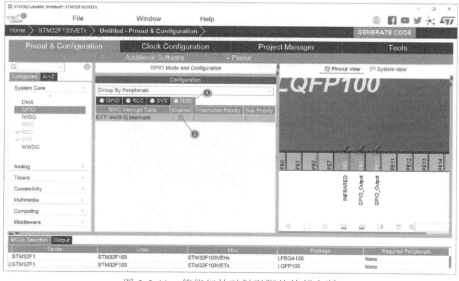

图 2-2-11　使能红外对射引脚的外部中断

串行通信外设的配置如图 2-2-12 所示。

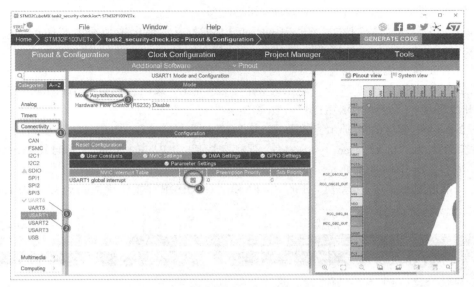

图 2-2-12　配置串行通信外设

对图 2-2-12 中的配置步骤说明如下：

- 展开标号①处的 "Connectivity" 选项，然后选择标号②处的 "USART1"；
- 配置 USART1 的工作模式为 "Asynchronous（异步）"，如图 2-2-12 中标号③处所示；
- 勾选标号④处的复选框，使能 USART1 的全局中断；
- 选择标号⑤处的 "UART4"，重复上述步骤完成所有串行通信外设的配置。

（6）配置工程参数

切换到 "Project Manager" 标签，单击左侧的 "Code Generator（代码生成器）" 选项（图 2-2-13 中标号①处）。

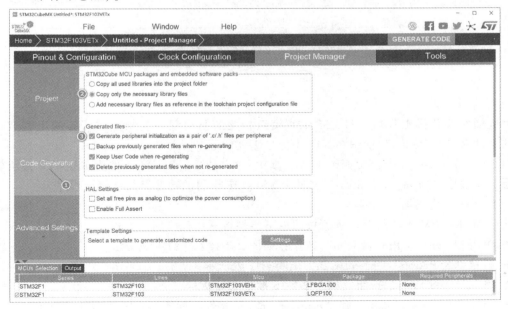

图 2-2-13　配置工程参数

如图 2-2-13 中标号②处所示，将"STM32Cube MCU packages and embedded software packs"单选框的选项改为"Copy only the necessary library files"。

如图 2-2-13 中标号③处所示，在"Generated files"复选框中增加勾选"Generate peripheral initialization as a pair of'. c/. h' files per peripheral"选项。

（7）保存工程并生成初始化代码

如图 2-2-14 中标号①处所示，单击左侧的"Project"选项，修改"Toolchain/IDE（工具链/集成开发环境）"为"MDK-ARM"（图 2-2-14 中标号②处）。

如图 2-2-14 中标号③处所示，选择"File"菜单中的"Save Project"选项进行工程的保存，保存文件夹为"task2_security-check"。保存完毕后，"Project Name"将自动修改成与文件夹同名（图 2-2-14 中标号④处）。

最后，单击图 2-2-14 中标号⑤处的"GENERATE CODE"按钮生成初始 C 代码工程。

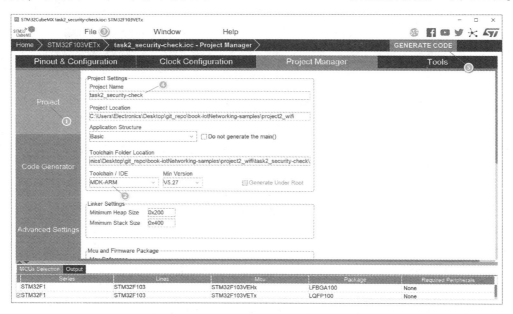

图 2-2-14　保存工程并生成初始化代码

2. 添加代码包

（1）拷贝代码包

生成初始 C 代码工程后，将 ESP-12F 模组相关的驱动程序复制至本任务的工程文件夹，新增的文件夹"ESP8266"如图 2-2-15 中标号①处所示。

"ESP8266"文件夹中包含四个文件，其中，"esp8266_io. c"文件为 ESP-12F 模组输入/输出层驱动程序，"bsp_esp8266. c"文件为 ESP-12F 模组的功能函数层驱动程序。

（2）将驱动代码加入工程

使用 MDK-ARM 工具打开工程，按照以下步骤将驱动代码加入工程：

- 单击"Manager Project Item"按钮，如图 2-2-16 标号①处所示；
- 新建"ESP8266"组，如图 2-2-16 标号②处所示；
- 单击"Add Files"按钮，如图 2-2-16 标号③处所示；
- 添加"bsp_esp8266. c"和"esp8266_io. c"文件，如图 2-2-16 标号④处所示。

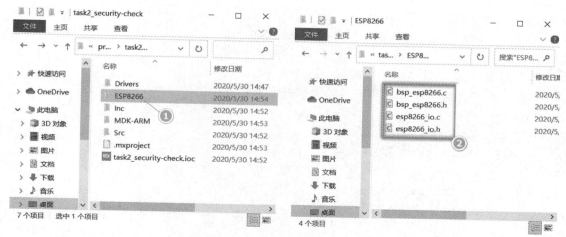

图 2-2-15　复制代码包

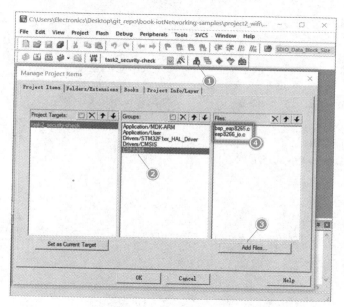

图 2-2-16　添加驱动文件至工程中

3. 编写代码

（1）编写控制节点代码

在"main.c"相应的位置编写以下代码。

```
1.  /* USER CODE BEGIN Includes */
2.  #include "esp8266_io.h"
3.  #include "bsp_esp8266.h"
4.  /* USER CODE END Includes */
5.
6.  /* USER CODE BEGIN PV */
7.  #define APP_PAYLOAD_LENGTH 7 //数据载荷长度
8.  #define HEAD 0x55                        //包头
```

```
9.  #define TAIL 0xDD                              //包尾
10. #define MCMD_INFRARED 0x01                     //红外对射主指令
11. #define MCMD_TEMPERATURE 0x02                  //温度主指令
12. static uint8_t pTxData[APP_PAYLOAD_LENGTH]; //发送缓存
13. static uint8_t pRxData[APP_PAYLOAD_LENGTH]; //接收缓存
14. uint8_t keydown_flag = 0;
15. uint8_t infrared_flag = 0;   //监测是否有人
16. uint16_t keeplive_count = 0;
17. uint8_t read_data_count = 0;             //每隔一段时间判断 socket data
18. uint8_t masterCMD, slaveCMD1, slaveCMD2;      //主指令和副指令
19. /* USER CODE END PV */
20.
21. /* USER CODE BEGIN 0 */
22. /**
23.  * @brief   组建要发送的数据
24.  * @param   mCMD 主指令 | sCMD1 副指令1 | sCMD2 副指令2
25.  * @retval None
26.  */
27. void build_payload(uint8_t mCMD, uint8_t sCMD1, uint8_t sCMD2)
28. {
29.   pTxData[0] = HEAD;
30.   pTxData[1] = APP_PAYLOAD_LENGTH;
31.   pTxData[2] = mCMD;
32.   pTxData[3] = sCMD1;
33.   pTxData[4] = sCMD2;
34.   pTxData[5] = (pTxData[1] + pTxData[2] + pTxData[3] + pTxData[4]) % 256;
35.   pTxData[6] = TAIL;
36. }
37. /**
38.  * @brief   接收数据解析
39.  * @param   *rxbuf 收到的数据 | mCMD 主指令 | sCMD1 副指令1 | sCMD2 副指令2
40.  * @retval 0 checksum 正确 | -1 checksum 错误
41.  */
42. int8_t rcvdata_process(uint8_t *rxbuf, uint8_t *mCMD, uint8_t *sCMD1, uint8_t *sCMD2)
43. {
44.   uint8_t checksum = 0x00;
45.   /* 判断包头包尾 */
46.   if ((rxbuf[0] != HEAD) || (rxbuf[6] != TAIL))
47.     return -1;
48.   /* 判断 checksum */
49.   checksum = (rxbuf[1] + rxbuf[2] + rxbuf[3] + rxbuf[4]) % 256;
```

```
50.    if (rxbuf[5] != checksum)
51.      return -1;
52.    *mCMD = rxbuf[2];
53.    *sCMD1 = rxbuf[3];
54.    *sCMD2 = rxbuf[4];
55.    return 0;
56. }
57. /* USER CODE END 0 */
58.
59. int main(void)
60. {
61.    /* USER CODE BEGIN 1 */
62.    /* USER CODE END 1 */
63.
64.    /* MCU Configuration---------------------------------------------------------*/
65.    /* Reset of all peripherals, Initializes the Flash interface and the Systick. */
66.    HAL_Init();
67.
68.    /* USER CODE BEGIN Init */
69.    HAL_Delay(2000); //延时 2 s 等待 ESP8266 完全启动
70.    /* USER CODE END Init */
71.
72.    /* Configure the system clock */
73.    SystemClock_Config();
74.
75.    /* USER CODE BEGIN SysInit */
76.    /* USER CODE END SysInit */
77.
78.    /* Initialize all configured peripherals */
79.    MX_GPIO_Init();
80.    MX_UART4_Init();
81.    MX_USART1_UART_Init();
82.    /* USER CODE BEGIN 2 */
83.    printf("Hello World.\r\n");
84.
85.    if (ESP8266_AP_Init() == ESP8266_OK) //ESP8266 AP 模式初始化
86.    {
87.      printf("ESP8266 初始化 AP 成功.\r\n");
88.    }
89.    else
90.    {
```

```
91.      printf("ESP8266 初始化 AP 失败.\r\n");
92.    }
93.    /* USER CODE END 2 */
94.
95.    /* Infinite loop */
96.    /* USER CODE BEGIN WHILE */
97.    while (1)
98.    {
99.      read_data_count++;
100.      /* USER CODE END WHILE */
101.
102.      /* USER CODE BEGIN 3 */
103.      if (read_data_count >= 20) //100ms
104.      {
105.        read_data_count = 0;
106.        ESP8266_ReceiveData();
107.
108.        //解析收到的数据
109.        if (rcvdata_process(SockData, &masterCMD, &slaveCMD1, &slaveCMD2) < 0)
110.        {
111.          //printf("接收数据校验错误.\n");
112.        }
113.        else if (masterCMD == MCMD_INFRARED) //如果收到了红外对射数据
114.        {
115.          if (slaveCMD1 == 0x01)
116.            printf("有人来访.\n");
117.          else if (slaveCMD1 == 0x02)
118.            printf("无人来访.\n");
119.          memset(SockData, '\0', 32);
120.        }
121.        masterCMD = slaveCMD1 = slaveCMD2 = 0x00;
122.      }
123.      HAL_Delay(5);
124.    }
125.    /* USER CODE END 3 */
126. }
127.
128. /* USER CODE BEGIN 4 */
129. /**
130.   * @brief  Rx Callback when new data is received on the UART.
131.   * @param  UartHandle: Uart handle receiving the data.
```

```
132.    * @retval None.
133.    */
134. void HAL_UART_RxCpltCallback(UART_HandleTypeDef *huart)
135. {
136.    if (huart->Instance == UART4)
137.    {
138.      /* If ring buffer end is reached reset tail pointer to start of buffer */
139.      if (++WiFiRxBuffer.tail >= RING_BUFFER_SIZE)
140.      {
141.        WiFiRxBuffer.tail = 0;
142.      }
143.      HAL_UART_Receive_IT(&huart4, (uint8_t *)&WiFiRxBuffer.data[WiFiRxBuffer.tail]
, 1);
144.    }
145. }
146. /* USER CODE END 4 */
```

在 "usart. c" 文件相应的位置添加以下代码。

```
1.  /* USER CODE BEGIN 0 */
2.  /* printf 重定向到 USART1 */
3.  int fputc(int ch, FILE *f)
4.  {
5.    HAL_UART_Transmit(&huart1, (uint8_t *)&ch, 1, 0xFF);
6.    return ch;
7.  }
8.  /* USER CODE END 0 */
```

在 "usart. h" 文件相应的位置添加以下代码。

```
1.  /* USER CODE BEGIN Includes */
2.  #include <stdio.h>
3.  #include <string.h>
4.  /* USER CODE END Includes */
```

（2）编写监测节点代码

复制 "main. c" 文件的副本，重命名为 "main-station. c"，保存在与 "main. c" 相同的路径中，使 "main-station. c" 文件作为监测节点的主函数所在，将其加入工程的 "Application/User" 组中。

在 "main-station. c" 文件的相应位置增加以下代码。

```
1.  /* USER CODE BEGIN PV */
2.  #define IsInfraredActive() HAL_GPIO_ReadPin(INFRARED_GPIO_Port, INFRARED_Pin)
3.  /* USER CODE END PV */
```

将 "main-station. c" 文件相应位置的代码修改如下。

```
1.   /* USER CODE BEGIN 2 */
2.   if (ESP8266_Station_Init() == ESP8266_OK) //此处为 ESP8266 Station 模式初始化
3.   {
4.     printf("ESP8266 初始化 STA 成功.\r\n");
5.   }
6.   else
7.   {
8.     printf("ESP8266 初始化 STA 失败.\r\n");
9.   }
10.  /* USER CODE END 2 */
```

修改 main（）函数的死循环程序如下。

```
1.   /* Infinite loop */
2.   /* USER CODE BEGIN WHILE */
3.   while (1)
4.   {
5.     keeplive_count++;
6.     /* USER CODE END WHILE */
7.
8.     /* USER CODE BEGIN 3 */
9.     if ((infrared_flag == 1) || ((IsInfraredActive() == 1) && (keeplive_count % 300
     == 0))) //有人来访
10.    {
11.      infrared_flag = 0;
12.      HAL_GPIO_WritePin(GPIOE, GPIO_PIN_9, GPIO_PIN_SET);       //关绿灯
13.      HAL_GPIO_WritePin(GPIOE, GPIO_PIN_10, GPIO_PIN_RESET);   //亮红灯
14.      build_payload(MCMD_INFRARED, 0x01, 0x00);
15.      if (ESP8266_IsConnectedWithServer() != ESP8266_OK)
16.      {
17.        ESP8266_EstablishConnection((uint8_t *)TCP_SERVER_ADDR, TCP_SERVER_PORT);
18.        printf("lost connection.\n");
19.      }
20.      ESP8266_SendData(pTxData, APP_PAYLOAD_LENGTH);
21.      printf("someone is coming.\n");
22.    }
23.    else if ((keeplive_count % 200 == 0) && (IsInfraredActive() == 0))
24.    {
25.      HAL_GPIO_TogglePin(GPIOE, GPIO_PIN_9);                    //绿色状态指示 LED 闪烁
26.      HAL_GPIO_WritePin(GPIOE, GPIO_PIN_10, GPIO_PIN_SET);      //关红灯
27.    }
28.    else if (keeplive_count >= 1000) //将来访信息作为心跳包
29.    {
```

```
30.     keeplive_count = 0;
31.     if (IsInfraredActive() == 1)
32.       build_payload(MCMD_INFRARED, 0x01, 0x00);
33.     else if (IsInfraredActive() == 0)
34.       build_payload(MCMD_INFRARED, 0x02, 0x00);
35.     if (ESP8266_IsConnectedWithServer() != ESP8266_OK)
36.     {
37.       ESP8266_EstablishConnection((uint8_t *)TCP_SERVER_ADDR, TCP_SERVER_PORT);
38.       printf("lost connection.\n");
39.     }
40.     ESP8266_SendData(pTxData, APP_PAYLOAD_LENGTH);
41.     printf("keep live package.\n");
42.   }
43.   HAL_Delay(5);
44. }
45. /* USER CODE END 3 */
```

4. 搭建硬件环境

根据表 2-2-4 所示的硬件接线表搭建硬件环境，如图 2-2-17 所示。

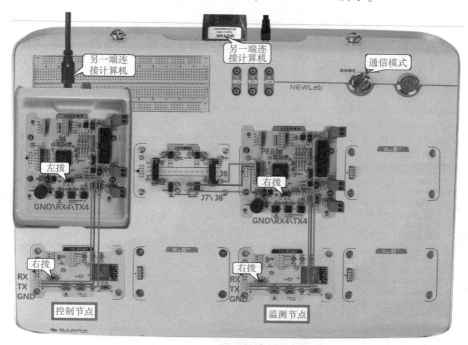

图 2-2-17　完成接线的硬件环境

5. 编译下载程序

（1）添加 ESP-12F 驱动程序包含路径

在工程配置界面切换到"C/C++"标签，为"Include Paths"增加"ESP8266"文件夹。

（2）建立节点编译配置项

单击工具栏上"Manager Project Items"按钮（如图2-2-18中标号①处），按照图2-2-18中标号②处修改"Project Targets（工程编译目标）"，其中，"AP-task2"对应控制节点，"STA-task2"对应监测节点。

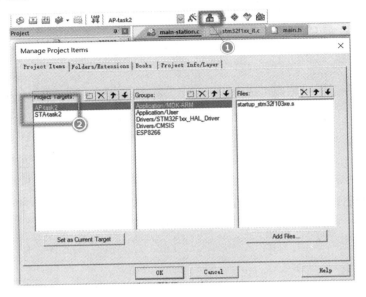

图 2-2-18　建立节点编译配置项

建立好节点编译配置项后，可将不需要的源文件排除在编译范围内，操作步骤如图2-2-19所示。选择"STA-task2（监测节点）"编译选项，将"main.c"排除，选择"AP-task2（控制节点）"编译选项，将"main-station.c"排除。

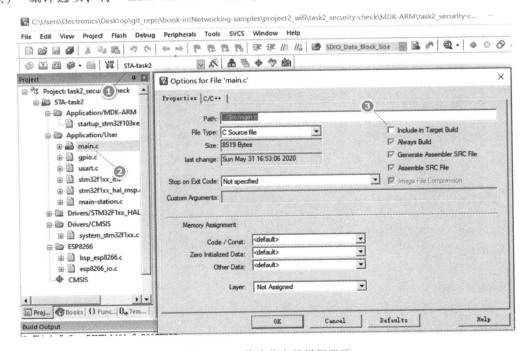

图 2-2-19　修改节点编译配置项

（3）编译并下载程序

选择"STA-task2（监测节点）"编译选项，使用快捷键"F7"编译程序。若程序编译没有错误，接好 ST-Link 下载器后，使用快捷键"F8"即可下载程序至 M3 主控模块。

选择"AP-task2（控制节点）"编译选项，重复上述步骤完成控制节点程序的编译与下载。

6. 结果验证

打开两个 PC 的串口调试助手，其中一个与"控制节点 AP"连接，另一个与"监测节点 STA"连接。将测试平台上电后，可看到如图 2-2-20 所示的运行结果。

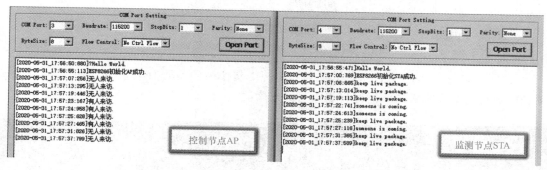

图 2-2-20　运行结果图

图 2-2-20 为运行结果图，对其说明如下：

- 上电时，控制节点和监测节点分别初始化 ESP-12F 模组，并打印出"ESP8266 初始化 AP 成功"信息；

- 无人来访时，监测节点将"无人来访"信息作为"心跳包"，每隔一段时间发送一次以保持连接，同时绿灯闪烁；

- 当有人来访时，监测节点发送"有人来访"的信息至控制节点，监测节点红灯亮。

任务检查与评价

完成任务实施后，进行任务检查与评价，任务检查与评价表存放在本书配套资源中。

任务小结

本任务主要介绍了 STM32 微控制器与 ESP-12F 模组的接口程序设计细节，包括软件架构设计、"ESP8266 输入/输出层"程序设计、"ESP8266 功能函数"层和 AT 指令发送与响应内容解析函数的流程分析等。

通过本任务的学习，可掌握如何利用 STM32 微控制器发送 AT 指令控制 ESP-12F 模组，组建点对点的 Wi-Fi 网络并完成数据的收发。本任务相关的知识技能小结思维导图如图 2-2-21 所示。

任务拓展

在制定本任务的硬件接线表时，已将红外传感模块上的"状态灯 B"的"J7"与"J8"接口分别与 M3 主控模块的"PE9"和"PE10"相连。请在现有任务的基础上添加一项功能，具体要求如下：

- 不影响已有功能；

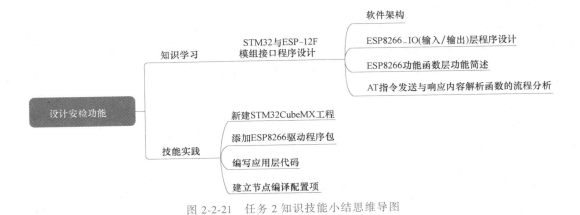

图 2-2-21　任务 2 知识技能小结思维导图

● 控制"状态灯 B"上的红色与绿色 LED，使其作为"是否有人来访"的指示灯——无人来访时绿灯闪烁，有人来访时绿灯熄灭且红灯常亮。

任务 3　设计体温采集与上报功能

职业能力目标

- 会查阅 Wi-Fi 模组的 AT 指令手册，熟练配置其工作模式；
- 能根据项目需求自行制定通信协议；
- 会设计 Cortex-M3 微控制器与温度传感器的接口程序并与物联网组网程序进行集成应用；
- 会设计 Cortex-M3 微控制器与 Wi-Fi 模组的接口程序，组建 Wi-Fi 网络完成数据的收发。

任务描述与要求

　　任务描述：某公司需要为体温检测防疫系统增加体温采集与上报功能，即当监测节点识别到有人靠近时，监测节点将自动触发体温采集功能，并将"有人靠近"的信息以及体温数据同时上报至控制节点。

　　任务要求：
- 监测节点与控制节点之间通过 Wi-Fi 无线通信技术进行连接；
- 监测节点连接红外对射和温度传感器，当识别到有人靠近时，将自动触发体温采集功能，并将"有人靠近"的信息以及体温数据同时上报至控制节点；
- 控制节点接收到"有人靠近"的信息和体温数据后，通过串口发至上位机显示；
- 当监测节点探测到来访者体温异常（高于阈值）时，将触发蜂鸣器报警。

任务分析与计划

　　任务分析与计划见表 2-3-1。

表 2-3-1　任务分析与计划

项目名称	项目2　体温检测防疫系统
任务名称	任务3　设计体温采集与上报功能
计划方式	自主设计
计划要求	请用 8 个计划步骤完整描述出如何完成本任务
序号	任务计划
1	
2	
3	
4	
5	
6	
7	
8	

▶ 知识储备

一、　ESP-12F 模组接收消息的解析流程

1. ESP-12F 模组接收消息的格式

回顾任务 1 的图 2-1-18 所示的通过 Wi-Fi 网络收发数据，在 Wi-Fi 网络中，TCP Socket 通信的服务器端和客户端接收消息的格式及其含义见表 2-3-2。

表 2-3-2　ESP-12F 模组接收消息的格式及其含义

节点类型	接收消息的格式及其含义			
服务器端（Server）	+IPD,	0,	11:	Hello,node1
	固定标识符	Socket 编号	数据载荷长度	数据载荷
客户端（Client）	+IPD,		11:	Hello,node2
	固定标识符	无	数据载荷长度	数据载荷

对比客户端与服务器端接收消息的格式可以发现，客户端接收的消息中没有"Socket 编号"字段。

由表 2-3-2 不难发现，在剥离了"固定标识符""Socket 编号"和"数据载荷长度"字段后，可取出"数据载荷"字段，即真正数据所在。然后可根据通信协议对"数据载荷"字段进行解析与存储。

2. ESP-12F 模组接收消息解析的程序流程

ESP-12F 模组接收消息解析的函数原型定义如下。

```
1.  /**
2.   * @brief　获取接收缓存中的消息数据
3.   * @param　*pSocket socket 编号
4.   * @retval 0 for normal, 1 otherwise
5.   */
6.  static ESP8266_StatusTypeDef pullSocketData(uint8_t *pSocket)
```

该函数的工作流程如图 2-3-1 所示，可结合代码进行分析。

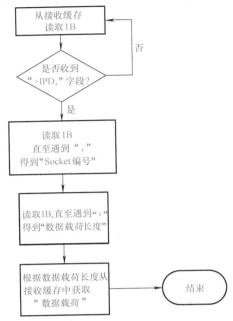

图 2-3-1　ESP-12F 模组接收消息解析的程序流程图

二、认识 I^2C 总线

I^2C（Inter-Integrated Circuit）总线由 Philips 公司推出，在微电子通信控制领域得到了广泛应用。I^2C 总线是串行同步通信的一种类型，它具有双向、两线、多主控的特点，并具有总线仲裁机制，非常适合在器件之间进行近距离、非经常性的数据通信。

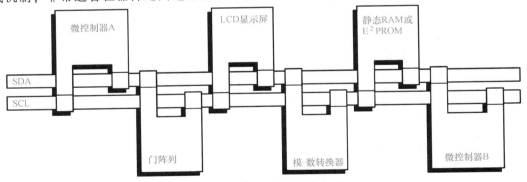

图 2-3-2　I^2C 总线的连接方式

I^2C 总线是一个支持多设备的总线。从图 2-3-2 中可以看到，I^2C 总线连接了两个微控制器、1 个门阵列电路、1 个 LCD 显示屏、1 个静态 RAM 或 E^2PROM 存储器，这些设备共用一条 I^2C 总线。

三、硬件选型分析

1. 温度传感器模块

非接触式体温测量常用的工具是额温枪，它的核心器件是热电堆传感器。由于任何物体在高于绝对零度（−273℃）时都会向外发出红外线，额温枪利用这个特性通过传感器接收红外线，经计算后得到感应温度数据。

非接触式体温测量对准确度等级的要求较高，一般需要控制在±0.3℃左右，因此本任务应选择精度较高的温度传感器，以便较好地模拟真实的应用场景。

Sensirion 公司生产的 SHT 系列温湿度传感器具有较高的精度，其外形如图 2-3-3 中标号①处所示。

SHT11 温湿度传感器的主要特性如下：

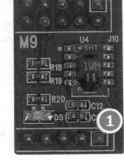

图 2-3-3　SHT11 温湿度传感器模块

- 集成了温湿度传感器、信号放大调理、A-D 转换和 I^{2}C 总线于一体，体积小；
- 温度值输出分辨率为 12 位，湿度值输出分辨率为 14 位，并可根据需要分别编程为 8 位和 12 位；
- 测温准确度等级为±0.4℃，测湿准确度等级为±3.0%；
- 具有可靠的 CRC 数据传输校验功能；
- 电源电压范围为 2.4~5.5V，一般接 3.3V；
- 电流消耗低：测量时为 550μA，平均值为 28μA，休眠时为 3μA；
- 具有卓越长效的稳定性。

2. 蜂鸣器电路

如图 2-2-3 中标号⑦处所示，M3 主控模块上配备一个蜂鸣器，其电路原理如图 2-3-4 所示。

从图 2-3-4 中可以看到，蜂鸣器驱动电路与 STM32 微控制器的 PA8 引脚相连。微控制器 GPIO 引脚的输出电流不足以直接驱动蜂鸣器，所以需要通过晶体管 VT1 对驱动电流进行放大。

上述蜂鸣器为无源蜂鸣器，即其内部不带振荡源电路。若想驱动蜂鸣器发声，需要借助微控制器从 PA8 输出方波信号，因此有以下两种驱动方式：

1）利用定时器产生工作频率为 2~5kHz 的 PWM 信号驱动无源蜂鸣器；

2）控制 GPIO 引脚定时翻转电平，从而产生方波信号驱动无源蜂鸣器。

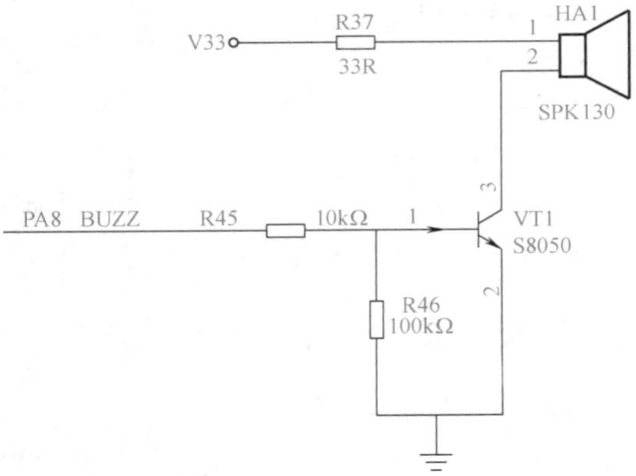

图 2-3-4　蜂鸣器电路原理图

四、根据任务要求制定通信协议

根据本任务的要求，可沿用表 2-2-3 的通信协议，只需对"主指令""副指令 1"和"副指令 2"做相应的功能扩展，其他字段保持不变。各指令内容及其含义说明见表 2-3-3。

表 2-3-3　各指令内容及其含义说明

主指令及其含义		副指令 1 及其含义		副指令 2 及其含义	
0x01	红外对射状态	0x01	有人	保留位	
		0x02	无人		
0x02	温度值	例,27	温度值整数位	例,30	温度值小数位

在表 2-3-3 中，如果温度值整数位为"27"，小数位为"30"，表示检测到的温度值为"27.30℃"。

任务实施

任务实施前必须先准备好设备和资源，见表 2-3-4。

表 2-3-4　设备和资源清单

序号	设备/资源名称	数量	是否准备到位(√)
1	M3 主控模块	2	
2	Wi-Fi 通信模块	2	
3	红外传感模块	1	
4	智慧盒	1	
5	温湿度传感器 M9	1	
6	USB 转 RS-232 线缆	1	
7	USB-TTL 通信模块	1	
8	香蕉线和杜邦线	若干	
9	代码包	1	

实施导航

- 修改工程配置；
- 添加代码包；
- 编写代码；
- 搭建硬件环境；
- 编译下载程序；
- 结果验证。

 实施纪要

实施纪要见表 2-3-5。

表 2-3-5　实施纪要

项目名称	项目 2　体温检测防疫系统
任务名称	任务 3　设计体温采集与上报功能
序号	分步纪要
1	
2	
3	
4	
5	
6	
7	
8	

实施步骤

1. 修改任务 2 的 STM32CubeMX 工程配置

（1）复制任务 2 的工程并更名

新建文件夹"task3_temperature"，将"task2_security-check.ioc"文件复制到该文件夹，并将其更名为"task3_temperature.ioc"。

（2）配置蜂鸣器驱动引脚功能

本任务需要用到蜂鸣器，可使用定时翻转 GPIO 引脚输出电平的方式对蜂鸣器进行控制，因此需要添加蜂鸣器驱动引脚的功能配置，具体如图 2-3-5 所示。

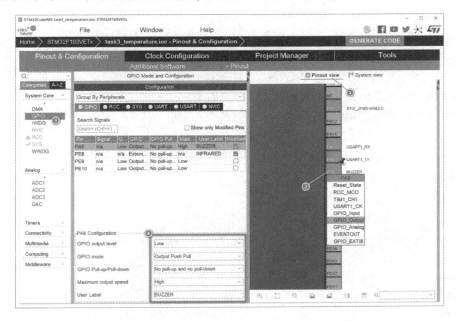

图 2-3-5　配置蜂鸣器驱动引脚

根据图 2-3-5 对蜂鸣器驱动引脚的配置步骤介绍如下：

标号①：单击"Pinout view"；

标号②：单击"PA8"引脚，选择"GPIO_Output"模式；

标号③：选择"System Core"项中的"GPIO"选项；

标号④：配置"GPIO mode"为"Output Push Pull"，"User Label"为"BUZZER"。

配置完毕后，可单击"GENERATE CODE"按钮重新生成初始化 C 代码工程。

2. 添加代码包

（1）添加 ESP-12F 模组驱动代码包

参照图 2-2-15 复制代码包的指示，复制 ESP-12F 模组的驱动代码文件夹"ESP8266"至"task3_temperature"文件夹中。在本工程中建立"ESP8266"组，将相关驱动代码文件加入组中。最后将"ESP8266"文件夹加入头文件"Include Paths（包含路径）"中，以便编译时可访问相应的头文件。

（2）添加温湿度传感器驱动代码包

复制温湿度传感器驱动代码文件夹"SHT11"至"task3_temperature"文件夹下，并参照

视频　设计体温
采集与上报功能
（建立节点的
编译项）

图 2-2-16 在工程中建立"SHT11"组，同时将"sht11.c"文件加入组中。最后，将"SHT11"文件夹加入头文件"Include Paths（包含路径）"中，以便编译时可访问相应的头文件。

（3）复制任务 2 关键源代码文件至本工程

在任务 2 中，已对相关源代码文件进行了修改。由于本任务是任务 2 的功能拓展，为了减少重复工作，可将这部分文件复制并添加到本任务的工程中作为基础模板。

需要复制的文件有"main.c""main-station.c""usart.c"和"usart.h"，将它们从任务 2 文件夹复制过来，放入同名文件夹中，然后将"main-station.c"文件加入"Application/User 组"。

3. 编写代码

（1）编写监测节点代码

在"main.c"中增加以下变量定义。

```c
/* USER CODE BEGIN PV */
uint8_t buzzer_flag = 0;      //控制蜂鸣器开闭
float temp_f, rh_f;           //存放温湿度变量(float 型)
char tArray[5] = { 0 };       //存放字符串型温度值
int inte_temp, deci_temp;     //温度的整数部分和小数部分
/* USER CODE END PV */
```

在"main-station.c"文件中添加下列代码。注意查看注释，确保添加到正确的位置，且不删除原任务 2 代码。

```c
/* USER CODE BEGIN Includes */
#include "sht11.h"
/* USER CODE END Includes */

/* Infinite loop */
/* USER CODE BEGIN WHILE */
while (1)
{
  keeplive_count++;
  if (temp_f >= 26.0)
    buzzer_flag = 1;
  else if (temp_f < 25.6)
    buzzer_flag = 0;
  if (buzzer_flag == 1)
  {
    HAL_GPIO_TogglePin(BUZZER_GPIO_Port, BUZZER_Pin);
  }
  /* USER CODE END WHILE */

  /* USER CODE BEGIN 3 */
  if ((infrared_flag == 1) || ((IsInfraredActive() == 1) && (keeplive_count % 300
  == 0)))) //有人来访
  {
```

```
23.      infrared_flag = 0;
24.      HAL_GPIO_WritePin(GPIOE, GPIO_PIN_9, GPIO_PIN_SET);      //关绿灯
25.      HAL_GPIO_WritePin(GPIOE, GPIO_PIN_10, GPIO_PIN_RESET); //亮红灯
26.      build_payload(MCMD_INFRARED, 0x01, 0x00);
27.      if (ESP8266_IsConnectedWithServer() != ESP8266_OK)
28.      {
29.        ESP8266_EstablishConnection((uint8_t *)TCP_SERVER_ADDR, TCP_SERVER_PORT);
30.        printf("lost connection.\n");
31.      }
32.      ESP8266_SendData(pTxData, APP_PAYLOAD_LENGTH);
33.      printf("someone is coming.\n");
34.    }
35.    else if ((keeplive_count % 200 == 0) && (IsInfraredActive() == 0))
36.    {
37.      HAL_GPIO_TogglePin(GPIOE, GPIO_PIN_9);                    //绿色状态指示 LED 闪烁
38.      HAL_GPIO_WritePin(GPIOE, GPIO_PIN_10, GPIO_PIN_SET); //关红灯
39.    }
40.    else if (keeplive_count % 500 == 0) //新增 SHT11 温湿度传感器
41.    {
42.      call_sht11_f(&temp_f, &rh_f); //获取温度值
43.      printf("当前温度值为: %f , 当前湿度值为: %f\r\n", temp_f, rh_f);
44.      sprintf((char *)tArray, "%.2f", temp_f);
45.      inte_temp = (tArray[0] - 0x30) * 10 + (tArray[1] - 0x30); //获取温度值整数部分
46.      deci_temp = (tArray[3] - 0x30) * 10 + (tArray[4] - 0x30); //获取温度值小数部分
47.      build_payload(MCMD_TEMPERATURE, inte_temp, deci_temp);     //组建要发送的数据
48.      if (ESP8266_IsConnectedWithServer() != ESP8266_OK)          //检测是否断开连接
49.      {
50.        /* 若断开连接则重连 */
51.        ESP8266_EstablishConnection((uint8_t *)TCP_SERVER_ADDR, TCP_SERVER_PORT);
52.        printf("lost connection.\n");
53.      }
54.      ESP8266_SendData(pTxData, APP_PAYLOAD_LENGTH); //发送数据
55.    }
56.    else if (keeplive_count >= 1000) //将来访信息作为心跳包
57.    {
58.      keeplive_count = 0;
59.      if (IsInfraredActive() == 1)
60.        build_payload(MCMD_INFRARED, 0x01, 0x00);
61.      else if (IsInfraredActive() == 0)
62.        build_payload(MCMD_INFRARED, 0x02, 0x00);
63.      if (ESP8266_IsConnectedWithServer() != ESP8266_OK)
64.      {
```

```
65.        ESP8266_EstablishConnection((uint8_t *)TCP_SERVER_ADDR, TCP_SERVER_PORT);
66.        printf("lost connection.\n");
67.    }
68.    ESP8266_SendData(pTxData, APP_PAYLOAD_LENGTH);
69.    printf("keep live package.\n");
70.  }
71.  HAL_Delay(5);
72. }
```

（2）编写控制节点代码

修改"main.c"的主循环程序如下。注意查看注释，确保添加到正确的位置，且不删除原任务 2 代码。

```
1. /* Infinite loop */
2. /* USER CODE BEGIN WHILE */
3. while (1)
4. {
5.   read_data_count++;
6.   /* USER CODE END WHILE */
7.
8.   /* USER CODE BEGIN 3 */
9.   if (read_data_count >= 20) //100ms
10.  {
11.    read_data_count = 0;
12.    ESP8266_ReceiveData();
13.
14.    //todo 解析收到的数据
15.    if (rcvdata_process(SockData, &masterCMD, &slaveCMD1, &s
16.    laveCMD2) < 0)
17.    {
18.      //printf("接收数据校验错误.\n");
19.    }
20.    else if (masterCMD == MCMD_INFRARED) //如果收到了红外对射数据
21.    {
22.      if (slaveCMD1 == 0x01)
23.        printf("有人来访.\n");
24.      else if (slaveCMD1 == 0x02)
25.        printf("无人来访.\n");
26.      memset(SockData, '\0', 32);
27.    }
28.    else if (masterCMD == MCMD_TEMPERATURE) //如果收到了温度数据
```

```
29.     {
30.         printf("当前温度: %02d.%02d 摄氏度.\n", slaveCMD1, slaveCMD2);
31.         memset(SockData, '\0', 32);
32.     }
33.     masterCMD = slaveCMD1 = slaveCMD2 = 0x00;
34.   }
35.   HAL_Delay(5);
36. }
37. /* USER CODE END 3 */
```

代码中第 54 行开始的 if 语句代码块为本次新增的用于获取 SHT11 温度传感器数据的程序。

4. 搭建硬件环境

本任务的硬件环境大部分接线与任务 2 相同。唯一不同的是在监测节点的 U2A 和 U2B 接口处接入了温湿度传感器 SHT11。可参考图 2-3-6 所示进行搭建。

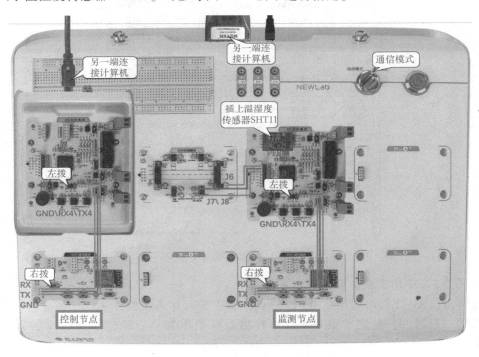

图 2-3-6 完成接线的硬件环境

5. 编译下载程序

参照图 2-2-18 建立节点编译配置项的步骤修改控制节点的编译选项名，监测节点修改为"STA-task3"，控制节点修改为"AP-task3"。

参照图 2-2-19 修改节点编译配置项配置编译选项，将无须参与编译的源代码排除。选择"STA-task3（监测节点）"编译选项，将"main.c"排除，选择"AP-task3（控制节点）"编译选项，将"main-station.c"排除。

选择"STA-task3（监测节点）"编译选项，使用快捷键"F7"编译程序。若程序编译没有错误，接好 ST-Link 下载器后，使用快捷键"F8"即可下载程序至 M3 主控模块。

选择"AP-task3（控制节点）"编译选项，重复上述步骤完成控制节点程序的编译与下载。

6. 结果验证

本任务的实验结果如图 2-3-7 所示。

图 2-3-7　任务 3 实验结果验证

- 对图 2-3-7 中的实验结果说明如下：
- 上电后，AP 先初始化建立 Wi-Fi 热点，然后 STA 加入热点；
- 每隔一段时间，监测节点采集红外传感器状态作为"心跳包"发往控制节点以保证 TCP 连接活跃；
- 当有人来访时，监测节点获取温度数据，与"有人来访"信息一并上报至控制节点；
- 温度超过设定阈值（此处为 30℃）时，将触发蜂鸣器报警。

任务检查与评价

完成任务实施后，进行任务检查与评价，任务检查与评价表存放在本书配套资源中。

任务小结

本任务主要分析了 ESP-12F 模组接收消息的解析流程，对温湿度传感器模块和蜂鸣器电路的基本原理、与微控制器的接口程序设计等方面进行了介绍。

　　通过本任务的学习，可掌握设计 ESP-12F 模组的接收消息解析程序的方法，丰富程序设计的经验。通过实践温湿度传感器与 Wi-Fi 组网程序的集成，可提高工程实践的技能。本任务相关的知识技能小结思维导图如图 2-3-8 所示。

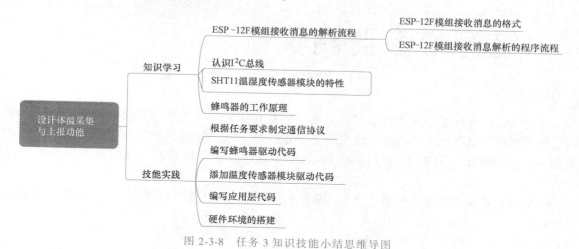

图 2-3-8　任务 3 知识技能小结思维导图

任务拓展

请在现有任务的基础上添加一项功能，具体要求如下：
- 不影响已有功能；
- 监测节点出现超温报警事件时，控制节点可通过按键远程关闭蜂鸣器。

项目③

蓝牙心率监测仪

　　近年来，医疗健康已成为社会热点话题，以互联网医疗、人工智能辅助诊断、医疗物联网、智能可穿戴设备为代表的数字健康产业备受关注。与此同时，我国老龄化进程加快，人民群众对"主动健康"的需求与日俱增，智能可穿戴设备在医疗健康领域的应用场景也日趋丰富。

　　智能可穿戴设备主要由传感、通信、数据处理组件构成，涉及传感器、显示设备、无线通信、数据交互、数据安全等多个方面。传感器技术呈现微型化、智能化、融合化特点。无线通信技术方面，目前市面上的智能可穿戴设备主要以蓝牙、Wi-Fi 和蜂窝通信技术实现无线通信，具有功耗低、稳定性高的特点。

　　在健康监测应用场景中，智能可穿戴设备可用于体温、脉搏波、血压、血氧、血糖等人体健康指标的实时监测。图 3-1-1 展示了部分基于蓝牙技术的智能可穿戴设备。

　　从图 3-1-1 中可以看到，诸如血压计、血糖仪、心率脉搏仪和体温计等智能产品，可使用蓝牙技术与

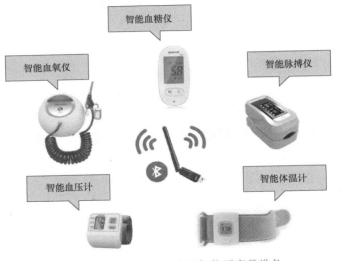

图 3-1-1　基于蓝牙技术的智能可穿戴设备

手机连接，通过 APP 记录存储监测数据，为数据分析与决策提供技术支撑。本项目将进行基于蓝牙的心率监测仪的学习实践。

任务 1　　建立蓝牙 BLE 通信网络

- 会搭建蓝牙 BLE 协议栈的开发环境并完成工程的建立、配置、调试与下载；
- 会根据应用需求修改蓝牙 BLE 协议栈工程，组建蓝牙 BLE 通信网络。

任务描述与要求

任务描述：本项目需要设计一个基于蓝牙 BLE 技术的心率监测仪，本任务要求建立蓝牙 BLE 通信网络，完成外围设备与集中器的设备发现、连接请求、建立连接和终止连接等操作。

任务要求：

- 外围设备与集中器之间通过蓝牙 BLE 通信技术进行连接；
- 上电后，外围设备"发送广播"，集中器发起"扫描请求"后，外围设备回复"扫描响应"；
- 集中器"发起连接请求"，外围设备"响应连接请求"，然后两者建立连接。

任务分析与计划

任务分析与计划见表 3-1-1。

表 3-1-1　任务分析与计划

项目名称	项目 3　蓝牙心率监测仪
任务名称	任务 1　建立蓝牙 BLE 通信网络
计划方式	自主设计
计划要求	请用 8 个计划步骤完整描述出如何完成本任务
序号	任务计划
1	
2	
3	
4	
5	
6	
7	
8	

知识储备

一、蓝牙初探

1. 什么是蓝牙

蓝牙是爱立信（Ericsson）、诺基亚（Nokia）、东芝（Toshiba）、国际商业机器公司（IBM）和英特尔（Intel）等 5 家公司于 1998 年 5 月联合发布的一种无线通信新技术，它以低成本的近距离无线连接为基础，可实现固定设备、移动设备之间的数据交换。

蓝牙技术发展至今，主要包含两种技术：Basic Rate（基本速率，简称 BR）和 Low Energy（低功耗，简称 LE），它们之间是不能互相通信的。Basic Rate 是传统蓝牙技术，包括可选（Option）的 EDR（Enhanced Data Rate，增强数据速率）技术，以及交替使用（Alternate）的

MAC 层和 PHY 层扩展（简称 AMP）。

2. 蓝牙系统的组成

根据蓝牙核心规范，蓝牙系统的组成如图 3-1-2 所示。

对图 3-1-2 中各英文术语解释如下：

- Bluetooth Application：蓝牙应用；
- Bluetooth Core：蓝牙核心；
- Host：主机；
- Primary Controller：主控制器；
- Multiple Secondary Controller：多个辅助控制器。

对图 3-1-2 中蓝牙系统的组成说明如下：

图中所示的"蓝牙应用""蓝牙核心""主机"和"控制器"等都是逻辑实体（相对生活中的物理实体而言）。

蓝牙协议由蓝牙核心协议和蓝牙应用层协议构成。前者关注蓝牙核心技术的描述和规范，后者则在前者的基础上，根据具体的需求制定出各种策略。

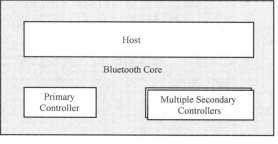

图 3-1-2　蓝牙系统的组成

蓝牙核心由两部分构成，分别是主机和控制器。控制器负责定义射频 RF、基带 Baseband 等硬件规范，并在此基础上抽象出通信的逻辑链路（Logical Link）。主机则在逻辑链路的基础上封装蓝牙技术的细节，达到方便蓝牙应用开发的目的。

在一个蓝牙系统中，蓝牙核心只能有一个主机，但可以存在一个或多个控制器。图 3-1-3 列出了蓝牙核心的多种构成方式。

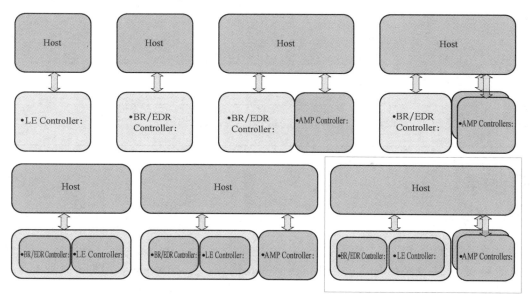

图 3-1-3　蓝牙核心的多种构成方式

对图 3-1-3 中首次出现的英文术语解释如下：

- LE Controller：低功耗蓝牙控制器；

- BR/EDR Controller：基本速率/增强数据速率蓝牙控制器；
- AMP Controller：可切换的媒体访问控制层和物理层控制器。

以图 3-1-3 右下角方框内的蓝牙系统为例，该系统包含一个主机，一个基本速率/增强数据速率蓝牙控制器，一个低功耗蓝牙控制器，两个可切换的媒体访问控制层和物理层控制器。

3. 蓝牙技术的演进历程

目前，蓝牙共发布了 11 个版本：V1.1/1.2/2.0/2.1/3.0/4.0/4.1/4.2/5.0/5.1/5.2。接下来对蓝牙技术在演进的历程中几个重要的版本进行介绍。

（1）蓝牙 1.1 和 1.2 标准

蓝牙 1.1 标准是最早期的版本，传输速率为 1Mbit/s，实际传输速率约为 748～810kbit/s，该版本容易受到同频率产品干扰，影响通信质量。1.2 标准的传输速率与 1.1 标准的相同，增加了自适应（AFH）抗干扰跳频功能，同时加入 eSCO 技术，提高了通话时语音的质量。

（2）蓝牙 2.1/EDR 标准

蓝牙 2.1/EDR 是蓝牙发展进程中的一个里程碑，它大大提高了数据传输速率（达 2.1Mbit/s），还可充分利用带宽优势同时连接多个蓝牙设备。另外，其通过添加低耗电监听模式极大降低了功耗。

（3）蓝牙 3.0/HS 标准

蓝牙 3.0/HS 相比前面的版本变动较大，数据传输速率得到了极大提高。通过集成 802.11 PAL（协议适应层），蓝牙 3.0 的数据传输率提高到了 24Mbit/s，即在需要时通过 Wi-Fi 实现高速数据传输，可以轻松用于 DV 摄像机至高清电视、PC 至播放器、PC 至打印机之间的资料传输。

（4）蓝牙 4.x/LE 标准

由于 WLAN 的兴起，蓝牙 3.0 的高速数据传输未得到广泛应用，蓝牙 SIG 组织将目光转向低功耗网络。在此背景下，蓝牙 4.0 标准于 2010 年 7 月 7 日正式发布，新版本的最大亮点在于低功耗和低成本。

蓝牙 4.1 标准于 2013 年 12 月 6 日发布，引入 BR/EDR 安全连接（BR/EDR Secure Connection），进一步提高蓝牙的安全性。此外，针对 4.0 规范中的一些问题，4.1 标准在低功耗方面进一步增强，引入 LE Dual Mode Topology（LE 双模技术）和 LE 隐私（LE Privacy 1.1）等多项新技术，进一步提高低功耗蓝牙使用的便利性和个人安全。

2014 年 12 月 4 日，蓝牙 4.2 标准颁布。蓝牙 4.2 标准的公布，不仅提高了数据传输速度和隐私保护程度，而且使设备可直接通过 IPv6 和 6LoWPAN（IPv6 over IEEE 802.15.4）接入互联网。

（5）蓝牙 5.0 标准

蓝牙 5.0 标准于 2016 年 6 月由蓝牙技术联盟发布，相比蓝牙 4.2 标准，它提升了传输速率、通信距离以及广播数据容量。另外，蓝牙 5.0 还允许无须配对就能接受信标的数据，比如广告、Beacon、位置信息等，蓝牙 5.0 标准还针对 IoT 物联网进行底层优化，更快更省电，力求以更低的功耗和更高的性能为智能家居服务。

二、低功耗蓝牙

1. 低功耗蓝牙概述

自蓝牙 4.0 规范开始，蓝牙标准进入低功耗时代。蓝牙 4.0 规范将传统蓝牙、高速蓝牙和低功耗蓝牙这三种规范合而为一，而且它们可以组合或者单独使用。蓝牙 4.0 规范的核心是低功耗蓝牙（Bluetooth Low Energy），即蓝牙 BLE。蓝牙 BLE 技术最大的特点是拥有超低的运行功耗和待机功耗，蓝牙低功耗设备使用一粒纽扣电池可以连续工作数年之久。蓝牙 4.0 BLE 技术同时还拥有低成本、向下兼容、跨厂商互相兼容、3ms 启动、100m 以上超长传输距离、AES-128 安全加密等诸多特点，可应用于对成本和功耗都有严格要求的无线方案，广泛用于医疗保健、体育健身、家庭娱乐、传感器物联网等众多领域。

本书主要讨论蓝牙 4.0 版本低功耗技术，并基于蓝牙 4.0 BLE 协议栈建立项目工程。

2. 蓝牙 4.0 BLE 的特点

蓝牙 4.0 BLE 技术具有如下特点。

（1）高可靠性

对于无线通信而言，由于电磁波在传输过程中容易受很多因素的干扰，例如，障碍物的阻挡、天气状况等。因此，无线通信系统在数据传输过程中具有内在的不可靠性。

蓝牙技术联盟（Bluetooth Special Interest Group，Bluetooth SIG）在制定蓝牙 4.0 规范时已经考虑到了这种数据传输过程中内在的不确定性，所以在射频、基带协议、链路管理协议（LMP）中采用了可靠性措施，包括差错检测和校正、进行数据编解码、差错控制、数据加噪等，极大地提高了蓝牙无线数据传输的可靠性。另外，使用自适应跳频技术，最大限度地减少了和其他 2.4GHz ISM 频段无线电波的串扰。

（2）低成本、低功耗

低功耗蓝牙支持两种部署方式：双模方式和单模方式。

对于双模方式，低功耗蓝牙功能集成在现有的经典蓝牙控制器中，或在现有经典蓝牙技术（2.1+EDR/3.0+HS）芯片上增加低功耗堆栈，整体架构基本不变，因此成本增加有限。

对于单模方式，面向高度集成、紧凑的设备，使用一个轻量级连接层（Link Layer）提供超低功耗的待机模式操作。蓝牙 4.0 BLE 技术可以应用于 8bit MCU，目前 TI 公司推出的兼容蓝牙 4.0BLE 协议的 SoC 芯片 CC2540/CC2541，外接 PCB 天线和几个阻容器件构成的滤波电路即可实现蓝牙网络节点的构建。

传统蓝牙技术采用 16~32 个频道进行广播，因此传统蓝牙设备的待机耗电量大。低功耗蓝牙仅使用了 3 个广播通道，且每次广播时射频的开启时间也由传统的 22.5ms 减少到 0.6~1.2ms，上述协议规范的两个改变，大幅降低了因为广播数据导致的待机功耗。

低功耗蓝牙设计了用深度睡眠状态替换传统蓝牙的空闲状态，在深度睡眠状态下，主机（Host）长时间处于超低的负载循环（Duty Cycle）状态，只在需要运作时由控制器来启动，由于主机较控制器消耗的能源更多，因此这样的设计也节省了更多的能源。

（3）快速启动，瞬间连接

传统蓝牙技术的启动速度慢，蓝牙 2.1 版本的启动连接需要 6s 时间，而蓝牙 4.0 版本仅需 3ms 即可完成连接，提高了连接速度。

（4）传输距离极大提高

传统蓝牙传输距离为 2~10m，而蓝牙 4.0 的有效传输距离可达到 60~100m，传输距离的提升极大地开拓了蓝牙技术的应用前景。当然，上述距离数值是在理想状态下，实际使用过程中因为各种因素的影响，如空气湿度、其他电磁信号干扰等，导致实际距离可能达不到上述理论值，通过抗干扰等处理可以提高实际的传输距离。

（5）高安全性

蓝牙 4.0 BLE 协议栈使用 AES-128 CCM 加密算法进行数据包加密和认证，保证了数据传输的安全性。

三、蓝牙 BLE 协议栈

1. 什么是蓝牙 BLE 协议栈

在人类世界中，人与人之间借助共同的语言进行沟通。在计算机世界中，机器之间的通信也需要遵循共同的标准，称为"通信标准"或"通信协议"。所谓协议，就是一系列的通信标准，通信双方按照这一标准进行数据通信。而协议栈是协议的具体实现形式，是用代码实现的函数库，提供给开发人员调用。

蓝牙 BLE 协议栈就是低功耗蓝牙技术各层协议的集合，以函数库的形式呈现出来，并给用户提供一系列应用层的 API 接口。

2. 蓝牙 BLE 协议栈架构

蓝牙 BLE 协议栈采用分层的思想进行设计，其架构如图 3-1-4 所示。

从图 3-1-4 中可以看到，蓝牙 BLE 协议栈是对图 3-1-2 蓝牙系统组成的详细说明。控制器部分主要包括物理层（Physical Layer）、链路层（Link Layer）、主机控制器接口层（Host Controller Interface，HCI）。主机部分包括通用访问配置文件层（Generic Access Profile，GAP）、逻辑链路控制及自适应协议层（Logical Link Control and Adaption Protocol，L2CAP）、安全管理层（Security Manager，SM）、属性协议层（Attribute Protocol，ATT）、通用属性配置文件层（Generic Attribute Profile，GATT）。

对于应用层而言，蓝牙 BLE 的软件平台支持两种不同的应用开发配置。

一是单一设备配置。即控制器、主机、应用程序（BLE Application）和配置文件（Profiles）都在一片蓝牙 SoC 芯片上实现。这种实现方式最常见也最简单，而且在功耗与成本上可以做到最低。

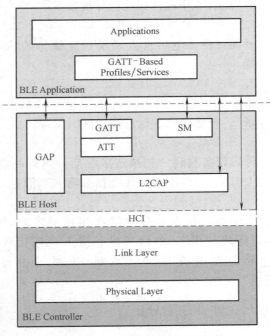

图 3-1-4　蓝牙 BLE 协议栈的架构

二是网络处理器配置。即控制器和主机部分在蓝牙 SoC 上实现，而应用程序和配置文件通过厂商特定的 HCI 命令与蓝牙控制器进行通信，这一过程需要使用 UART、SPI 或 USB 虚拟串口等通信接口。

物理层（Physical Layer）规定了通信介质和物理信道（Physical Channel），BLE 的通信介质是一定频率范围的频带资源（Frequency Band），BLE 使用免费的 ISM 频段（频率范围为2.400~2.4835GHz）。整个频段被分为 40 个信道（RF Channel），每个信道带宽为 2MHz。

链路层（Link Layer）用于控制设备的射频状态，BLE 协议栈在链路层抽象出 5 种设备状态：等待、广播、扫描、初始化和连接。

如果主机和控制器分别是由两片蓝牙芯片实现的，主机控制器接口层（HCI）为主机和控制器之间提供标准的通信接口（如 UART、SPI 或者 USB）。

通用访问配置文件层（GAP）负责处理设备的访问模式，如设备发现、建立连接、终止连接、初始化安全特色和设备配置。

逻辑链路控制及自适应协议层（L2CAP）为上层应用提供数据封装的服务，允许通道的多路复用（即逻辑上的点对点数据通信）。

安全管理层（SM）负责 BLE 通信中与信息安全相关的内容，如配对、认证和加密等过程。

属性协议层将采集的信息以属性（Attribute）的形式抽象出来，并提供相应的方法，供远端设备读取、修改这些属性的值。

通用属性配置文件层（GATT）规定了配置文件（Profile）的结构。

四、蓝牙 BLE 主从机建立连接过程解析

蓝牙 BLE 标准的主机与从机之间建立连接的过程如图 3-1-5 所示。

对图 3-1-5 中的连接过程分析如下。

1. 外围设备 "发送广播"

外围设备上电后进入 "发送广播" 的状态，等待被扫描。

2. 集中器发送 "扫描请求" 信息

集中器上电后进入 "设备发现" 状态，发起 "扫描请求"，扫描正在发送广播的外围设备。

3. 外围设备回复 "扫描响应" 信息

外围设备收到 "扫描请求" 后，判断两者 GAP 服务的 UUID，若匹配则回复 "扫描响应" 信息。

4. 两者建立连接

集中器向外围设备 "发起连接请求"，外围设备 "响应连接请求"，然后两设备进入 "连接状态"。此时，外围设备将作为 "从机"，而集中器将作为 "主机"。

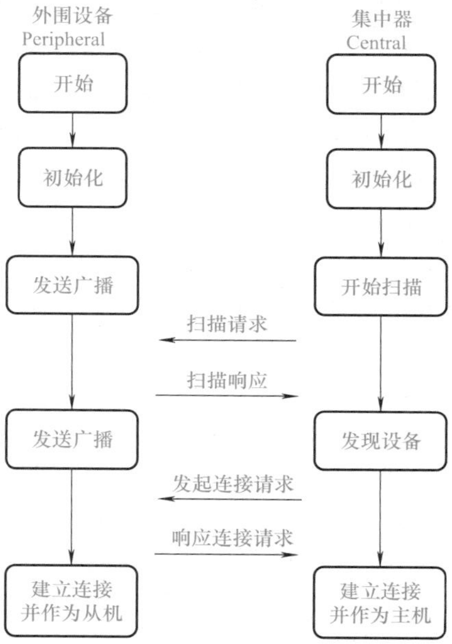

五、硬件选型分析

1. 选择蓝牙技术的版本

本项目的目标是设计基于蓝牙技术的心率监测仪，在应用开发之前需要根据应用需求进行硬件选型。

心率监测仪属于可穿戴设备，一般采用电池供电方式。该产品不关注传输速率，但对功耗的要求较高，因此在硬件选型上应选择可实现低功耗蓝牙技术的硬件，经典蓝牙技术不适合本项目。

TI 公司提供的 CC2541 集成了 2.4GHz 射频收发器，是一款完全兼容 8051 内核的无线射频单片机。同时，它可与蓝牙低功耗协议栈共同构成高性价比、低功耗的片上系统解决方案，非常适合于蓝牙低功耗应用。

2. 蓝牙通信模块板载硬件资源

图 3-1-6 是一个基于 CC2541 芯片设计而成的蓝牙通信模块电路板。

接下来对图 3-1-6 中的主要板载硬件资源进行介绍。

- 传感器扩展插座：用于连接传感器；

图 3-1-5　蓝牙 BLE 主从机建立连接的过程

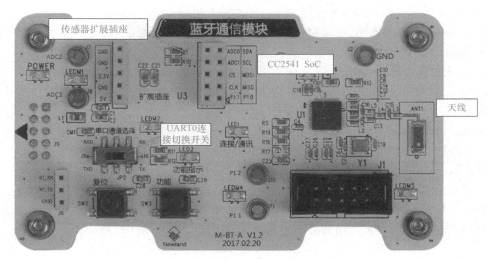

图 3-1-6　蓝牙通信模块

- CC2541：蓝牙通信模块的核心主控芯片；
- 天线：CC2541 使用的 PCB 天线；
- CC2541 的 UART0 连接切换开关：向左拨时与"J9（底板）"相连，向右拨时与"J6"相连。

六、TI 的蓝牙 BLE 协议栈软件包分析

蓝牙 BLE 协议栈有很多版本，不同厂商提供的协议栈也会有一些区别。本项目根据应用需求以及硬件选型方案选用 TI 公司提供的蓝牙 4.0 BLE 协议栈，版本号为 1.3.2，安装包名为 BLE-CC254x-1.3.2。

1. 协议栈软件包的文件结构

从 TI 官方网站下载蓝牙 4.0 BLE-CC254x-1.3.2 安装包后，双击即可进行安装，默认安装路径是"C：\Texas Instruments\BLE-CC254x-1.3.2"，协议栈软件包的文件结构如图 3-1-7 所示。

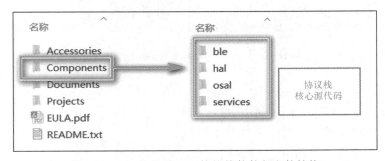

图 3-1-7　TI 的蓝牙 BLE 协议栈软件包文件结构

对协议栈软件包各文件夹存放内容说明如下：

- Accessories：附件，如 USB 驱动，Hex 固件；
- Components：蓝牙 4.0 BLE 协议栈核心源代码，如图 3-1-7 所示，此文件夹下有 4 个二级文件夹，"ble"存放协议栈源代码，"hal"存放硬件驱动，"osal"存放操作系统抽象层源

代码，"services"存放系统服务相关文件；

- Documents：说明文档，协议栈 API、示例工程说明文档等；
- Projects：示例工程。

2. 协议栈示例工程结构分析

进入图 3-1-7 中的"Projects/ble"文件夹，可以看到多个示例工程。有些工程涉及传感器的实际应用，如 BloodPressure、HeartRate、HIDEMUKbd 等。有些工程涉及蓝牙系统的角色，如 SimpleBLEBroadcaster（广播者）、SimpleBLECentral（集中器）、SimpleBLEObserver（观察者）和 SimpleBLEPeripheral（外围设备）。

接下来以 SimpleBLEPeripheral 示例工程为例，分析其工程结构。

进入路径：C：\Texas Instruments\BLE-CC254x-1.3.2\Projects\ble\SimpleBLEPeripheral\CC2541DB，双击"SimpleBLEPeripheral.eww"，系统将自动使用 IAR Embedded Workbench 软件（同本书项目 1 Basic RF 应用开发）打开该示例工程，如图 3-1-8 所示。

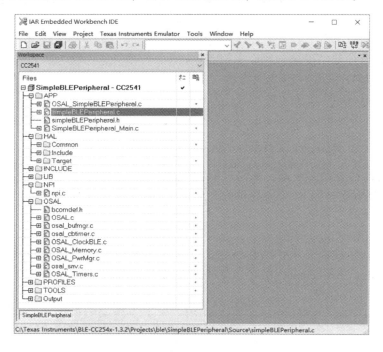

图 3-1-8　SimpleBLEPeripheral 工程结构

对图 3-1-8 中工程文件夹分组情况说明如下：

- APP：包含应用程序源代码和头文件；
- HAL：包含硬件抽象层源代码和头文件；
- INCLUDE：包含所有的 BLE 协议栈 API 的头文件；
- LIB：协议栈库文件；
- NPI：网络处理器接口文件；
- OSAL：包含操作系统抽象层源代码和头文件；
- PROFILES：包含 GAP 角色 Profile、GAP 安全 Profile、GATT Profile 的源代码和头文件；
- TOOLS：包含 buildConfig.cfg、buildComponents.cfg，也包含 OnBoard.c 和 OnBoard.h，

处理用户接口功能；

- Output：IAR 集成开发环境编译输出的结果。

3. 协议栈的硬件抽象层

蓝牙 4.0 BLE 协议栈的硬件抽象层（Hardware Abstract Layer，HAL）为应用提供了访问 GPIO、UART、ADC 等硬件的接口，用户可专注应用开发。

任务实施

任务实施前必须先准备好设备和资源，见表 3-1-2。

表 3-1-2　设备和资源清单

序号	设备/资源名称	数量	是否准备到位(√)
1	蓝牙通信模块	2	
2	智慧盒	1	
3	USB 转 RS-232 线缆	1	
4	方头 USB 线	1	

 实施导航

- 建立基于蓝牙 4.0 BLE 协议栈的工程；
- 在协议栈中添加串口收发功能；
- 修改协议栈应用层代码；
- 编译下载程序；
- 搭建硬件环境；
- 结果验证。

 实施纪要

实施纪要见表 3-1-3。

表 3-1-3　实施纪要

项目名称	项目 3　蓝牙心率监测仪
任务名称	任务 1　建立蓝牙 BLE 通信网络
序号	分步纪要
1	
2	
3	
4	
5	
6	
7	
8	

实施步骤

1. 建立基于蓝牙 4.0 BLE 协议栈的工程

（1）建立工程存放文件夹

在任意路径新建文件夹"project3_bluetooth"用于存放项目 3 的工程，然后在该文件夹下新建文件夹"task1_ble-network"用于保存本任务工程。

（2）复制必要的源代码文件

定位到 TI 的蓝牙 4.0 BLE 协议栈安装路径"C：\Texas Instruments\BLE-CC254x-1.3.2"，复制必要的源代码文件至上一步创建的"task1_ble-network"文件夹中，步骤如下：

- 复制"Components"文件夹及其所有内容至工程文件夹中；
- 在"task1_ble-network"文件夹中建立"Projects\ble"文件夹，并切换至该文件夹；
- 复制图 3-1-9 所示的所有文件夹至"Projects\ble"文件夹中。

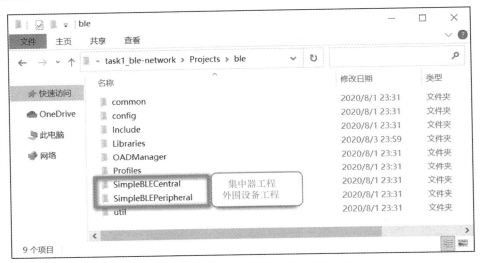

图 3-1-9　蓝牙 BLE 协议栈工程文件夹内容

图 3-1-9 中用方框标出的工程分别为本任务需要用到的"集中器工程"和"外围设备工程"。

2. 在协议栈中添加串行数据收发功能

TI 的蓝牙 BLE 协议栈提供了 NPI 层（Network Processor Interface，网络处理器接口），为用户实现主机（Host）与控制器（Controller）之间的通信提供了支撑。NPI 层定义的数据收发函数的物理层传输介质是 UART 串行通信接口，因此，可以借助 NPI 层的 API 函数实现串行数据收发功能。

视频　建立蓝牙 BLE通信网络（完善代码）

（1）修改 NPI 层初始化函数

NPI 层初始化函数的原型定义如下。

```
1.  void NPI_InitTransport( npiCBack_t npiCBack )
2.  {
3.    halUARTCfg_t uartConfig;
4.    // 配置UART参数
5.    uartConfig.configured          = TRUE;
```

```
6.    uartConfig.baudRate              = NPI_UART_BR;
7.    uartConfig.flowControl           = NPI_UART_FC;        //修改宏定义 FALSE-关闭流控
8.    uartConfig.flowControlThreshold = NPI_UART_FC_THRESHOLD;
9.    uartConfig.rx.maxBufSize         = NPI_UART_RX_BUF_SIZE;
10.   uartConfig.tx.maxBufSize         = NPI_UART_TX_BUF_SIZE;
11.   uartConfig.idleTimeout           = NPI_UART_IDLE_TIMEOUT;
12.   uartConfig.intEnable             = NPI_UART_INT_ENABLE;
13.   uartConfig.callBackFunc          = (halUARTCBack_t)npiCBack;
14.   // 打开 UART 端口
15.   (void)HalUARTOpen( NPI_UART_PORT, &uartConfig );
16.   return;
17. }
```

该函数对 UART 口的参数进行了初始化。其中，第 7 行代码对传输的"硬件流控"功能进行
了配置，默认开启该功能。由于使用的开发板在硬件上不支持该功能，因此需要关闭该项配
置。修改的方法是定位到"NPI_UART_FC"宏定义所在的位置（npi.h 文件第 77 行），将其
宏定义由"TRUE"改为"FALSE"。

（2）在应用层添加 NPI 层初始化程序

在"simpleBLEPeripheral.c"文件中添加以下代码。

```
1. #include "npi.h"
2. //NPI 串口接收回调函数 可暂时留空
3. void NpiCallBack(uint8 port, uint8 events)
4. {
5. }
6. void SimpleBLEPeripheral_Init(uint8 task_id)
7. {
8.   NPI_InitTransport(NpiCallBack); //用户添加 NPI 层 UART 串口初始化
9. }
```

在"simpleBLECentral.c"文件中添加以下代码。

```
1. #include "npi.h"
2. #include <string.h>
3. void NpiCallBack(uint8 port, uint8 events); //串口接收回调函数声明（在 main 之前）
4. void SimpleBLECentral_Init(uint8 task_id)
5. {
6.   NPI_InitTransport(NpiCallBack); //用户添加 NPI 层 UART 串口初始化
7. }
8. //NPI 串口接收回调函数（在源代码最后）
9. void NpiCallBack(uint8 port, uint8 events)
10. {
11. }
```

- 包含头文件"npi. h"和<string. h>；
- 第 3 行，声明 NPI 串口接收回调函数，可暂时留空（**注意：应放在 main 函数之前**）；
- 在 SimpleBLECentral_Init（uint8task_id）函数中添加串口初始化语句；
- 第 8~9 行，定义 NPI 串口接收回调函数，可添加到"simpleBLECentral. c"文件最后。

（3）将 LCD 显示重定向到 UART 口

TI 的官方开发板上集成了一块 LCD 屏幕，例程的调试信息默认显示在 LCD 上。本任务使用的蓝牙通信模块板上不具备 LCD 屏幕，若要查看例程的调试信息，将 LCD 显示重定向到 UART 口即可。通过在"hal_lcd. c"文件中添加以下语句可实现相应的需求。

注意：HalLcdWriteString（）函数原来就已定义，仅需要在其内部添加相应的语句。

```
1.  #include "npi.h"      //用户添加
2.  void HalLcdWriteString ( char *str, uint8 option)
3.  {
4.  /* 在 HalLcdWriteString()函数中添加 LCD to UART */
5.  #ifdef LCD_TO_UART
6.    NPI_WriteTransport((uint8 *)str, osal_strlen(str));
7.    NPI_WriteTransport("\n", 1);
8.  #endif
9.  }
```

（4）添加必要的预编译选项

按照以下步骤添加必要的预编译选项，如图 3-1-10 所示。

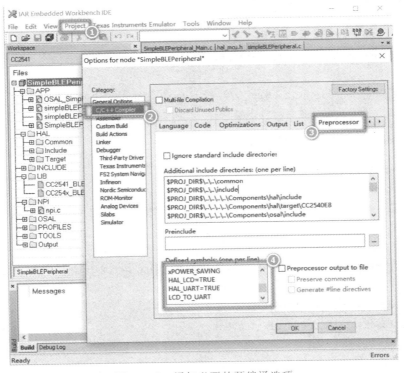

图 3-1-10　添加必要的预编译选项

- 单击 "Project" 菜单，选择 "Options" 选项进入工程配置界面，如图 3-1-10 中①处所示；
- 单击界面左侧 "Category" 分类表中的 "C/C++ Compiler" 选项，如图 3-1-10 中②处所示，定位到 "Preprocessor" 标签页，如图 3-1-10 中③处所示；
- 添加 "HAL_UART=TRUE" 编译选项，如图 3-1-10 中④处所示；
- 修改 "POWER_SAVING" 为 "xPOWER_SAVING"，如图 3-1-10 中④处所示；
- 添加 "LCD_TO_UART" 编译选项，如图 3-1-10 中④处所示。

注意：集中器工程和外围设备工程需要分别进行上述预编译选项的配置。

3. 修改协议栈的应用层代码

（1）simpleBLECentral 工程的按键功能

根据图 3-1-5 所示蓝牙 BLE 主从机建立连接的过程，外围设备上电并进入 "发送广播" 的状态后处于被动状态，然后集中器主动发起 "扫描请求" 等一系列动作，最终两者建立连接。

在 TI 提供的 "simpleBLECentral" 工程中，集中器通过板上的五向按键完成上述一系列动作。按键处理函数 simpleBLECentral_HandleKeys（uint8 shift, uint8 keys）位于 "simpleBLECentral.c" 文件中，各按键的功能见表 3-1-4。

表 3-1-4 SimpleBLECentral 工程默认的按键功能

按键		功　　能
UP	未连接	开始或停止设备发现
	连接后	读写特征值
LEFT		显示扫描到的外围设备
RIGHT		连接状态更新
CENTER		建立连接或断开连接
DOWN		启动或关闭周期性发送 RSSI 信号值

（2）使用串口指令代替按键功能

蓝牙通信模块板上不具备与 TI 官方开发板相同的五向按键，因此可采用上位机发送串口指令的方式代替原 simpleBLECentral 工程的按键功能，如分别使用指令 "Up" "Left" "Right" "Center" 和 "Down" 对应五向按键的 "上" "左" "右" "中" 和 "下" 键。

在 "simpleBLECentral.c" 文件中的 NpiCallBack（）函数中输入下列代码框架。

```
1.  void NpiCallBack(uint8 port, uint8 events)
2.  {
3.    (void)port;
4.    if (events & HAL_UART_RX_TIMEOUT)
5.    {
6.      nbytes = NPI_RxBufLen();
7.      NPI_ReadTransport((uint8 *)buffer, nbytes);
8.      if (strstr(buffer, "U") != NULL) //Up 指令
9.      {
10.       //执行原上键按下的程序
11.     }
12.     else if (strstr(buffer, "L") != NULL) //Left 指令
```

```
13.      {
14.         //执行原左键按下的程序
15.      }
16.      else if (strstr(buffer, "R") != NULL) //Right 指令
17.      {
18.         //执行原右键按下的程序
19.      }
20.      else if (strstr(buffer, "C") != NULL) //Center 指令
21.      {
22.         //执行原中键按下的程序
23.      }
24.      else if (strstr(buffer, "D") != NULL) //Down 指令
25.      {
26.         //执行原下键按下的程序
27.      }
28.   }
29. }
```

上述代码片段的第 8~11 行，当蓝牙通信模块板收到上位机通过 UART 口发来的 "Up" 指令时，将执行原工程中 "上" 键按下的程序。将 "simpleBLECentral.c" 文件 simpleBLECentral_HandleKeys（）函数中按下 "上" 键后执行的程序复制到此 "if 语句框架" 中，其他指令（Left、Right、Center 和 Down）的程序编写参照上述流程。

4. 编译下载程序

（1）编译下载外围设备的程序

打开外围设备的工程，其路径为 Projects \ ble \ SimpleBLEPeripheral \ CC2541DB \ Simple-BLEPeripheral.eww。

修改节点设备的编译配置项为 "CC2541"，如图 3-1-11 所示。

单击工具栏中的 "make" 按钮或者使用快捷键 "F7" 编译程序。

如果程序编译结果没有错误，即可单击工具栏中的 "Download and Debug" 按钮下载程序。

（2）编译下载集中器程序

打开集中器工程，其路径为：Projects \ ble \ SimpleBLECentral \ CC2541 \ SimpleBLECentral.eww。

单击工具栏中的 "make" 按钮或者使用快捷键 "F7" 编译程序。

如果程序编译结果没有错误，即可单击工具栏中的 "Download and Debug" 按钮下载程序。

5. 搭建硬件环境

按照以下步骤搭建本任务所需的硬件环境：

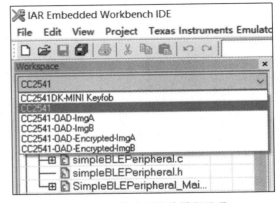

图 3-1-11　修改工程编译配置项

- 将蓝牙 BLE 外围设备接入 NEWLab 实验平台，将 USB 转 RS-232 线缆的一端连接 NEW-Lab 实验平台背后，另一端连接 PC 的 USB 接口；
- 将蓝牙 BLE 集中器接入智慧盒，将方口 USB 线的一端连接智慧盒背后，另一端连接 PC 的 USB 接口；
- 将两个蓝牙通信模块板上的"串口通道选择开关"向左拨，使 CC2541 芯片的 UART0 与 PC 的串口相连。

搭建好的硬件环境如图 3-1-12 所示。

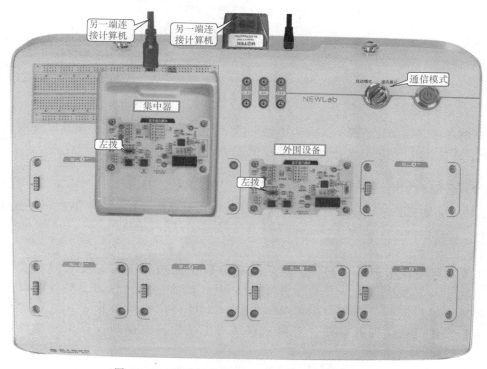

图 3-1-12　搭建好的蓝牙 BLE 通信网络硬件环境

6. 结果验证

在 PC 上打开两个串口调试助手工具，分别连接蓝牙 BLE 外围设备和集中器，选择正确的"COM Port"，为 NEWLab 实验平台和智慧盒上电后，通过串口发送命令至集中器，执行"设备发现""设备连接""特征值读取"与"特征值写入"等操作。可在工具中观察到如图 3-1-13 所示的现象。

图 3-1-13 中左半部分为"外围设备"的 Log 信息，右半部分为"集中器"的 Log 信息。结合图 3-1-5 对两者建立连接与特征值读写的过程解释如下：

- 上电后，外围设备持续"发送广播"；
- 向集中器发送"Up"命令，开始"设备发现"，即向外围设备发送"扫描请求"信息；
- 外围设备回复"扫描响应"信息，向集中器发送"Left"命令，选择连接对象；
- 向集中器发送"Center"命令，集中器"发送连接请求"；
- 外围设备响应"连接请求"，两者"建立连接"；
- 向集中器发送"Down"命令，启动周期性 RSSI 值显示功能，再次发送"Down"命令后停止该功能；

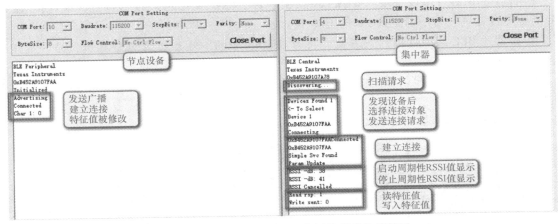

图 3-1-13　建立蓝牙 BLE 通信网络程序执行结果

●　在两者建立连接的情况下，向集中器发送"Up"命令，控制集中器读取外围设备特征值的功能，再次发送"Up"命令将写入特征值。

任务检查与评价

完成任务实施后，进行任务检查与评价，任务检查与评价表存放在本书配套资源中。

任务小结

本任务对蓝牙技术进行了初探，然后着重分析了低功耗蓝牙的技术特点、蓝牙 BLE 协议栈的概念及其架构。接下来结合蓝牙 BLE 主从机的连接过程图，对外围设备和集中器建立连接的过程进行了解析。在实践环节中，以 TI 公司提供的蓝牙 BLE 协议栈软件包为例，分析了协议栈文件的结构、示例工程结构、硬件抽象层和操作系统抽象层的工作原理。

通过本任务的学习，可了解蓝牙技术的发展概况、蓝牙 BLE 协议栈的架构以及主从机建立连接的过程。掌握基于 TI 提供的蓝牙 4.0 BLE 协议栈在 CC2541 芯片上的实现，最终建立蓝牙 BLE 通信网络。本任务相关知识技能小结的思维导图如图 3-1-14 所示。

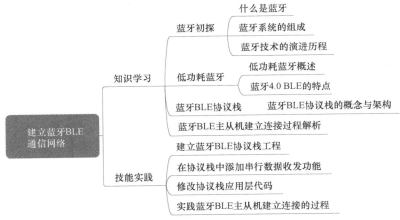

图 3-1-14　任务 1 知识技能小结思维导图

任务拓展

请在现有任务的基础上添加一项功能，具体要求如下：

- 不影响已有功能；
- 在理解"simpleBLECentral. c"文件中 simpleBLECentral_HandleKeys（uint8 shift, uint8 keys）按键处理程序的基础上，修改集中器节点的工程，使集中器上电后自动进入"设备发现""设备连接"等过程。

任务2 设计蓝牙无线控制功能

职业能力目标

- 会操作上位机 BTOOL 工具，理解特征值读写的各种方法；
- 会修改蓝牙 BLE 协议栈工程，自定义 Profile 内容，新增或删减特征值变量；
- 能根据应用需求读写特征值，完成相应的控制要求。

任务描述与要求

任务描述：本任务要求为蓝牙心率监测仪设计蓝牙无线控制功能，基于已建立的蓝牙 BLE 通信网络，集中器可控制外围设备上 LED 灯的亮灭。

任务要求：

- 外围设备与集中器之间通过蓝牙 BLE 通信技术进行连接；
- 上电后操作集中器，使其与外围设备完成配对连接；
- 上位机工具通过集中器发送命令，远程控制外围设备上的 LED2 灯翻转。

任务分析与计划

任务分析与计划见表 3-2-1。

表 3-2-1　任务分析与计划

项目名称	项目3　蓝牙心率监测仪
任务名称	任务2　设计蓝牙无线控制功能
计划方式	自主设计
计划要求	请用 8 个计划步骤完整描述出如何完成本任务
序号	任务计划
1	
2	
3	
4	
5	
6	
7	
8	

知识储备

一、深入了解蓝牙 BLE 协议栈

1. 通用访问配置文件层（GAP）

蓝牙 BLE 协议栈的 GAP 层定义了蓝牙设备如何发现和建立与其他设备的连接，它负责处理设备的访问模式与连接相关的业务，如设备发现、建立连接、终止连接、初始化安全特性以及设备配置等，它实现了下列功能。

（1）定义了 GAP 层的蓝牙设备角色

GAP 层定义的蓝牙设备角色（Role）包括以下几个。

- Broadcaster Role：广播者，只发送广播，但无法被连接；
- Observer Role：观察者，可扫描其他外围设备，但无法发起连接；
- Peripheral Role：外围设备，发送广播且可被连接，一般作为从机；
- Central Role：集中器，扫描外围设备并发起连接，一般作为主机。

（2）定义了 GAP 层的通信操作模式与过程

GAP 层定义的通信的操作模式（Operational Mode）与过程（Procedure）主要有以下几种。

- Broadcast modes and observation procedures：实现单向的、无连接的通信方式；
- Discovery modes and procedures：实现蓝牙设备的发现操作；
- Connection modes and procedures：实现蓝牙设备的连接操作；
- Bonding modes and procedures：实现蓝牙设备的配对操作。

（3）定义了与用户接口相关的蓝牙参数

GAP 层定义的与用户接口（User Interface）相关的蓝牙参数包括以下几个。

- Bluetooth Device Address：蓝牙地址；
- Bluetooth Device Name：蓝牙名称；
- Bluetooth Passkey：蓝牙的 Pincode（配对码）；
- Class of Device：蓝牙的 Class，和发射功率有关。

图 3-2-1 展示了蓝牙系统架构中 GAP 层与其他层的关系。

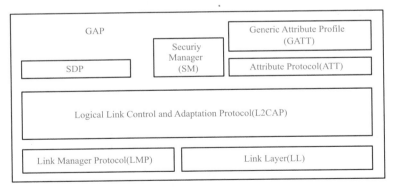

图 3-2-1　蓝牙系统架构中 GAP 层与其他层的关系

2. 属性协议层（ATT）

蓝牙 BLE 规范随着物联网技术的发展而不断演进。在智能物联网时代，需要对海量的前端设备进行信息采集，如温度、湿度、速度、位置信息、电量和水压等。上述信息的数据量较

小，而且采集过程也比较简单，一般是节点设备定时向中心设备上报，或者由中心设备在需要时主动查询。

基于信息采集的需求，BLE 抽象出一个协议——属性协议（Attribute Protocol，ATT）。属性协议将"信息"以"Attribute（属性）"的形式抽象出来，并提供了一系列方法供远端设备（Remote Device）读取或者修改这些属性的值（Attribute Value）。属性协议主要的设计要点如下。

（1）采用"客户端—服务器"架构

属性协议的定义中将提供信息（即 Attribute）的一方称作 ATT Server，如温湿度传感器节点、烟雾传感器节点、压力传感器节点等。将访问信息的一方称作 ATT Client，如 PC 端软件、客户端手机 App 等。

（2）Attribute 的构成

一个 Attribute 由 Attribute Type、Attribute Handle 和 Attribute Value 构成。

1）Attribute Type：属性的类型。生活中常说的"速度值""温度值"等就是不同类型的信息。在蓝牙 BLE 规范中，用 UUID（Universally Unique Identifier，通用唯一识别码）来区分不同类型的信息。

2）Attribute Handle：属性的句柄。不同的信息可能有相同的类型，如"温度值""湿度值"和"环境光照值"同属"环境信息"类。但在实际应用中，经常要对每种"环境信息"进行单独操作，这就需要一个"变量"来区分不同的 Attribute。

蓝牙 BLE 规范使用"Handle（句柄）"来满足上述需求。Handle 是一个 16 位的数值，用于唯一识别 Attribute Server 上所有的 Attribute。

3）Attribute Value：属性值，可以是任意固定长度或者可变长度的字节型数组。

（3）Attribute 的权限（Permission）

Attribute 可以被赋予一定的权限，以便 Server 控制 Client 的访问行为，常见的权限如下所示。

1）与访问（Access）有关的权限：Readable、Writable 及 Readable and Writable。

2）与加密（Encryption）有关的权限：Encryption required 及 No encryption required。

3）与认证（Authentication）有关的权限：Authentication required 及 No authentication required。

4）与授权（Authorization）有关的权限：Authorization required 及 No authorization required。

（4）Attribute 的访问方式

根据 Attribute PDU（Protocol Data Unit，协议数据单元）格式的不同，Client 对 Server 的访问方式有多种，具体如下所示。

1）Find Information（信息搜索）：用于获取 Attribute Type 与 Attribute Handle 之间的对应关系。

2）Reading Attributes（读取属性值）：包括 Read by type、Read by handle、Read by blob 及 Read multiple 等方式。

3）Writing Attributes（写入属性值）：包括需要应答的写入以及不需要应答的写入。

3. 通用属性配置文件层（GATT）

如前所述，ATT 层仅定义了一套机制，允许 Client 与 Server 之间通过 Attribute 进行信息的共享。但具体共享哪些信息，ATT 层并不关心。

蓝牙 BLE 协议栈在 ATT 层之上定义了属性配置文件层（Generic Attribute Profile，GATT）来提供属性应用规范，使得应用程序可以通过 GATT 来操作 ATT，完成对设备的访问与使用。

在蓝牙 BLE 协议栈中，"Profile"是一个比较抽象的概念，它被翻译为"配置文件"。也可以将其理解为"应用场景、功能和使用方式"都已规定好的应用程序。

从 GATT 的英文全称可以看出，它隶属于 Profile 的范畴。更准确地说，GATT 定义了一套 Profile Framework（架构），其层次结构如图 3-2-2 所示。

从图 3-2-2 可以看出，GATT Profile 的架构层级由外到内依次是：Profile——Service——Characteristic。

（1）Profile

这里的 Profile 是由 GATT 派生的 Profile 实体，它位于 GATT Profile 架构的最外层，由一个或多个与某一应用场景有关的 Service 组成。

蓝牙 BLE 核心规范定义了一系列常见设备的 Profile，如心率计、血压计、加速度计、体温计及血糖仪等。如果各大设备厂家与应用开发公司在设计蓝牙设备的软硬件时都遵循某种标准的 Profile，则软硬件可以轻松地做到无缝对接。以"心率计"Profile 为例，它包含心率 Service、电池 Service、设备信息 Service 等。

（2）Service

这里的 Service 被解释为"服务"。在 ATT 层，Server 端为 Client

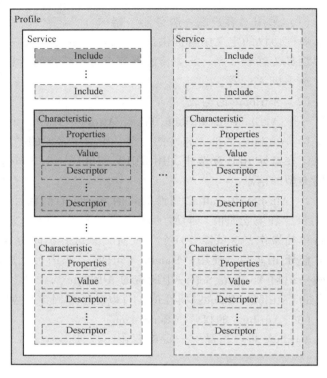

图 3-2-2　GATT Profile 架构

端提供数据（即 Attribute），而 Service 和后面介绍的 Characteristic 就是数据在逻辑层面的呈现。从图 3-2-2 可以看出，一个 Service 包含一个或多个 Characteristic，也可以通过"Include"的方式包含其他 Service。

（3）Characteristic

Characteristic（特性）是 GATT Profile 最基本的数据单元，它由 Properties、Value 以及一个或多个 Descriptor 构成。

1）Properties（特性声明）：定义了 Value 如何被使用，Descriptor 如何被访问。

2）Value（特性值）：特性的实际值，如对于"速度值"特性而言，其 Value 就是速度值大小。

3）Descriptor（特性描述）：保存了与 Value 相关的一些信息，它是可选项（非必须）。

注意：在 GATT Profile 架构中，除了最顶层的"Profile"，其他组成元素如"Service""Characteristic""Characteristic Properties""Characteristic Value"和"Characteristic Descriptor"等都作为一条 Attribute 存在，具备 Attribute 的所有特征。

二、蓝牙 BLE 协议栈的数据传输过程分析

集中器与外围设备配对成功并建立连接后，双方可进行数据传输。数据传输基于蓝牙 BLE

协议栈的 GATT 层，集中器作为客户端（Client），外围设备作为服务器端（Server），整个数据传输的过程如图 3-2-3 所示。

从图 3-2-3 可以看出，客户端与服务器端之间的数据以"特性（Characteristic）"的形式进行传播，中间要经过"服务发现""特性发现"和"特性值读写"等流程。对数据传输过程分析如下。

1. GATT 数据服务发现

当集中器要读取外围设备中的数据时，应先进行 GATT 数据服务发现。集中器发送特定的主服务 UUID 至外围设备，主服务 UUID 匹配后，即可获得 GATT 数据服务。

2. GATT 特性发现

集中器发现 GATT 主服务后，需要进一步寻找要操作的"特性"的 Handle（句柄），即集中器发送"特性"的 UUID 至外围设备，外围设备将该"特性"的 Handle 返回给集中器。

3. 特性值的读写

集中器通过 Handle 进行某"特性值（应用数据）"的读取和写入操作。

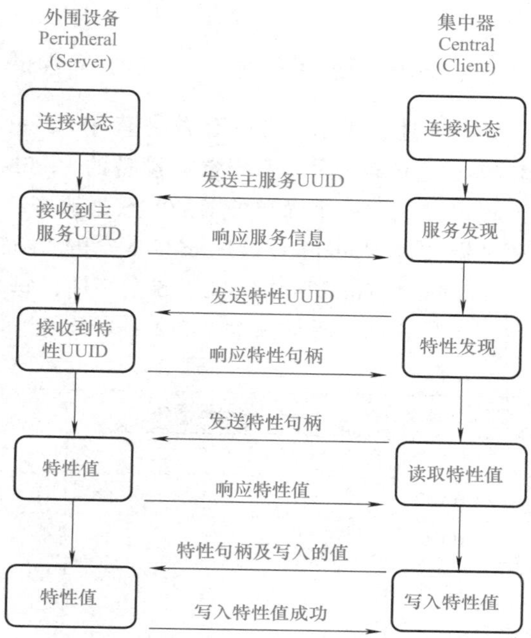

图 3-2-3　蓝牙 BLE 协议栈数据传输过程分析

三、蓝牙通信模块板载 LED 资源分析

蓝牙通信模块板载 LED 电路原理图如图 3-2-4 所示。

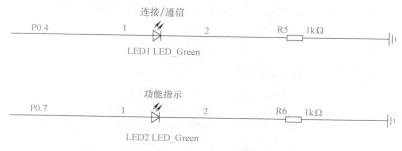

图 3-2-4　蓝牙通信模块板载 LED 电路原理图

从图 3-2-4 可以看出，蓝牙通信模块板上集成了两个 LED 灯，它们分别与 P0.4 和 P0.7 引脚相连。CC2541 的 GPIO 引脚输出高电平时 LED 灯亮，反之 LED 灯灭。

四、PC 端开发调试工具介绍

在安装 TI 的蓝牙 BLE 协议栈软件包时，自动安装了一个 PC 端的开发调试工具——BTool。BTool 工具通过"主机控制器接口（HCI）"与蓝牙 BLE 设备通信，对于蓝牙 BLE 协议栈的应用层而言，这是一种"网络处理器"的软件结构，即控制器和主机部分在蓝牙 SoC 上实现，而应用程序和配置文件通过厂商特定的 HCI 命令与蓝牙控制器进行通信。

BTool 允许用户使用基本的 BLE 集中器设备功能，如设备发现、建立连接、GATT 应用数据的读写与绑定服务等。因此，用户可以在 PC 端使用 BTool 工具进行蓝牙应用程序的开发与调试。

五、SimpleBLEPeripheral 工程的 GATT 数据服务介绍

如前所述，Profile 可以看做是蓝牙 Client 与 Server 之间进行数据通信的协议标准。蓝牙 BLE 核心规范定义了一系列常见设备的 Profile，如心率计、血压计等。SimpleBLEPeripheral 示例工程也提供了一个简单的 GATT 数据服务，其相关内容位于该工程的 "Profiles" 文件夹中的两个源文件 "simpleGATTprofile.c" 和 "simpleGATTprofile.h" 中。

simpleGATTprofile 中定义了 5 个特性，每个特性的 "操作权限" "数据长度" 和 "值" 等参数都不尽相同，具体见表 3-2-2。

表 3-2-2　simpleGATTprofile 定义的特性属性

特性编号	数据长度/B	操作权限	句柄（Handle）	UUID
CHAR1	1	可读可写	0x0025	FFF1
CHAR2	1	只读	0x0028	FFF2
CHAR3	1	只写	0x002B	FFF3
CHAR4	1	不能直接读写 通过通知发送	0x002E	FFF4
CHAR5	5	只读（加密时）	0x0032	FFF5

六、定义通信协议

根据任务要求，上位机工具需要通过集中器发送命令，远程控制外围设备上的 LED2 灯翻转。因此，需要选取一个特性，将其值与 LED2 灯的 "亮" 与 "灭" 状态对应。

可选取表 3-2-2 中具有 "可读可写" 权限的 "CHAR1" 特性，定义表 3-2-3 所示的通信协议。

表 3-2-3　自定义通信协议

序号	特性编号	特性值	LED2 状态
1	CHAR1	11	亮
2	CHAR2	10	灭

▶ 任务实施

任务实施前必须先准备好设备和资源，见表 3-2-4。

表 3-2-4　设备和资源清单

序号	设备/资源名称	数量	是否准备到位（√）
1	蓝牙通信模块	2	
2	智慧盒	1	
3	USB 转 RS-232 线缆	1	
4	方口 USB 线	1	
5	上位机 BTool 调试软件	1	

实施导航

- 建立基于蓝牙 4.0 BLE 协议栈的工程；
- 修改工程代码；
- 编译下载程序；
- 搭建硬件环境；
- 利用 BTool 工具操作特性值；
- 结果验证。

 实施纪要

实施纪要见表 3-2-5。

表 3-2-5　实施纪要

项目名称	项目 3　蓝牙心率监测仪
任务名称	任务 2　设计蓝牙无线控制功能
序号	分步纪要
1	
2	
3	
4	
5	
6	
7	
8	

 实施步骤

视频　设计蓝牙
无线控制功能
（新建工程）

1. 建立基于蓝牙 4.0 BLE 协议栈的工程

（1）复制任务 1 的工程并更名

复制一份任务 1 的文件夹，将其更名为 "task2_ble-remote"。

（2）增删工程文件

根据任务要求，本任务的应用层基于 "网络处理器配置" 的模式进行部署，即控制器和主机部分在蓝牙 SoC 上实现，应用程序和配置文件在上位机工具中实现。应用程序和配置文件通过厂商特定的 HCI 命令与蓝牙控制器进行通信，通信接口为 UART。

因此，本任务无须使用集中器（Central）工程，可将其删除。另外，TI 的蓝牙 4.0 BLE 协议栈提供了 "HostTestApp" 示例工程，用于解析上位机工具发来的 HCI 命令，可将该工程复制至路径 "task2_ble-remote\Projects\ble\HostTestApp" 中。

2. 修改工程代码

（1）修改协议栈驱动以适配开发板

TI 的蓝牙 BLE 协议栈提供的硬件抽象层（HAL）驱动源码是针对 TI 官方的 CC2541 芯片开发板编写的，其上集成的按键、LED 等硬件接口与本任务使用的蓝牙通信模块板有所不同。

因此，在开发应用程序前，需要对协议栈 HAL 层的驱动源码进行修改。本任务选取与 P0.7 相连的 LED2 灯作为控制对象。

1）修改 LED2 引脚映射。修改 "hal_board_cfg. h" 文件中的 LED2 引脚映射如下。

```
1.  /* 2 - Red */
2.  #define LED2_BV              BV(7)    //修改|默认 BV(1)
3.  #define LED2_SBIT            P0_7     //修改|默认 P1_1
4.  #define LED2_DDR             P0DIR    //修改|默认 P1DIR
5.  #define LED2_POLARITY        ACTIVE_HIGH
```

2）修改预处理宏定义。"hal_drivers. c" 文件中的 HalDriverInit（）函数是 HAL 层的主要硬件初始化函数，LED 引脚初始化函数的执行设定了相应的预处理宏定义，具体见以下代码片段。

```
1.  /* LED */
2.  #if (defined HAL_LED) && (HAL_LED == TRUE)
3.  HalLedInit();
4.  #endif
```

SimpleBLEPeripheral 工程默认将 "HAL_LED" 宏定义为 "FALSE"，即禁用了 HalLedInit（）函数的执行。修改步骤如下：

- 标号①：进入工程配置界面，选择 "C/C++ Compiler" 选项；
- 标号②：切换到 "Preprocessor" 标签页；
- 标号③：找到 "Defined symbols" 栏，将 "HAL_LED = FALSE" 修改为 "HAL_LED = TRUE"，具体如图 3-2-5 所示。

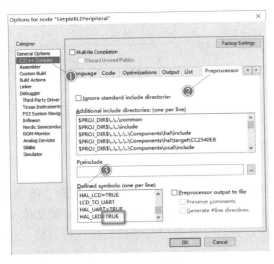

图 3-2-5　修改预处理宏定义

（2）修改外围设备工程

对于外围设备工程而言，需要实现 "特性值改变" 与 "LED2 灯亮灭" 的联动功能。打开 SimpleBLEPeripheral 工程，在 "simpleBLEPeripheral. c" 文件中的 "特性值改变回调函数（simpleProfileChangeCB）" 中添加以下代码。

```
1.   static void simpleProfileChangeCB(uint8 paramID)
2.   {
3.     uint8 newValue;
4.     switch (paramID)
5.     {
6.     case SIMPLEPROFILE_CHAR1:
7.       SimpleProfile_GetParameter(SIMPLEPROFILE_CHAR1, &newValue);
8.       //此处有省略代码……
9.       /* 判断特征值 开关 LED */
10.      if(newValue == 11)
11.      {
12.        HalLedSet(HAL_LED_2, HAL_LED_MODE_ON);      //特性值 11 对应开灯
13.        NPI_WriteTransport((uint8 *)"Led_On\n", 7);
14.      }
15.      else if(newValue == 10)
16.      {
17.        HalLedSet(HAL_LED_2, HAL_LED_MODE_OFF);   //特性值 10 对应关灯
18.        NPI_WriteTransport((uint8 *)"Led_Off\n", 8);
19.      }
20.      break;
21.      //此处有省略代码……
22.    }
23.  }
```

（3）修改 HostTestApp 工程

"HostTestApp" 工程的 UART 串行通信默认使能了硬件流控功能，由于蓝牙通信模块上未使用该功能，因此需要修改工程中相应的代码将硬件流控功能禁用，修改步骤如下：

- 打开 "hal_uart. c" 文件，定位到 HalUARTOpen（）函数；
- 右击 HalUARTOpenDMA（config）函数，选择 "Go to definition of HalUARTOpenDMA" 选项，切换到该函数的定义位置；
- 在该函数中添加以下禁用硬件流控的代码（已用阴影部分显示）。

```
1.   static void HalUARTOpenDMA(halUARTCfg_t *config)
2.   {
3.     dmaCfg.uartCB = config->callBackFunc;
4.     /* 增加代码 | 关闭 uart 流控 */
5.     config->flowControl = 0;
6.     //以下代码省略
7.   }
```

3. 编译下载程序

（1）编译下载 USB Dongle 设备工程

打开修改好的 "HostTestApp" 工程，如图 3-2-6 中标号①处所示将工程的编译配置文件切

换为"CC2541EM"。

单击工具栏中的"make"按钮或使用快捷键"F7"编译程序。

如果程序编译结果没有错误，即可单击工具栏中的"Download and Debug"按钮下载程序。

（2）编译下载外围设备工程

打开修改好的"SimpleBLEPeripheral"工程，如图 3-2-6 中标号①处所示，将工程的编译配置文件切换为"CC2541"。

单击工具栏中的"make"按钮或者使用快捷键"F7"编译程序。

如果程序编译结果没有错误，即可单击工具栏中的"Download and Debug"按钮下载程序。

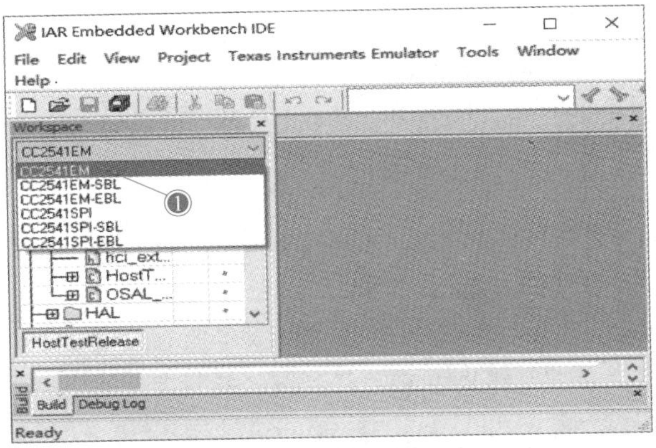

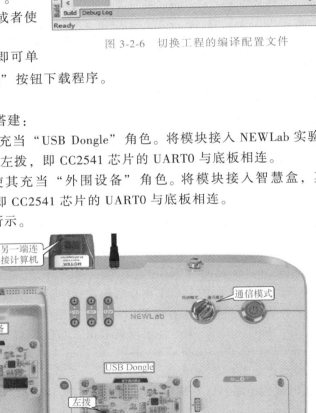

图 3-2-6 切换工程的编译配置文件

4. 搭建硬件环境

按照以下步骤进行硬件环境的搭建：

● 取一个蓝牙通信模块，使其充当"USB Dongle"角色。将模块接入 NEWLab 实验平台，其上的"UART0 连接切换开关"向左拨，即 CC2541 芯片的 UART0 与底板相连。

● 再取一个蓝牙通信模块，使其充当"外围设备"角色。将模块接入智慧盒，其上的"UART0 连接切换开关"向左拨，即 CC2541 芯片的 UART0 与底板相连。

搭建好的硬件环境如图 3-2-7 所示。

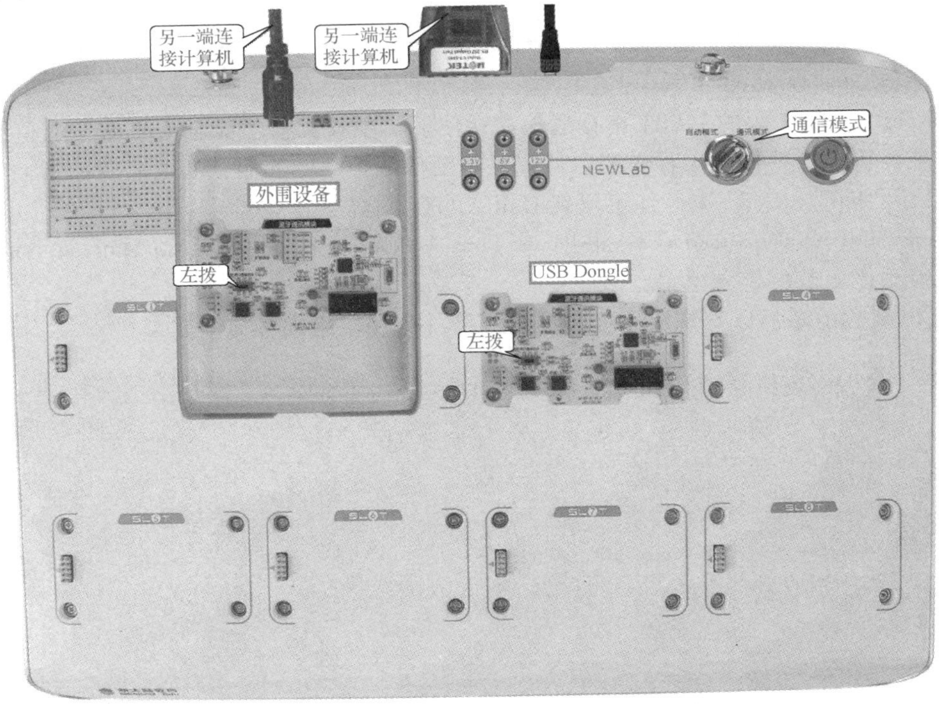

图 3-2-7 搭建好的蓝牙无线控制功能硬件环境

5. 利用 BTool 工具操作特性值

（1）建立 BTool 工具与蓝牙通信模块的连接

TI 的蓝牙 4.0 BLE 协议栈软件包"BLE-CC254x-1.3.2"自带一个名为"BTool"的上位机工具。"BTool"是一个运行在 PC 上的蓝牙 BLE 调试工具，它与蓝牙"USB Dongle"硬件配合，可实现集中器的功能。在"BTool"工具的界面上可清晰地呈现蓝牙的设备发现、连接配对、服务读取和数据发现等过程。

打开"BTool"工具，选择正确的 COM 口，完成 UART 接口连接参数的配置后，可进行 BTool 与蓝牙通信模块（USB Dongle）连接的建立。两者建立连接后的界面如图 3-2-8 所示。

- 标号①：选择正确的 COM 口；
- 标号②：已连接的蓝牙通信模块的信息。

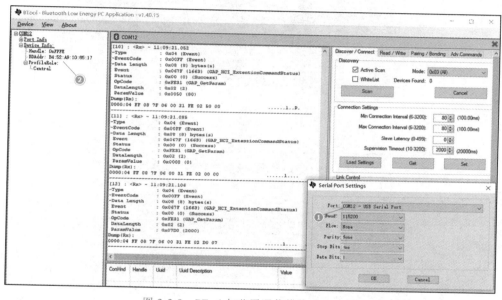

图 3-2-8　BTool 与蓝牙通信模块建立连接

（2）设备发现与连接建立

BTool 与蓝牙通信模块建立连接后，需要通过相关步骤进行设备的发现与连接的建立，如图 3-2-9 所示。

1）扫描节点设备。对图 3-2-9 所列的步骤说明如下。

- 标号①：单击"Scan"按钮进行设备发现；
- 标号②：发现了两个蓝牙设备；
- 标号③和标号⑤：两个蓝牙设备的"扫描响应"信息；
- 标号④和标号⑥：两个蓝牙设备的物理地址。

2）配置连接参数。图 3-2-9 中标号⑦处即是"连接参数"配置框，一般使用默认参数，无须修改。

3）建立连接。图 3-2-9 中标号⑧为选择需要建立连接的蓝牙设备；标号⑨：单击"Establish"与选中的蓝牙设备建立连接。

（3）通过 UUID 读取特性值

特性（Characteristic）值可通过操作其 UUID 来读取，本步骤对"CHAR1"特性值进行操作。根据表 3-2-2，"CHAR1"的 UUID 为"FFF1"。通过 UUID 读取特性值的步骤如图 3-2-10 所示。

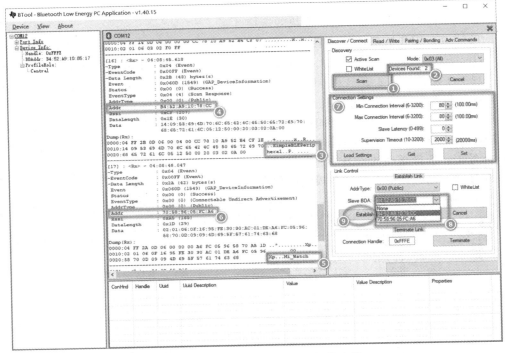

图 3-2-9　设备发现与连接建立操作步骤

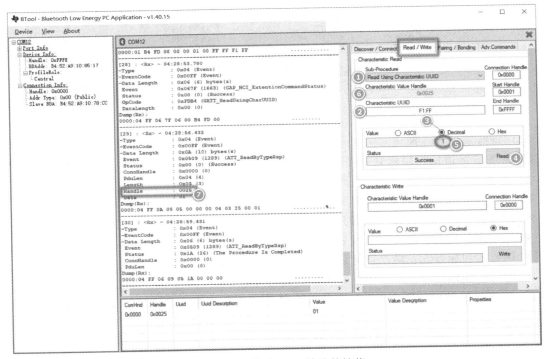

图 3-2-10　通过 UUID 读取特性值

单击图 3-2-10 中方框处，切换为"Read/Write"标签页，对操作步骤说明如下。

标号①：选择"Read Using Characteristic UUID（通过特性的 UUID 读取）"选项；

标号②：填写特性的 UUID——F1：FF；

标号③：使用十进制（Decimal）；

标号④：单击"Read"按钮；

标号⑤：显示 UUID 为"FFF1"特性的值为"1"；

标号⑥：显示"CHAR1"特性的 Handle 值为"0x0025"；

标号⑦：信息记录窗口同时显示"CHAR1"特性的 Handle 值为"0025"；

（4）通过 Handle 写入特性值

可通过特性的 Handle 对其值进行写入（即修改），操作步骤如图 3-2-11 所示。

对图 3-2-11 中的操作步骤说明如下。

- 标号①：在"Characteristic Value Handle"栏输入"CHAR1"特性的 Handle，即 0x0025；

- 标号②：输入要修改的值，如十进制数 20；

- 标号③：单击"Write（写入）"按钮；

- 标号④：执行成功（Success）指示。

（5）通过 Handle 读取特性值

可通过特性的 Handle 读取其值，操作步骤如图 3-2-12 所示。

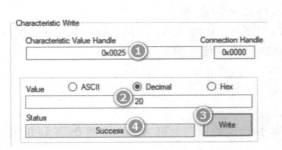

图 3-2-11　通过 Handle 写入特性值

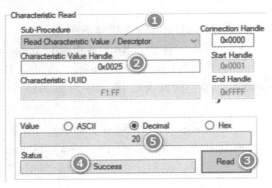

图 3-2-12　通过 Handle 读取特性值

对图 3-2-12 中的操作步骤说明如下。

- 标号①：选择"Read Characteristic Value/Descriptor"选项；

- 标号②：在"Characteristic Value Handle"选项中填入 0x0025，；

- 标号③：单击"Read（读取）"按钮；

- 标号④：执行成功（Success）指示；

- 标号⑤：返回"CHAR1"特性当前的值，即十进制数 20。

（6）通过 UUID 发现特性值

可通过特性的 UUID 来获取其 Handle，同时还能得到该特性的相关属性，操作步骤如图 3-2-13 所示。

对图 3-2-13 中的操作步骤说明如下。

- 标号①：选择"Discover Characteristic by UUID"选项；

- 标号②：在"Characteristic UUID"选项中填入"CHAR3"的 UUID；

- 标号③：切换为"十六进制"显示模式；

- 标号④：单击"Read（读取）"按钮；

- 标号⑤：执行成功（Success）指示；
- 标号⑥：返回"CHAR2"特性的属性：08 2B 00 F3 FF。其中，"08"表示该特性的读写权限为"只写"，"2B00"代表其 Handle 为 0x002B，"F3FF"代表其 UUID 为"FFF3"。

（7）读取多个特性值

可通过一系列的 Handle 同时读取多个特性（Characteristic）值，操作步骤如图 3-2-14 所示。

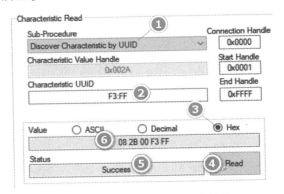

图 3-2-13　通过 UUID 发现特性值

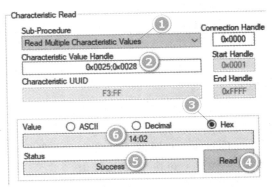

图 3-2-14　读取多个特性值

对图 3-2-14 中的操作步骤说明如下。

- 标号①：选择"Read Multiple Characteristic Values"选项；
- 标号②：在"Characteristic Value Handle"选项中填入多个 Handle，如"0x0025：0x0028"，即一次性读取 Handle 为 0x0025 和 0x0028 的两个特性值；
- 标号③：切换为"十六进制"显示模式；
- 标号④：单击"Read（读取）"按钮；
- 标号⑤：执行成功（Success）指示；
- 标号⑥：返回"CHAR1"和"CHAR2"特性当前的值，分别为十六进制 0x14 和 0x02。

6. 结果验证

通过步骤 5 的学习与实践，已掌握了利用 BTool 工具操作特性值的方法。可使用"通过 Handle 写入特性值"功能实现对外围设备（Peripheral）的"CHAR1"特性值进行修改。

（1）建立 BTool 工具与蓝牙通信模块的连接

参照步骤 5 中第（1）点的流程进行 BTool 工具与蓝牙通信模块的连接。

（2）设备发现与连接建立

参照步骤 5 中第（2）点的流程进行设备发现与连接建立。

（3）特性值的修改

参照步骤 5 中第（5）点的流程进行特性值的修改，具体如图 3-2-15 所示，其中"11"对应"开灯"，"10"对应关灯。

（4）观察实验结果

打开 PC 串口调试助手，选择与外围设备相连的 COM 口，观察程序执行情况，具体如图 3-2-16 所示。

从图 3-2-16 可以看出，当"CHAR1"特性值被修改为"11"时，板上的 LED2 灯亮，串口输出"Led_On"字样提示用户；当"CHAR1"特性值被修改为"10"时，板上的 LED2 灯灭，串口输出"Led_Off"字样提示用户。

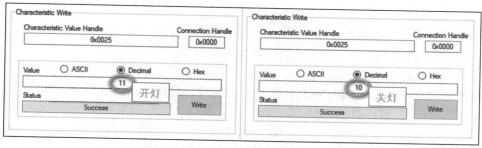

图 3-2-15　通过 Handle 修改特性值开关 LED

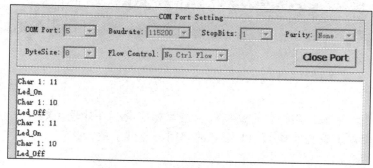

图 3-2-16　设计蓝牙无线控制功能实验结果

任务检查与评价

完成任务实施后，进行任务检查与评价，任务检查与评价表存放在本书配套资源中。

任务小结

本任务介绍了蓝牙 BLE 协议栈中的 GAP 层、ATT 层和 GATT 层的构成与基础知识，并着重分析了蓝牙 BLE 协议栈的数据传输过程。

通过本任务的学习，可掌握上位机 BTool 工具的操作方法，理解特征值读写的各种方法，并能根据应用需求读写特征值，完成相应的控制要求。

本任务相关知识技能小结的思维导图如图 3-2-17 所示。

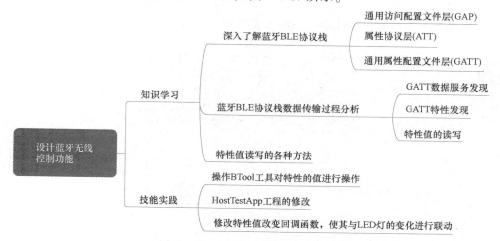

图 3-2-17　任务 2 知识技能小结思维导图

任务拓展

请在现有任务的基础上添加一项功能，具体要求如下：

- 不影响已有功能；
- 修改外围设备的蓝牙 BLE 协议栈工程，使其增加对蓝牙通信模块电路板上 LED1 灯的驱动功能；
- 自行定义通信协议，通过上位机 BTool 工具实现对外围设备上 LED1 灯的远程控制。

任务 3   设计蓝牙心率监测仪

职业能力目标

- 能根据应用需求添加用户自定义事件，编写相应的事件处理函数；
- 能根据应用需求编程实现 GATT 服务的调用与特性值的操作。

任务描述与要求

任务描述：本任务要求设计一个蓝牙心率监测仪，基于已建立的蓝牙 BLE 通信网络，安卓手机上的应用程序可显示蓝牙外围设备采集的心率数据。

任务要求：

- 安卓手机与蓝牙外围设备之间通过蓝牙 BLE 通信技术进行连接；
- 对蓝牙 BLE 协议栈的 GATT 层而言，安卓应用程序作为"客户端"，蓝牙外围设备连接心率传感器作为"服务器端"，"服务器端"为"客户端"提供数据；
- 安卓应用程序与蓝牙外围设备完成配对后，将手指放置在心率传感器上一段时间后，安卓应用程序会显示测试者的心率（单位：次/min）。

任务分析与计划

根据所学相关知识，请制订完成本任务的实施计划，见表 3-3-1。

表 3-3-1   任务分析计划

项目名称	项目 3 蓝牙心率监测仪
任务名称	任务 3 设计蓝牙心率监测仪
计划方式	自主设计
计划要求	请用 8 个计划步骤完整描述出如何完成本任务
序号	任务计划
1	
2	
3	
4	
5	
6	
7	
8	

知识储备

一、蓝牙4.0 BLE 协议栈的操作系统抽象层

TI 提供的蓝牙 4.0 BLE 协议栈通过一系列函数实现了蓝牙 4.0 BLE 协议规范。为了更加方便地管理与调用该函数集，协议栈内集成了操作系统抽象层（Operating System Abstract Layer, OSAL）来完成相应的工作。

1. OSAL 的运行原理

OSAL 之所以被称为"操作系统抽象层"而不是"操作系统"，是因为它与标准的操作系统有区别。OSAL 只实现了类似操作系统的某些功能，如任务切换、内存管理等。准确地说，OSAL 是一种支持多任务运行的系统资源分配机制。

在蓝牙 4.0 BLE 协议栈中，OSAL 负责调度各个任务的运行，如果有事件发生了，则会调用相应的事件处理函数进行处理。

事件与事件处理函数通过下述方式建立联系。

建立一个事件表，用于保存各个任务对应的事件。再建立一个函数表，用于保存各个任务事件处理函数的地址。将事件表与函数表对应起来，当某一事件发生时则调用函数表中对应的事件处理函数。

OSAL 处理完一个事件后，继续访问事件表，查看是否有事件发生，如此周而复始。因此，也可以说 OSAL 是一种基于事件驱动的轮询式操作系统。

2. OSAL 添加用户任务

在 OSAL 中添加一个用户自定义的任务，需要编写两个函数：一是任务的初始化函数，二是任务的事件处理函数。以示例工程 SimpleBLEPeripheral 为例，打开工程后，在 "OSAL_SimpleBLEPeripheral. c" 文件中找到数组 taskArr ［］ 和函数 osalInitTasks（）。其中，taskArr ［］ 数组中存放了所有任务的事件处理函数的地址，而 osalInitTasks（）则是 OSAL 的任务初始化函数，它为每个任务分配了一个任务 ID。

用户自定义任务的事件处理函数 SimpleBLEPeripheral_ProcessEvent（）位于 taskArr ［］ 数组的最后，代码如下所示。

```
1.  const pTaskEventHandlerFn tasksArr[] =
2.  {
3.    LL_ProcessEvent,                          // task 0
4.    Hal_ProcessEvent,                         // task 1
5.    //省略一段代码……
6.    GATTServApp_ProcessEvent,                 // task 10
7.    SimpleBLEPeripheral_ProcessEvent          // task 11
8.  };
```

用户自定义任务的初始化函数 SimpleBLEPeripheral_Init（taskID）添加到 osalInitTasks（）函数的最后，代码如下所示。

```
1.  void osalInitTasks( void )
2.  {
3.    uint8 taskID = 0;
```

```
4.    tasksEvents = (uint16 *)osal_mem_alloc( sizeof( uint16 ) * tasksCnt);
5.    osal_memset( tasksEvents, 0, (sizeof( uint16 ) * tasksCnt));
6.    /* LL Task */
7.    LL_Init( taskID++ );
8.    //省略一段代码……
9.    GATTServApp_Init( taskID++ );
10.   /* 用户自定义任务的初始化函数 */
11.   SimpleBLEPeripheral_Init( taskID );
12. }
```

这里需要注意的是，taskArr［］数组里各事件处理函数的排列顺序需要与 osalInitTasks（）函数中调用各任务初始化函数的顺序保持一致，这样才能保证每个任务的事件处理函数能接收到正确的任务 ID。

3. OSAL 应用编程接口

OSAL 提供了一系列应用编程接口（Application Programming Interface，API）来实现多任务运行时所需的消息管理、任务同步、时间管理和中断管理等功能。这些 API 可分为以下八类。

（1）消息管理 API

消息管理 API 主要用于处理任务间消息的交换。

（2）任务同步 API

任务同步 API 主要用于任务间的同步，如设置某个任务等待某个事件发生。

（3）时间管理 API

时间管理 API 用于开启和关闭定时器。

（4）中断管理 API

中断管理 API 主要用于控制中断的开启和关闭。

（5）任务管理 API

任务管理 API 主要用于 OSAL 的初始化和启动。

（6）内存管理 API

内存管理 API 主要用于在堆上分配缓冲区。

（7）电源管理 API

电源管理 API 主要用于设备功耗的控制，一般针对使用电池供电的设备节点。

（8）非易失性闪存管理 API

非易失性闪存管理 API 主要用于对系统的 Flash 存储器的读、写等操作。

二、心率的采集方法及其工作原理

心率采集方法主要有三种：一是从心电信号中提取；二是从测量血压时压力传感器测到的波动来计算脉率；三是光电容积脉搏波描记法。目前，光电容积脉搏波描记法应用最普遍，它具有方法简单、佩戴方便、可靠性高等特点。

光电容积脉搏波描记法的工作原理：将光照进皮肤，用以检测由血脉搏率或血容积变化所产生的血液流动光散射，并通过相关算法利用所接收到的反馈信息计算出心率。具体而言，采用对动脉血中氧合血红蛋白和血红蛋白有选择性的特定波长的发光二极管作为光源，当光束透过人体外周血管，由于动脉搏动充血容积变化导致这束光的透光率发生改变，此时由光电变换器接收经人体组织反射的光线，转变为电信号并将其放大和输出。由于脉搏是随心脏的搏动而周期性变化的信号，动脉血管容积也周期性变化，因此可以利用光电变换器的电信号变化周期推算出心率。

三、硬件选型分析

本任务要求设计一个基于蓝牙 BLE 技术的心率测试仪，采集心率数据通常使用心率传感器，因此需要为该系统选择一款心率传感器。

1. 心率传感器

常用的光学心率传感器主要包括四个核心器件：一是至少由两个发光二极管构成的光发射器，负责将光照进皮肤内部；二是光接收器和模拟前端，负责获取由穿戴者反射的光，并将模拟信号转换成数字信号作为光电容积脉搏波描记法的输入数据之一；三是加速度计，负责测量运动状态数据，并作为光电容积脉搏波描记法算法的另一个输入数据；四是计算单元，负责利用来自模拟前端和加速计的输入数据计算获得心率数据。

除心率数据本身以外，通过深度解读光学心率传感器所提供的数据（或波形），可以进一步获得大量的生物特征信息。例如：

- 呼吸率：休息时的呼吸率越低，通常表明身体状况越好；
- 最大摄氧量：人体可以摄入的最大氧气量，是人们广泛使用的有氧耐力指标；
- 血氧水平：血液中的氧气浓度；
- 心率变异率：血脉冲的间隔时间，心跳间隔时间越长越好；
- 血压：提供了一种无须使用血压计即可测量血压的方法；
- 血液灌注：人体推动血液流经循环系统的能力；
- 心效率：心脏每搏的做功效率。

2. 典型器件举例

本任务选择 MAX30102 光学心率传感器作为心率监测仪上的心率采集设备，其外观如图 3-3-1 所示。

MAX30102 是一款集成了脉搏血氧仪和心率监测仪生物传感器的模块，它包含了多组发光二极管、光电检测器、模拟前端，以及能抑制环境光的电路系统，采用一个 1.8V 电源和一个独立的 3.3V 内部 LED 的电源。该传感器主要应用于可穿戴设备，主要面向基于手指、耳垂和手腕等处的心率和血氧检测。它具有标准的 I^2C 兼容通信接口，可以将采集到的数值传输给单片机进行心率和血氧计算。此外，该芯片还可以通过软件关断模块，待机电流接近零，实现电源始终维持供电状态。MAX30102 集成了玻璃盖，可以有效排除外界和内部光干扰，拥有较高的可靠性。

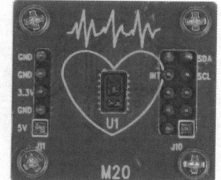

图 3-3-1　MAX30102 光学心率传感器

（1）基本特性

- 具有较好的抗环境光性能；
- 超低功率；
- 快速数据输出能力；
- 强大的运动伪影复原能力、信噪比高；

- 工作温度范围广。

（2）典型应用

广泛用于可穿戴设备，进行心率和血氧采集检测。

（3）技术参数

- LED 峰值波长：660nm/880nm；
- LED 供电电压：3.1~5V；
- 检测信号类型：光反射信号（PPG）；
- 输出信号接口：I^2C 接口。

MAX30102 光学心率传感器的典型工作电路如图 3-3-2 所示。

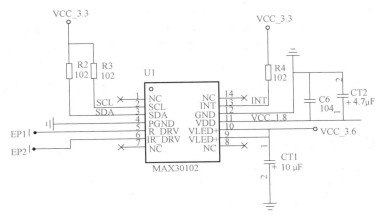

图 3-3-2　MAX30102 光学心率传感器的典型工作电路

该电路结构较为简单，微控制器可通过 I^2C 总线与其通信。电源通过"VLED＋"端子对 MAX30102 心率传感器中的发光二极管进行供电，SCL 时钟和 SDA 数据都需要接上拉电阻器。MAX30102 可将所采集的心率信息通过 SDA 口送至微控制器，供进一步处理和使用。

任务实施

任务实施前必须先准备好设备和资源，见表 3-3-2。

表 3-3-2　设备和资源清单

序号	设备/资源名称	数量	是否准备到位(√)
1	蓝牙通信模块	1	
2	心率传感器	1	
3	USB 转 RS-232 线缆	1	
4	Android 心率应用程序	1	
5	关键代码包	1	
6	初始工程	1	

 实施导航

- 为基础工程添加代码包；
- 编写代码；
- 编译下载程序；
- 搭建硬件环境；

● 结果验证。

 实施纪要

实施纪要见表 3-3-3。

表 3-3-3　实施纪要

项目名称	项目3　蓝牙心率监测仪
任务名称	任务3　设计蓝牙心率监测仪
序号	分步纪要
1	
2	
3	
4	
5	
6	
7	
8	

实施步骤

1. 为基础工程添加代码包

（1）添加心率传感器驱动源代码

将基础工程压缩包解压到本地硬盘的某个目录。

将本任务配套资料中的"heartRate_Config. h""MAX30102. c""MAX30102. h""led_drv. c"和"led_drv. h"文件复制到基础工程的"Projects\ble\SimpleBLEPeripheral\Source"目录中。

使用 IAR EW for 8051 软件打开工程，将"heartRate_Config. h""MAX30102. c"和"led_drv. c"文件加入工程的"APP"组中，如图 3-3-3 所示。

（2）添加 I^2C 总线驱动源代码

将本任务配套资料中的"hal_i2c. c"和"hal_i2c. h"文件复制到基础工程的"Components\ hal \ target \ CC2540EB"目录中。将"hal_i2c. c"文件加入工程的"HAL \ Target \ CC2540EB\Drivers"组中，如图 3-3-4 所示。

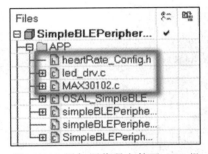

图 3-3-3　添加源代码文件至 APP 组

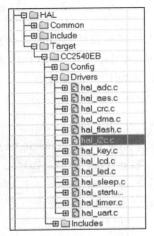

图 3-3-4　添加源代码文件至组中

2. 编写代码

为基础工程添加代码包后，需要编写必要的代码。**注**：基础工程的源码文件中已做注释，读者可根据注释将代码添加到相应位置，全部添加完毕后再加以理解。

（1）添加头文件

在"simpleBLEPeripheral.c"相应的位置添加以下代码。

```
1.  #include "heartRate_Config.h" //用户添加
2.  #include "max30102.h"          //用户添加
3.  #include "led_drv.h"           //用户添加
```

（2）添加用户事件及其间隔宏定义

在"simpleBLEPeripheral.c"相应的位置添加以下代码。

```
1.  #define USER_LED_BLINK_PERIOD 100 //LED 灯闪烁事件间隔100ms
2.  #define USER_HEART_RATE_PERIOD 20 //心率采集事件间隔20ms
```

在"simpleBLEPeripheral.h"相应的位置添加以下代码。

```
1.  #define USER_LED_BLINK_EVT 0x0008  //LED 灯闪烁事件
2.  #define USER_HEART_RATE_EVT 0x0010 //心率采集事件
```

（3）修改蓝牙扫描相应数据

将"simpleBLEPeripheral.c"文件中的 scanRspData［］数组修改如下。

```
1.  static uint8 scanRspData[] =
2.  {
3.    // 被扫描显示的完整的名称
4.    0x0F, //0x14, // length of this data
5.    GAP_ADTYPE_LOCAL_NAME_COMPLETE,
6.    'B', 'L', 'E', ' ',
7.    'H', 'e', 'a', 'r', 't', ' ',
8.    'R', 'a', 't', 'e',
9.    // 省略部分代码……
10. };
```

上述代码片段的修改部分已加阴影，此处主要修改了蓝牙外围设备被扫描到后显示的名称（"BLE Heart Rate"），并将长度修改为"0x0F"。

（4）添加用户定义变量

在"simpleBLEPeripheral.c"相应的位置添加以下代码。

```
1.  uint8 BLEPeripheralState = BLE_STATE_IDLE;   //默认状态为 IDLE 空闲
2.  static uint16 gapConnHandle;   //GAP connection handle
3.  bool flagStartTest = false;    //启动/停止测量标志
4.  bool flagTestTimeout = false;  //测量超时标志
5.  uint8 heartRate = 80;          //心率测量结果寄存器，心跳单位：次/分钟
6.  uint16 testTimeGoing = 0;      //开始测量心率计时，测量结束停止计时，也用作超时计时
7.  uint16 testTimeGoingStep = 50; //发送测量进度时间间隔步长
```

在"simpleBLEPeripheral. h"相应的位置添加以下代码。

```
1.  extern bool flagStartTest;     //启动/停止测量标志
2.  extern bool flagTestTimeout;  //测量超时标志
3.  extern uint8 heartRate;        //心率测量结果寄存器，心跳单位：次/分钟
4.  enum    //用户添加BLE设备状态
5.  {
6.    BLE_STATE_IDLE = 0,          //空闲
7.    BLE_STATE_STARTED,
8.    BLE_STATE_ADVERTISING,   //广播
9.    BLE_STATE_WAITING,
10.   BLE_STATE_CONNECTED,      //已连接
11.   BLE_STATE_WORK
12. };
```

（5）声明并定义 LED 闪烁任务函数

在"simpleBLEPeripheral. c"相应的位置添加以下代码。

```
1.  static void ledBlinkPeriodicTask(void);
2.  /* 5.定义LED闪烁Task函数 注：位于文件末尾 */
3.  static void ledBlinkPeriodicTask(void)
4.  {
5.    static uint8 count = 0;
6.    count++;
7.
8.    if (BLEPeripheralState >= BLE_STATE_ADVERTISING &&
9.        BLEPeripheralState < BLE_STATE_CONNECTED)
10.   {
11.     if ((count % 2) == 1)
12.       set_P0_value(BT_LINK_STATUS_P0_NUM, LED_ON); //LED On
13.     else
14.       set_P0_value(BT_LINK_STATUS_P0_NUM, LED_OFF); //LED Off
15.   }
16.   else if (BLEPeripheralState >= BLE_STATE_CONNECTED)
17.   {
18.     if ((count % 8) == 5)
19.       set_P0_value(BT_LINK_STATUS_P0_NUM, LED_ON); //LED On
20.     else
21.       set_P0_value(BT_LINK_STATUS_P0_NUM, LED_OFF); //LED Off
22.   }
23. }
```

注意：上述代码片段中，ledBlinkPeriodicTask（void）函数的定义位于"simpleBLEPeripheral. c"文件的末尾。

（6）添加心率传感器初始化函数

在"simpleBLEPeripheral. c"源代码文件的 SimpleBLEPeripheral_Init（）函数相应的位置添加以下代码。

```
1.  maxim_max30102_reset(); //心率传感器复位
2.  maxim_max30102_init();  //心率传感器初始化
```

（7）修改 SimpleBLEPeripheral_ProcessEvent（）函数

1）设置首次启动用户事件的定时器。

在"simpleBLEPeripheral. c"源代码文件的 SimpleBLEPeripheral_ProcessEvent（）函数相应的位置添加以下代码。

```
1.  osal_start_timerEx(simpleBLEPeripheral_TaskID, USER_LED_BLINK_EVT, USER_LED_BLINK_
    PERIOD);
2.  osal_start_timerEx(simpleBLEPeripheral_TaskID, USER_HEART_RATE_EVT, USER_HEART_RAT
    E_PERIOD);
```

2）添加 LED 灯闪烁和心率采集事件处理。

在"simpleBLEPeripheral. c"源代码文件的 SimpleBLEPeripheral_ProcessEvent（）函数相应的位置添加以下代码。

```
1.  if (events & USER_LED_BLINK_EVT)
2.  {
3.    /* 重启定时器 */
4.    if (USER_LED_BLINK_PERIOD)
5.    {
6.      osal_start_timerEx(simpleBLEPeripheral_TaskID, USER_LED_BLINK_EVT, USER_LED_BL
    INK_PERIOD);
7.    }
8.    /* 执行 LED 灯闪烁周期性任务 */
9.    ledBlinkPeriodicTask();
10.   return (events ^ USER_LED_BLINK_EVT);
11. }
12.
13. if (events & USER_HEART_RATE_EVT)
14. {
15.   /* 重启定时器 */
16.   if (USER_HEART_RATE_PERIOD)
17.   {
18.     osal_start_timerEx(simpleBLEPeripheral_TaskID, USER_HEART_RATE_EVT, USER_HEART
    _RATE_PERIOD);
19.   }
20.   /* 执行测试心率周期性任务 */
21.   redAdcSampleProcess();
```

```
22.    /* 测量超时计时进程 */
23.    if (flagStartTest)
24.    { //测量心率脉搏中······
25.      uint16 gapConnHandle;
26.      uint16 dataTemp;
27.      testTimeGoing++;
28.      if (testTimeGoing > TEST_TIME_THRESHOLD)
29.      {
30.        GAPRole_GetParameter(GAPROLE_CONNHANDLE, &gapConnHandle);
31.        MyNotification(gapConnHandle, 0x04, (uint32)(100), 0x00);
32.        flagTestTimeout = true;
33.        flagStartTest = false;
34.      }
35.      else
36.      {
37.        if ((testTimeGoing > testTimeGoingStep) && (testTimeGoing < TEST_TIME_THRESH
   OLD))
38.        { //每隔1s发送测量进度通知,事件定时20ms周期, 20×50=1000ms
39.          dataTemp = (uint16)((testTimeGoing * 100.0) / TEST_TIME_THRESHOLD);
40.          GAPRole_GetParameter(GAPROLE_CONNHANDLE, &gapConnHandle);
41.          MyNotification(gapConnHandle, 0x04, (uint32)dataTemp, 0x00);
42.          testTimeGoingStep = testTimeGoingStep + 50;
43.        }
44.      }
45.    }
46.    else
47.    {
48.      testTimeGoing = 0;
49.      testTimeGoingStep = 50;
50.      flagTestTimeout = false;
51.    }
52.    return (events ^ USER_HEART_RATE_EVT);
53. }
```

3. 编译下载程序

代码编写完毕后，将工程的编译配置文件切换为"CC2541"。单击工具栏中的"make"按钮或者使用快捷键"F7"编译程序。

如果程序编译结果没有错误，即可单击工具栏中的"Download and Debug"按钮下载程序。

4. 搭建硬件环境

按照以下步骤进行硬件环境的搭建。

● 取一个蓝牙通信模块，使其充当"外围设备"角色；

● 将"心率传感器"接入蓝牙通信模块的"U3扩展插座"；

● 将蓝牙通信模块接入 NewLab 实验平台，确认"JP2"开关向左拨，即 CC2541 芯片的 UART0 与蓝牙通信模块电路板的"J9"端子相连。

搭建好的硬件环境如图 3-3-5 所示。

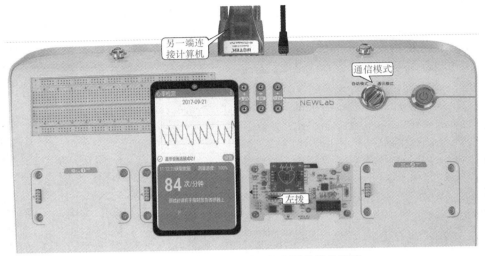

图 3-3-5　搭建好的蓝牙心率监测仪硬件环境

5. 结果验证

通过硬件环境搭建步骤，已具备了基本的蓝牙心率监测仪的测试环境，可按以下步骤进行结果验证。

（1）在手机上安装心率监测应用程序

将心率监测应用程序安装到 Android 操作系统的手机上，并赋予其打开或关闭蓝牙的权限。

（2）设备发现与连接建立

开启手机蓝牙模块，打开心率监测应用程序后，即可按照图 3-3-6 进行设备发现与连接建立。

图 3-3-6 由 5 张小图构成，整个设备发现与连接建立过程如下。

图 3-3-6　设备发现与连接建立过程

① 单击方框中的"设置"按钮进入"设备发现"阶段；

② 单击方框中的"扫描设备"区域，应用程序开始"设备发现（扫描中）"；

③ 已发现设备（方框中的"BLE Heart Rate"）；

④ 单击要连接的设备。查询服务中；

⑤ 等待一段时间后，应用程序与设备成功建立连接。

（3）采集心率数据

将手指放置在心率传感器上，经过一段时间后，手机应用程序将显示用户的心率数值（单位：次/分钟），如图 3-3-7 所示。

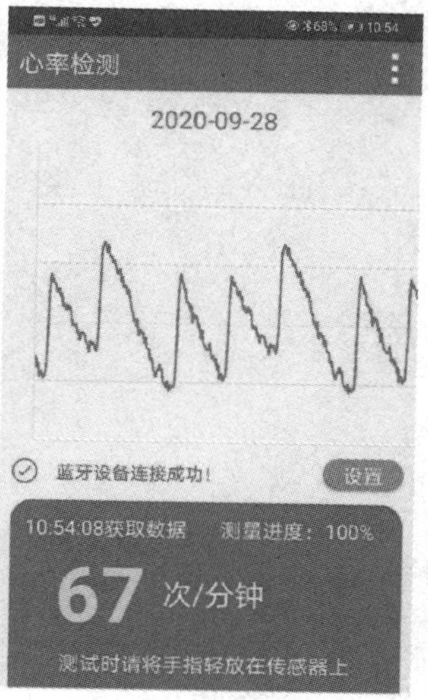

任务检查与评价

完成任务实施后，进行任务检查与评价，任务检查与评价表存放在本书配套资源中。

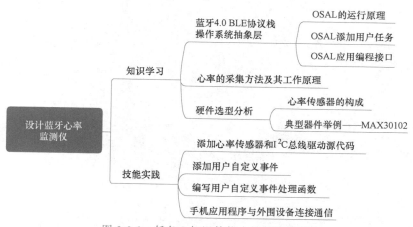

图 3-3-7　用户心率数据

任务小结

本任务介绍了 TI 提供的蓝牙 4.0 BLE 协议栈中操作系统抽象层，着重讲解了 OSAL 的运行原理、如何添加用户任务及其应用编程接口。在任务计划环节，简要介绍了心率的采集方法及其工作原理。选取 MAX30102 光学心率传感器作为本任务的心率采集设备，着重分析了该传感器的基本特性和技术参数。

通过本任务的学习，可掌握如何根据应用需求添加用户自定义的事件，并编写相应的事件处理函数。通过实践，可加深对 OSAL 层执行过程的理解。

本任务相关知识技能小结的思维导图如图 3-3-8 所示。

图 3-3-8　任务 3 知识技能小结思维导图

任务拓展

请修改外围设备程序，具体要求如下：

● 广播显示名称修改为"HeartRateDev"；

● 上电后不自动广播（即无法被手机应用程序发现），需按下蓝牙通信模块电路板上的"功能按键"并持续 1.5s 后开始发送广播。

有线通信技术篇

项目 ④

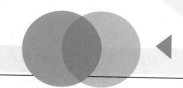

工厂环境监控系统

引导案例

RS-485 总线具备抗干扰性能优、传输距离远并具备多站传输能力等优点。另外，RS-485 总线实施便利，且在成本方面具备较大的优势，目前成为各种工业设备的网络通信接口，已广泛应用于工业控制、仪器仪表、机电一体化产品等诸多领域。

图 4-1-1 展示了一个基于 RS-485 总线的多点温度监控系统。

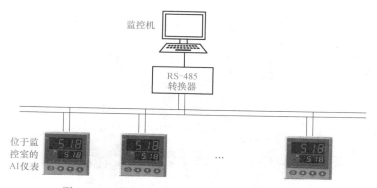

图 4-1-1　基于 RS-485 总线的多点温度监控系统

图 4-1-1 展示的系统是 RS-485 总线在工业生产线控制领域的一个典型应用。工厂流水线的各个加工控制平台都需要实时监控相关的参数，如化工厂需要实时监控各个反应池中温度、湿度、pH 值等信息，位于加工环节中的智能仪表或系统将上述信息传输至监控机，监控系统即可以对这些信息进行判断，确保各加工环节有序运行，从而实现精准控制和无人值守，极大地节约了人力成本。此系统可绘制实时曲线和历史曲线，以便技术人员能通过对历史温度数据的查看，分析产品的产出质量情况。

本项目将学习实践基于 RS-485 总线的工厂环境监控系统的设计与实现。

任务 1　　　建立 RS-485 通信网络

职业能力目标

- 会设计 Cortex-M3 微控制器与 RS-485 收发器芯片的接口程序；
- 会搭建 RS-485 总线网络并编程实现组网通信。

任务描述与要求

任务描述：为了监测车间内各点的实时环境湿度和空气质量数据，工厂需要建立一个 RS-485 网络，可实现多个节点之间数据的双向收发功能。

任务要求：

- 主节点和各个从节点之间通过 RS-485 总线进行连接；
- 主节点每隔 3s 向从节点 1 发送 "hello，node one" 消息，从节点 1 收到后翻转其上的 LED8 灯作为指示，同时回复 "node one acknowledged" 消息给主节点，从节点 2 不参与上述流程；
- 主节点每隔 3.8s 向从节点 2 发送 "hello，one two" 消息，从节点 2 收到后翻转其上的 LED8 灯作为指示，同时回复 "node two acknowledged" 消息给主节点，从节点 1 不参与上述流程；
- 主节点不管收到任何节点发来的消息，都将其转发至上位机显示。

任务分析与计划

任务分析与计划见表 4-1-1。

表 4-1-1　任务分析与计划

项目名称	项目 4　工厂环境监控系统
任务名称	任务 1　建立 RS-485 通信网络
计划方式	自主设计
计划要求	请用 8 个计划步骤完整描述出如何完成本任务
序号	任务计划
1	
2	
3	
4	
5	
6	
7	
8	

知识储备

一、总线与串行通信

1. 总线概述

在计算机领域，总线最早是指汇集在一起的多种功能线路。经过深化与延伸之后，总线指的是计算机内部各模块之间或计算机之间的一种通信系统，涉及硬件（器件、线缆、电平）和软件（通信协议）。当总线被引入嵌入式系统领域后，它主要用于嵌入式系统的芯片级、板级和设备级的互连。

在总线的发展过程中，有多种分类方式。

1）按照传输速率分类：可分为低速总线和高速总线。

2）按照连接类型分类：可分为系统总线、外设总线和扩展总线。

3）按照传输方式分类：可分为并行总线和串行总线。

本任务涉及的 RS-485 总线隶属于计算机与嵌入式系统领域的高速串行总线技术。

2. 什么是串行通信

学习 RS-485 通信标准就不得不提串行通信，因为 RS-485 通信隶属于串行通信的范畴。在计算机网络与分布式工业控制系统中，设备之间经常通过各自配备的标准串行通信接口，加上合适的通信电缆实现数据与信息的交换。所谓串行通信，是指外设和计算机之间通过数据信号线、地线与控制线等，按位传输数据的一种通信方式。

目前常见串行通信接口标准有 RS-232、RS-422 和 RS-485 等。另外，SPI（Serial Peripheral Interface，串行外设接口）、I^2C（Inter-Integrated Circuit，内置集成电路）和 CAN（Controller Area Network，控制器局域网）通信也属于串行通信。

二、RS-485 标准与 RS-232/RS-422 标准

RS-232、RS-422 和 RS-485 标准最初都是由美国电子工业协会（Electronic Industries Association，EIA）制定并发布的。RS-232 标准在 1962 年发布，它的缺点是通信距离短、速率低，而且只能点对点通信，无法组建多机通信系统。另外，在工业控制环境中，基于 RS-232 标准的通信系统经常会由于外界的电气干扰而导致信号传输错误。以上缺点决定了 RS-232 标准无法适用于工业控制现场总线。

RS-422 标准在 RS-232 的基础上发展而来，它弥补了 RS-232 标准的一些不足。如 RS-422 标准定义了一种平衡通信接口，改变了 RS-232 标准的单端通信的方式，总线上使用差分电压进行信号的传输。这种连接方式将传输速率提高到 10Mbit/s，并将传输距离延长到 4000ft[⊖]（速率低于 100kbit/s 时），而且允许在一条平衡总线上最多连接 10 个接收器。

为了扩展应用范围，EIA 又于 1983 年发布了 RS-485 标准。RS-485 标准与 RS-422 标准相比，增加了多点、双向的通信能力，在一条平衡总线上最多可连接 32 个接收器。

下面对 RS-232、RS-422 和 RS-485 标准的主要电气特性进行比较，比较结果见表 4-1-2。

表 4-1-2　RS485/422/232 标准对比

标准		RS-232	RS-422	RS-485
工作方式		单端（非平衡）	差分（平衡）	差分（平衡）
节点数		1 收 1 发（点对点）	1 发 10 收	1 发 32 收
最大传输电缆长度/ft		50	4000	4000
最大传输速率/（kbit/s）		20	10000	10000
连接方式		点对点（全双工）	一点对多点 （四线制，全双工）	多点对多点 （两线制，半双工）
电气特性	逻辑 1	−15～−3V	两线间电压差 +2～+6V	两线间电压差 +2～+6V
	逻辑 0	+3～+15V	两线间电压差 −6～−2V	两线间电压差 −6～−2V

⊖　1ft = 0.3048m。

三、 硬件选型分析

1. M3 主控模块的 RS-485 总线硬件资源

对图 4-1-2 中的硬件资源说明如下。

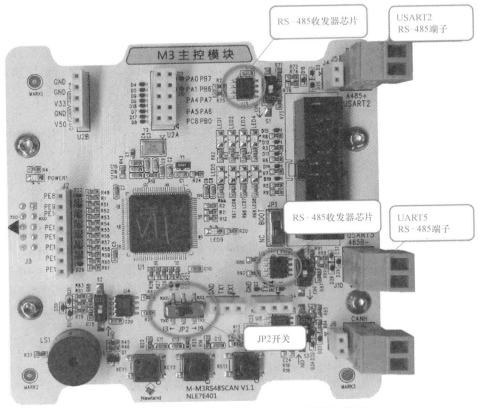

图 4-1-2 M3 主控模块的 RS-485 总线硬件资源

M3 主控模块上使用 RS-485 收发器芯片（SP3485E）接出了两路 RS-485 总线接线端子，一路与 USART2 外设相连，另一路与 UART5 外设相连。

另外，JP2 开关用于微控制器的 USART1 连接切换。向左拨，USART1 与底板相连，向右拨，USART1 与 J9 接口相连。

2. RS-485 收发器介绍

RS-485 收发器（Transceiver）芯片是一种常用的通信接口器件，因此世界上大多数半导体公司都有符合 RS-485 标准的收发器产品线。如 Sipex 公司的 SP307x 系列芯片、Maxim 公司的 MAX485 系列、TI 公司的 SN65HVD485 系列、Intersil 公司的 ISL83485 系列等。

接下来以 Maxim 公司的 MAX3485 芯片为例，讲解 RS-45 标准的收发器芯片的工作原理与典型应用电路。图 4-1-3 展示了 RS-485 收发器芯片的典型应用电路。

在图 4-1-3 中，电阻器 R11 为终端匹配电阻器，其阻值为 120Ω。电阻器 R10 和 R12 为偏置电阻器，它们用于确保在静默状态时，RS-485 总线维持逻辑 1 高电平状态。MAX3485 芯片的封装是 SOP-8，RO 与 DI 分别为数据接收与发送引脚，它们用于连接 MCU 的 USART 外设。RE 和 DE 分别为接收使能和发送使能引脚，它们与 MCU 的 GPIO 引脚相连。A、B 两端用于连接 RS-485 总线上的其他设备，所有设备以并联的形式接在总线上。

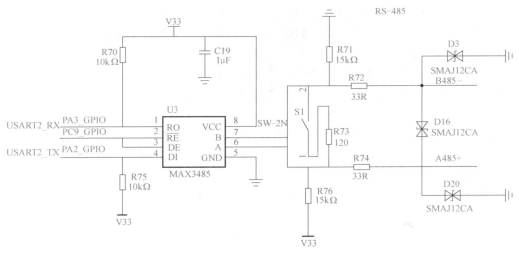

图 4-1-3　RS-485 收发器芯片的典型应用电路

目前市面上各个半导体公司生产的 RS-485 收发器芯片的引脚分布情况几乎相同，具体的引脚功能描述见表 4-1-3。

表 4-1-3　RS-485 收发器芯片的引脚功能描述

引脚编号	名称	功能描述
1	RO	接收器输出（至 MCU）
2	$\overline{RE}$	接收使能（低电平有效）
3	DE	发送使能（高电平有效）
4	DI	发送器输入（来自 MCU）
5	GND	接地
6	A	发送器同相输出/接收器同相输入
7	B	发送器反相输出/接收器反相输入
8	VCC	电源电压

四、STM32 如何控制 RS-485 收发器进行数据收发

从表 4-1-3 可以看到，RS-485 收发器的 2 脚与 3 脚分别控制 RS-485 收发器的"接收使能"和"发送使能"功能，即接收数据时 2 脚需接低电平，发送数据时 3 脚需接高电平。

另外，从图 4-1-3 可以看出，在实际应用中，一般将 2 脚和 3 脚并联，与微控制器的一根 GPIO 引脚相连。

综上所述，默认情况下，STM32 微控制器相关引脚输出低电平，控制 RS-485 收发器处于接收状态；需要发送数据时，可通过以下步骤实现：

- STM32 微控制器相关引脚输出高电平，控制 RS-485 收发器处于发送状态；
- 控制 USART 外设发送数据；
- 相关引脚输出低电平，控制 RS-485 收发器恢复接收状态。

五、RS-485 通信中如何指定消息目的地

RS-485 总线上的数据传输模式是"广播"模式，即由某个设备发出的消息可以被挂载在

总线上的所有设备收到。如果在 RS-485 总线上挂载了多个设备，而设备之间希望进行两两通信时，则需要采取某种方式为消息制定目的地。常用的方法是为每个设备编址，在消息中附带目的设备的地址后，再将其发送出去。各个设备收到此消息时，先判断"地址域"的内容是否与本机地址相同，若相同则保留此消息，否则将其抛弃。

某个设备需要将不同的消息发给不同的设备时，应在每个消息帧中附上其目的地址，然后轮流依次发送出去。

使用上述方法便可实现在 RS-485 通信中指定消息的目的地。

六、根据任务要求制定通信协议

根据任务要求，可制定表 4-1-4 所示的通信协议。

表 4-1-4　通信协议

地址域(1B)	数据长度域(1B)	数据载荷(NB)	包尾(1B)
0xFF(主节点)	0x15	例, node two acknowledged	0xDD
0x01(节点 1)	0x0B	例, Hello World.	0xDD
0x02(节点 2)	0x0B	例, Hello World.	0xDD

从表 4-1-4 中可以看到，通信协议由 3 个字段构成，分别是地址域、数据载荷和包尾。

- 地址域：占一个字节，节点 1 的地址为 0x01，节点 2 的地址为 0x02；
- 数据长度域：占一个字节，用于指明数据载荷的实际长度，如 0x0B 代表 12B；
- 数据载荷：占 N 个字节，有用的数据部分；
- 包尾：占一个字节，固定为 0xDD。

▶ 任务实施

任务实施前必须先准备好设备和资源，见表 4-1-5。

表 4-1-5　设备和资源清单

序号	设备/资源名称	数量	是否准备到位(√)
1	M3 主控模块	3	
2	USB 转 RS-232 线缆	1	
3	各色香蕉线	若干	
4	杜邦线	若干	

 实施导航

- 基于 STM32CubeMX 建立工程；
- 编写代码；
- 搭建硬件环境；
- 编译下载程序；
- 结果验证。

实施纪要

实施纪要见表 4-1-6。

表 4-1-6　实施纪要

项目名称	项目4　工厂环境监控系统
任务名称	任务1　建立 RS-485 通信网络
序号	分步纪要
1	
2	
3	
4	
5	
6	
7	
8	

实施步骤

1. 基于 STM32CubeMX 建立工程

（1）建立工程存放的文件夹

在任意路径新建文件夹"project4_rsF485"用于存放项目 4 的工程，然后在该文件夹下新建文件夹"task1_rs485-networking"用于保存本任务工程。

（2）新建 STM32CubeMX 工程

参照项目 2 的任务 2 相关步骤新建 STM32CubeMX 工程。

（3）配置工程

根据任务要求，本任务需要配置的 STM32 外设包括 USART1、USART2、LED8 引脚（PE0）和 RS-485 接收/发送使能引脚（PC9）。另外，还需对 STM32 的时钟系统、调试端口等系统内核组件进行配置。配置步骤如下：

- 参照项目 2 任务 2 相关步骤配置 STM32 的时钟系统、调试端口；
- 参照项目 2 任务 2 相关步骤配置 USART1 和 USART2 的波特率为 115200bit/s，使能全局中断；
- 配置 PE0 引脚为推挽输出，默认输出高电平使 LED 灯灭，"User Label"配置为"LED8"；
- 配置 PC9 引脚为推挽输出，默认输出低电平使能接收功能，"User Label"配置为"U2_485TX_EN"。

（4）配置工程参数

参照项目 2 任务 2 相关步骤配置工程参数。

（5）保存工程并生成初始化代码

参照项目 2 任务 2 相关步骤保存工程，工程名为"task1_rs485-networking. ioc"，单击"GENERATE CODE"按钮生成初始 C 代码工程。

2. 编写代码

（1）编写 RS-485 总线发送数据

在"task1_rs485-networking"文件夹下建立名为"RS485"的文件夹，新建"rs485.c"和"rs485.h"文件放入"RS485"文件夹。

在"rs485.c"文件中输入下列代码。

视频　建立 RS-485通信网络（完善主节点代码）

```
1.   #include "rs485.h"

2.   #include "usart.h"

3.   #include "string.h"

4.

5.   /* USART2-RS485 接收相关变量 */

6.   uint8_t usart2RxBuf = 0;              //单字节接收变量

7.   uint8_t usart2RxIndex = 0;            //接收缓存区索引号

8.   uint8_t usart2RxCpltFlag = 0;        //接收完成标志位

9.   uint8_t usart2DataBuf[64] = {0}; //接收缓存区

10.

11.  /**

12.   * @brief   USART2-RS485 发送数据

13.   * @param  *buf:要发送的数据缓存区 | len:数据长度

14.   * @retval None

15.   */

16.  void U2_RS485_Send_Buffer(uint8_t *buf, uint8_t len)

17.  {

18.    /* RS-485 收发器芯片 发送使能 高电平 */

19.    HAL_GPIO_WritePin(U2_485TX_EN_GPIO_Port, U2_485TX_EN_Pin, GPIO_PIN_SET);

20.    /* RS-485 发送数据 */

21.    HAL_UART_Transmit(&huart2, buf, len, 0xFFFF);

22.    /* RS-485 收发器芯片 接收使能 低电平 */

23.    HAL_GPIO_WritePin(U2_485TX_EN_GPIO_Port, U2_485TX_EN_Pin, GPIO_PIN_RESET);

24.  }

25.  /**

26.   * @brief   组建要发送的数据帧

27.   * @param   addr 目的地址 | *buf 要发送的数据 | len 数据长度 | *pData 数据帧存放位置

28.   * @retval None

29.   */

30.  void build_rs485_data(uint8_t addr, uint8_t *buf, uint8_t len, uint8_t *pData)

31.  {

32.    pData[0] = addr;

33.    pData[1] = len;

34.    memcpy(&pData[2], buf, len);

35.    pData[2 + len] = 0xDD;

36.    pData[2 + len + 1] = '\0';

37.  }

38.  /**

39.   * @brief   分析 RS-485 数据帧

40.   * @param   *rcvframe RS-485 数据帧 | *pRcvData 有用数据缓存区

41.   * @retval addr 地址域 | -1 数据帧错误

42.   */
```

```
43. int8_t analyse_rs485_data(uint8_t *rcvframe, uint8_t *pRcvData)
44. {
45.    uint8_t addr, len, tail;
46.    addr = rcvframe[0];        //取出地址域
47.    len = rcvframe[1];         //取出有用数据长度
48.    tail = rcvframe[2 + len]; //取出包尾
49.    if (tail != 0xDD)
50.       return -1;
51.    else
52.    {
53.       memcpy(pRcvData, &rcvframe[2], len);
54.    }
55.    return addr;
56. }
57. /**
58.  * @brief   清除usart2接收相关缓存
59.  * @param   None
60.  * @retval None
61.  */
62. void clear_usart2_rxbuf(void)
63. {
64.    usart2RxCpltFlag = 0;
65.    usart2RxBuf = 0;
66.    usart2RxIndex = 0;
67.    memset(usart2DataBuf, 0, 64);
68. }
69. /**
70.  * @brief   USART 接收中断回调函数
71.  * @param   *huart USART 句柄
72.  * @retval None
73.  */
74. void HAL_UART_RxCpltCallback(UART_HandleTypeDef *huart)
75. {
76.    if (huart->Instance == USART2)
77.    {
78.       usart2DataBuf[usart2RxIndex] = usart2RxBuf;
79.       usart2RxIndex++;
80.       if (usart2RxIndex >= 64)
81.          usart2RxIndex = 0;
82.       HAL_UART_Receive_IT(&huart2, &usart2RxBuf, 1); //重新开接收中断
83.    }
84. }
```

```
85.
86.  /**
87.   * @brief   用户自定义 USART 接收 IDLE 中断回调
88.   * @param  *huart USART 句柄
89.   * @retval None
90.   */
91.  void IDLE_UART_IRQHandler(UART_HandleTypeDef *huart)
92.  {
93.    /* 判断是否是串口 1 空闲中断 */
94.    if (huart->Instance == USART2)
95.    {
96.      /* 判断是否是空闲中断 */
97.      if (__HAL_UART_GET_FLAG(&huart2, UART_FLAG_IDLE) != RESET)
98.      {
99.        usart2RxCpltFlag = 1;                    //接收完成标志位置 1
100.       __HAL_UART_CLEAR_IDLEFLAG(&huart2); //清除 IDLE 中断标志位
101.     }
102.   }
103. }
```

在"rs485.h"文件中输入下列代码。

```
1.  #ifndef __RS485_H
2.  #define __RS485_H
3.  #include "main.h"
4.
5.  /* USART2-RS485 接收相关变量 */
6.  extern uint8_t usart2RxBuf;        //单字节接收变量
7.  extern uint8_t usart2RxIndex;      //接收缓存区索引号
8.  extern uint8_t usart2RxCpltFlag;   //接收完成标志位
9.  extern uint8_t usart2DataBuf[64];  //接收缓存区
10.
11. void U2_RS485_Send_Buffer(uint8_t *buf, uint8_t len);
12. void build_rs485_data(uint8_t addr, uint8_t *buf, uint8_t len, uint8_t *pData);
13. int8_t analyse_rs485_data(uint8_t *rcvframe, uint8_t *pRcvData);
14. void clear_usart2_rxbuf(void);
15. void IDLE_UART_IRQHandler(UART_HandleTypeDef *huart);
16. #endif
```

（2）将 USART1 输出重定向至 printf 函数

在"usart.c"相应的位置输入以下代码。

```
1.  /* USER CODE BEGIN 0 */
2.  #include <stdio.h>
3.  /* USART1 发送重定向到 printf */
```

```
4.  int fputc(int ch, FILE *f)
5.  {
6.    HAL_UART_Transmit(&huart1, (uint8_t *)&ch, 1, 0xFFFF);
7.    return ch;
8.  }
9.  /* USER CODE END 0 */
```

（3）编写主节点程序

在"main.c"的相应位置输入下列代码，注意查看代码注释，确保输入位置正确。

```
1.  /* USER CODE BEGIN Includes */
2.  #include "rs485.h"
3.  /* USER CODE END Includes */
4.
5.  /* USER CODE BEGIN PV */
6.  uint8_t pSendFrame[64] = {0}; //存放RS-485发送数据帧
7.  uint8_t pRcvData[64] = {0};    //存放接收的有用数据
8.  const char *sendString1 = "hello,node one";
9.  const char *sendString2 = "hello,node two";
10. const char *rxString1 = "node one acknowledged";
11. const char *rxString2 = "node two acknowledged";
12. uint8_t rcvAddr; //RS-485数据帧的目的地址域
13. /* USER CODE END PV */
14.
15. /* USER CODE BEGIN 0 */
16. /**
17.  * @brief   主节点发消息给从节点1和从节点2函数
18.  * @param   None
19.  * @retval  None
20.  */
21. void rs485_send_task(void)
22. {
23.   static uint32_t send_data_time1; //发送间隔1
24.   static uint32_t send_data_time2; //发送间隔2
25.   if ((uint32_t)(HAL_GetTick() - send_data_time1 >= 3000))
26.   {
27.     send_data_time1 = HAL_GetTick(); //更新发送间隔1
28.     /* 组建要发送的数据 目的节点1 */
29.     build_rs485_data(0x01, (uint8_t *)sendString1, strlen(sendString1), pSendFrame);
30.     /* 通过RS-485总线发送数据 */
31.     U2_RS485_Send_Buffer(pSendFrame, strlen((const char *)pSendFrame));
32.     memset(pSendFrame, 0, 64); //清空发送缓存
```

```
33.    }
34.    if ((uint32_t)(HAL_GetTick() - send_data_time2 >= 3800))
35.    {
36.      send_data_time2 = HAL_GetTick(); //更新发送间隔2
37.      build_rs485_data(0x02, (uint8_t *)sendString2, strlen(sendString2), pSendFrame
);
38.      U2_RS485_Send_Buffer(pSendFrame, strlen((const char *)pSendFrame));
39.      memset(pSendFrame, 0, 64); //清空发送缓存
40.    }
41. }
42. /* USER CODE END 0 */
43.
44. /**
45.  * @brief  The application entry point.
46.  * @retval int
47.  */
48. int main(void)
49. {
50.    /* USER CODE BEGIN 2 */
51.    HAL_UART_Receive_IT(&huart2, &usart2RxBuf, 1); //开 USART2 接收中断
52.    __HAL_UART_ENABLE_IT(&huart2, UART_IT_IDLE);    //开 USART2 IDLE 空闲中断
53.    printf("Primary node.\n");
54.    /* USER CODE END 2 */
55.
56.    /* Infinite loop */
57.    /* USER CODE BEGIN WHILE */
58.    while (1)
59.    {
60.      /* USER CODE END WHILE */
61.      /* USER CODE BEGIN 3 */
62.      rs485_send_task(); //主节点通过 RS485 发送数据给节点1和节点2
63.
64.      /* USART2-RS485 接收完成 开始数据处理 */
65.      if (usart2RxCpltFlag == 1)
66.      {
67.        rcvAddr = analyse_rs485_data(usart2DataBuf, pRcvData);
68.        if (rcvAddr == 0xFF) //判断数据是发给主节点的
69.        {
70.          HAL_GPIO_TogglePin(LED8_GPIO_Port, LED8_Pin);
71.          if (strstr((const char *)pRcvData, rxString1) != NULL)
72.          {
73.            printf("%s\n", pRcvData);
```

```
74.          }
75.          else if (strstr((const char *)pRcvData, rxString2) != NULL)
76.          {
77.            printf("%s\n", pRcvData);
78.          }
79.        }
80.        clear_usart2_rxbuf(); //清空 USART2 相关缓存
81.      }
82.    }
83.    /* USER CODE END 3 */
84. }
```

（4）编写从节点 1 程序

复制一份 "main.c" 的副本，更名为 "main-node1.c"，将其加入工程的 "Application/User" 组后修改其 main（）函数如下。

```
1.  int main(void)
2.  {
3.    /* USER CODE BEGIN 2 */
4.    HAL_UART_Receive_IT(&huart2, &usart2RxBuf, 1); //开 USART2 接收中断
5.    __HAL_UART_ENABLE_IT(&huart2, UART_IT_IDLE);    //开 USART2 IDLE 空闲中断
6.    printf("Node-1.\n");
7.    /* USER CODE END 2 */
8.
9.    /* Infinite loop */
10.   /* USER CODE BEGIN WHILE */
11.   while (1)
12.   {
13.     /* USER CODE END WHILE */
14.     /* USER CODE BEGIN 3 */
15.     /* USART2-RS485 接收完成 开始数据处理 */
16.     if (usart2RxCpltFlag == 1)
17.     {
18.       rcvAddr = analyse_rs485_data(usart2DataBuf, pRcvData); //取出目的地址
19.       if (rcvAddr == 0x01)                              //判断数据是否为发给自己的
20.       {
21.         /* 如果收到了"hello,node one" */
22.         if (strstr((const char *)pRcvData, sendString1) != NULL)
23.         {
24.           HAL_GPIO_TogglePin(LED8_GPIO_Port, LED8_Pin); //翻转 LED8
25.           /* 组建回复给主节点的数据帧 */
26.           build_rs485_data(0xFF, (uint8_t *)rxString1, strlen(rxString1), pSendFra
   me);
```

```
27.        /* 数据帧通过 RS-485 总线发送出去 */
28.        U2_RS485_Send_Buffer(pSendFrame, strlen((const char *)pSendFrame));
29.        memset(pSendFrame, 0, 64); //清空发送缓存
30.      }
31.    }
32.    clear_usart2_rxbuf(); //清空 USART2 相关缓存
33.  }
34.  /* USER CODE END 3 */
35. }
36.
37. }
```

（5）编写从节点 2 程序

复制一份"main-node1.c"的副本，更名为"main-node2.c"，将其加入工程的"Application/User"组后修改其 main（）函数如下。

```
1.  int main(void)
2.  {
3.    /* USER CODE BEGIN 2 */
4.    HAL_UART_Receive_IT(&huart2, &usart2RxBuf, 1); //开 USART2 接收中断
5.    __HAL_UART_ENABLE_IT(&huart2, UART_IT_IDLE);    //开 USART2 IDLE 空闲中断
6.    printf("Node-2.\n");
7.    /* USER CODE END 2 */
8.
9.    /* Infinite loop */
10.   /* USER CODE BEGIN WHILE */
11.   while (1)
12.   {
13.     /* USER CODE END WHILE */
14.     /* USER CODE BEGIN 3 */
15.     /* USART2-RS485 接收完成 开始数据处理 */
16.     if (usart2RxCpltFlag == 1)
17.     {
18.       rcvAddr = analyse_rs485_data(usart2DataBuf, pRcvData); //取出目的地址
19.       if (rcvAddr == 0x02)                          //判断数据是否为发给自己的
20.       {
21.         /* 如果收到了"hello,node two" */
22.         if (strstr((const char *)pRcvData, sendString2) != NULL)
23.         {
24.           HAL_GPIO_TogglePin(LED8_GPIO_Port, LED8_Pin); //翻转 LED8
25.           /* 组建回复给主节点的数据帧 */
26.           build_rs485_data(0xFF, (uint8_t *)rxString2, strlen(rxString2), pSendFra
    me);
```

```
27.          /* 数据帧通过 RS-485 总线发送出去 */
28.          U2_RS485_Send_Buffer(pSendFrame, strlen((const char *)pSendFrame));
29.          memset(pSendFrame, 0, 64); //清空发送缓存
30.      }
31.    }
32.    clear_usart2_rxbuf(); //清空 USART2 相关缓存
33.  }
34. }
35. /* USER CODE END 3 */
36. }
```

3. 搭建硬件环境

按照以下步骤进行本任务硬件环境的搭建:

● 取 3 个 M3 主控模块,将它们接入 NEWLab 实验平台;

● 使用香蕉线或者杜邦线将 3 个 M3 主控模块的 "USART2 RS-485" 接线端子并联连接,即 3 个 RS-485A 端子相连 3 个 RS-485B 端子相连;

● 主节点的 "JP2 开关" 向左拨,从节点 1 和从节点 2 的 "JP2 开关" 向右拨。

搭建好的硬件环境如图 4-1-4 所示。

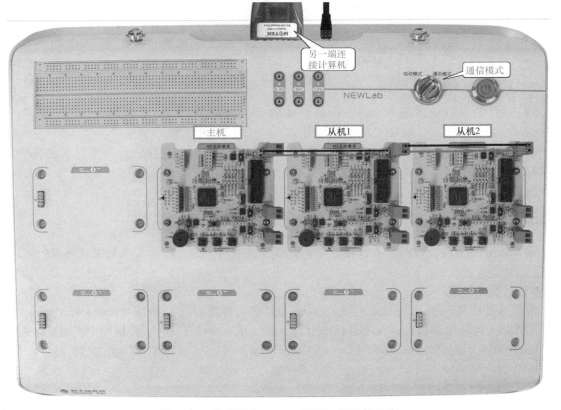

图 4-1-4　搭建好的 RS-485 通信网络硬件环境

4. 编译下载程序

参照图 2-2-18 的步骤建立各节点的编译选项，主节点名为"pri-node-rs485"，节点 1 名为"node1-rs485"，节点 2 名为"node2-rs485"。

参照图 2-2-19 配置编译选项，将无须参与编译的源代码排除。选择"pri-node-rs485（主节点）"编译选项，将"main-node1.c"和"main-node2.c"排除。选择"node1-rs485（节点1）"编译选项，将"main.c"和"main-node2.c"排除。选择"node2-rs485（节点2）"编译选项，将"main.c"和"main-node1.c"排除。

选择"pri-node-rs485（主节点）"编译选项，使用快捷键"F7"编译程序。若程序编译没有错误，接好 ST-Link 下载器后，使用快捷键"F8"即可下载程序至 M3 主控模块，也可以用串口 ISP 方式下载。

同理，分别选择"node1-rs485（节点 1）"和"node2-rs485（节点 2）"编译选项，重复上述步骤完成控制节点程序的编译与下载。

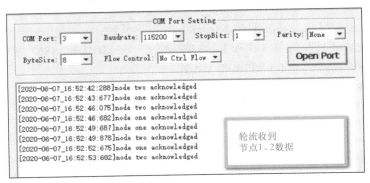

图 4-1-5 建立 RS-485 通信网络结果验证

5. 结果验证

打开 PC 的串口调试助手工具，选择正确的"COM Port"与主节点的 USART1 相连，为 NEWLab 实验平台上电，可在工具中观察到如图 4-1-5 所示的现象。

从图 4-1-5 中可以看到，主节点轮流收到节点 1 和节点 2 回复的消息。"节点 1 回复消息"的时间间隔大约为 3s，"节点 2 回复消息"的时间间隔大约为 3.8s。

另外，可观察到各节点 M3 主控模块上的 LED8 型断翻转。

任务检查与评价

完成任务实施后，进行任务检查与评价，任务检查与评价表存放在本书配套资源中。

任务小结

本任务首先介绍了总线与串行通信的概念，然后着重对比分析了 RS-485 与 RS-422/RS-232 通信标准之间的异同点。在硬件选型分析方面，主要介绍了 M3 主控模块上的 RS-485 总线相关的硬件，详细讲解了常见的 RS-485 收发器电路原理，还分析了 STM32 控制 RS-485 收发器进行数据收发的要点。另外，通过"RS-485 通信中如何指定消息目的地"问题导入，对本任务通信协议的制定进行了分析。

通过本任务的学习，可掌握 STM32 编程实现 RS-485 总线通信的技能。本任务相关知识技能小结的思维导图如图 4-1-6 所示。

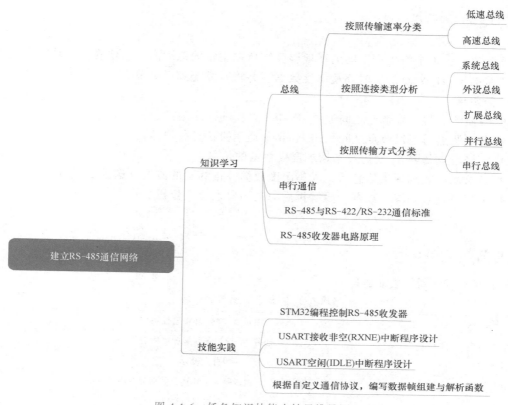

图 4-1-6　任务知识技能小结思维导图

任务拓展

请在现有任务的基础上添加功能，具体要求如下：

- 为节点 1 和节点 2 添加 LED7（PE1）引脚配置；
- 修改自定义通信协议，增加一个广播地址（可自行定义）；
- 自行定义一条广播消息，主节点使用广播地址将广播消息发送出去，节点 1 和节点 2 都能收到该消息；
- 节点 1 和节点 2 收到广播消息后，翻转 LED7 作为指示。

任务2　设计车间湿度监测功能

职业能力目标

- 能根据项目需求自行制定通信协议；
- 会设计 Cortex-M3 微控制器与湿度传感器的接口程序并与物联网组网程序进行集成应用；
- 会搭建 RS-485 总线网络并编程实现组网通信；
- 会开发基于 Modbus 协议的通信应用程序。

任务描述与要求

任务描述：为了将生产车间的环境湿度维持在正常的范围内，以便确保产品的质量，工厂需要监测车间内各点的实时环境湿度数据，并将其发送到汇聚节点进行显示。

任务要求：

- 各监测点与汇聚节点之间通过 RS-485 总线进行连接；
- 各监测点与汇聚节点之间采用 Modbus 通信协议进行通信；
- 汇聚节点每隔 5s 发送一条请求湿度数据的信息；
- 各监测点收到请求信息后，采集湿度数据并按约定的协议发送至汇聚节点；
- 汇聚节点收到湿度数据，经解析后通过串口发至上位机显示。

任务分析与计划

任务分析与计划见表 4-2-1。

表 4-2-1 任务分析与计划表

项目名称	项目 4　工厂环境监控系统
任务名称	任务 2　设计车间湿度监测功能
计划方式	自主设计
计划要求	请用 8 个计划步骤完整描述出如何完成本任务
序号	任务计划
1	
2	
3	
4	
5	
6	
7	
8	

知识储备

一、Modbus 概述

1. 什么是 Modbus

Modbus 通信协议由 Modicon（现为施耐德电气公司的一个品牌）于 1979 年开发，是全球第一个真正用于工业现场的总线协议。为了更好地普及和推动 Modbus 在以太网上的分布式应用，目前施耐德电气公司已将 Modbus 协议的所有权移交给 IDA（Interface for Distributed Automation，分布式自动化接口）组织，并专门成立了 Modbus-IDA 组织，该组织的成立为 Modbus 未来的发展奠定了基础。

Modbus 通信协议是应用于电子控制器上的一种通用协议，目前已成为一个通用工业标准。

通过此协议，控制器之间或者控制器经由网络（如以太网）与其他设备之间可以通信。Modbus 使不同厂商生产的控制设备可以连成工业网络，进行集中监控。Modbus 通信协议定义了一个消息帧结构，并描述了控制器请求访问其他设备的过程，控制器如何响应来自其他设备的请求，以及怎样侦测错误并记录。

在 Modbus 网络上通信时，每个控制器必须知道它们的设备地址，识别按地址发来的消息，决定要做何种动作。如果需要响应，控制器将按 Modbus 消息帧格式生成反馈信息并发出。

2. 为什么要用 Modbus

RS-485 标准只对接口的电气特性做出相关规定，却并未对接插件、电缆和通信协议等进行标准化，所以用户需要在 RS-485 总线网络的基础上制定应用层通信协议。一般来说，各应用领域的 RS-485 通信协议都是指应用层通信协议。

在工业控制领域应用十分广泛的 Modbus 通信协议就是一种应用层通信协议，当其工作在 ASCII 或 RTU 模式时可以选择 RS-232 或 RS-485 总线作为基础传输介质。另外，在智能电表领域也有同样的案例，如多功能电能表通信规约（DL/T645-1997）也是一种基于 RS-485 总线的应用层通信协议。

二、Modbus 基础知识

1. Modbus 的通信模型

Modbus 是一种单主/多从的通信协议，即在同一时间里总线上只能有一个主设备，但可以有一个或多个（最多 247 个）从设备。主设备是指发起通信的设备，而从设备是接收请求并做出响应的设备。在 Modbus 网络中，通信总是由主设备发起，而从设备没有收到来自主设备的请求时，不会主动发送数据。ModBus 通信的请求与响应模型如图 4-2-1 所示。

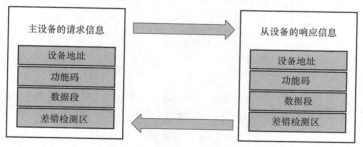

图 4-2-1　Modbus 的通信模型

主设备发送的请求报文包括从设备地址、功能码、数据段以及差错检测区字段。这几个字段的内容与作用如下：

- 设备地址：被选中的从设备地址。
- 功能码：告知被选中的从设备要执行何种功能。
- 数据段：包含从设备要执行功能的附加信息。如功能码"03"要求从设备读保持寄存器并响应寄存器的内容，则数据段必须包含要求从设备读取寄存器的起始地址及数量。
- 差错检测区：为从设备提供一种数据校验方法，以保证信息内容的完整性。

从设备的响应信息也包含设备地址、功能码、数据段和差错检测区。其中，设备地址为本机地址，数据段则包含了从设备采集的数据，如寄存器值或状态。正常响应时，响应功能码与请求信息中的功能码相同；发生异常时，功能码将被修改，以指出响应消息是错误的。差错检测区允许主设备确认消息内容是否可用。

在 Modbus 网络中，主设备向从设备发送 Modbus 请求报文的模式有两种：单播模式与广播模式。

单播模式：主设备寻址单个从设备。主设备向某个从设备发送请求报文，从设备接收并处理完毕后向主设备返回一个响应报文。

广播模式：主设备向 Modbus 网络中的所有从设备发送请求报文，从设备接收并处理完毕后不要求返回响应报文。广播模式请求报文的设备地址为 0，且功能指令为 Modbus 标准功能码中的写指令。

2. Modbus 的通信模式

基于不同的物理链路，Modbus 通信协议存在不同的通信模式。如对于串行链路而言，Modbus 通信协议有 RTU 和 ASCII 两种模式；而基于以太网物理链路的通信模式，称之为 Modbus TCP 模式。

上述三种通信模式的数据模型与功能调用是相同的，唯一的不同之处在于传输报文的封装方式。

3. Modbus 的寄存器

寄存器是 Modbus 通信协议的一个重要组成部分，它用于存放数据。

Modbus 寄存器最初借鉴于 PLC（Programmable Logical Controller，可编程序逻辑控制器）。后来随着 Modbus 通信协议的发展，寄存器这个概念也不再局限于具体的物理寄存器，而是慢慢拓展到了内存区域范畴。根据存放的数据类型及其读写特性，Modbus 寄存器被分为 4 种类型，见表 4-2-2。

表 4-2-2　Modbus 寄存器的分类与特性

寄存器种类	特性说明	实际应用
线圈状态（Coil）	输出端口（可读可写），相当于 PLC 的 DO（数字量输出）	LED 显示、电磁阀输出等
离散输入状态（Discrete Input）	输入端口（只读），相当于 PLC 的 DI（数字量输入）	接近开关、拨码开关等
保持寄存器（Holding Register）	输出参数或保持参数（可读可写），相当于 PLC 的 AO（模拟量输出）	模拟量输出设定值、PID 运行参数、传感器报警阈值等
输入寄存器（Input Register）	输入参数（只读），相当于 PLC 的 AI（模拟量输入）	模拟量输入值

Modbus 寄存器的地址分配见表 4-2-3。

表 4-2-3　Modbus 寄存器地址分配

寄存器种类	寄存器 PLC 地址	寄存器 Modbus 协议地址	位/字操作
线圈状态	00001~09999	0000H~FFFFH	位操作
离散输入状态	10001~19999	0000H~FFFFH	位操作
保持寄存器	40001~49999	0000H~FFFFH	字操作
输入寄存器	30001~39999	0000H~FFFFH	字操作

4. Modbus 的消息帧格式

在计算机网络通信中，帧（Frame）是数据在网络上传输的一种单位，它一般由多个部分组合而成，各部分执行不同的功能。Modbus 通信协议在不同的物理链路上的消息帧是有差异的，此处主要介绍串行链路 RTU 模式的 Modbus 消息帧格式。

（1）RTU 消息帧格式

在 RTU 模式中，消息的发送与接收以至少 3.5 个字符时间的停顿间隔为标志。

Modbus 网络上的各设备都不断地侦测网络总线，计算字符间的间隔时间，判断消息帧的起始点。当侦测到地址域时，各设备都对其进行解码以判断该帧数据是否发给自己。

另外，一帧报文必须以连续的字符流来传输。如果在帧传输完成之前有超过 1.5 字符时间的间隔，则接收设备将认为该报文帧不完整。

一个典型的 Modbus RTU 消息帧格式见表 4-2-4。

表 4-2-4　Modbus RTU 消息帧格式

起始位	地址	功能代码	数据	CRC 校验	结束符
≥3.5 字符	8 位	8 位	n 个 8 位	16 位	≥3.5 字符

（2）消息帧各组成部分的功能

1）地址域。地址域存放了 Modbus 通信帧中的从设备地址，Modbus RTU 消息帧的地址域长度为 1B。

在 Modbus 网络中，主设备没有地址，每个从设备都具备唯一的地址。从设备的地址范围为 0~247，其中，地址 0 作为广播地址，因此从设备实际的地址范围是 1~247。

在下行帧中，地址域表明只有符合地址码的从设备才能接收由主设备发送来的消息。上行帧中的地址域指明了该消息帧发自哪个设备。

2）功能码域。功能码指明了消息帧的功能，其取值范围为 1~255（十进制）。在下行帧中，功能码告诉从设备应执行什么动作。在上行帧中，如果从设备发送的功能码与主设备发送的功能码相同，则表明从设备已响应主设备要求的操作；如果从设备没有响应操作或发送出错，则将返回的消息帧中的功能码最高位（MSB）置 1（即加上 0x80）。例如，主设备要求从设备读一组保持寄存器时，消息帧中的功能码为 0000 0011（0x03），从设备正确执行请求的动作后，返回相同的值；否则，从设备将返回异常响应信息，其功能码将变为 1000 0011（0x83）。

3）数据域。数据域与功能码紧密相关，存放功能码需要操作的具体数据。数据域以字节为单位，长度是可变的。

4）差错校验。RTU 消息帧的差错校验字段由 16bit 共 2B 构成，其值是对全部报文内容进行循环冗余校验（Cyclical Redundancy Check，CRC）计算得到，计算对象包括差错校验域之前的所有字节。将差错校验码添加进消息帧时，先添加低字节然后添加高字节，因此最后 1 字节是 CRC 校验码的高位字节。

三、Modbus 的功能码

1. 功能码分类

Modbus 功能码是 Modbus 消息帧的一部分，它代表将要执行的动作。以 RTU 模式为例，见表 4-2-4，RTU 消息帧的 Modbus 功能码占用 1 字节，取值范围为 1~127。

Modbus 标准规定了 3 类 Modbus 功能码：公共功能码、用户自定义功能码和保留功能码。

公共功能码是经过 Modbus 协会确认的，被明确定义的功能码，具有唯一性。部分常用的公共功能码见表 4-2-5。

表 4-2-5　部分常用的 Modbus 功能码

代码	功能码名称	位/字操作	操作数量
01	读线圈状态	位操作	单个或多个
02	读离散输入状态	位操作	单个或多个
03	读保持寄存器	字操作	单个或多个
04	读输入寄存器	字操作	单个或多个
05	写单个线圈	位操作	单个
06	写单个保持寄存器	字操作	单个
15	写多个线圈	位操作	多个
16	写多个保持寄存器	字操作	多个

用户自定义的功能码由用户自己定义，无法确保其唯一性，代码范围为 65~72 和 100~110。此处主要讨论 RTU 模式的公共功能码。

2. 读线圈/离散量输出状态功能码 01

该功能码用于读取从设备的线圈或离散量（DO，数字量输出）的输出状态（ON/OFF）。

该功能码的使用案例如下。

（1）请求报文：06 01 00 16 00 21 1C 61

从表 4-2-6 可以看出，从设备地址为 06，需要读取的 Modbus 起始地址为 22（0x16），结束地址为 54（0x36），共读取 33（0x21）个状态值。

表 4-2-6　功能码 01 的请求报文

从设备地址	功能码	起始地址	寄存器个数	CRC 校验
06	01	00 16	00 21	1C 61

假设地址 22~54 的线圈寄存器的值见表 4-2-7，则相应的响应报文见表 4-2-8。

表 4-2-7　线圈寄存器的值

地址范围	取值	字节值
22~29	ON-ON-OFF-OFF-OFF-ON-OFF-OFF	0x23
30~37	ON-ON-OFF-ON-OFF-OFF-OFF-ON	0x8B
38~45	OFF-OFF-ON-OFF-OFF-ON-OFF-OFF	0x24
46~53	OFF-OFF-ON-OFF-OFF-OFF-ON-ON	0xC4
54	ON	0x01

在表 4-2-7 中，状态"ON"与"OFF"分别代表线圈的"开"与"关"。

（2）响应报文：06 01 05 23 8B 24 C4 01 ED 9C

功能码 01 的响应报文见表 4-2-8。

表 4-2-8　功能码 01 的响应报文

从设备地址	功能码	数据域字节数	5 个数据	CRC 校验
06	01	05	23 8B 24 C4 01	ED 9C

3. 读离散量输入状态功能码 02

该功能码用于读取从设备的离散量（DI，数字量输入）的输入状态（ON/OFF）。

该功能码的使用案例如下。

（1）请求报文：04 02 00 77 00 1E 48 4D

从表4-2-9可以看出，从设备地址为04，需要读取的Modbus的起始地址为119（0x77），结束地址为148（0x94），共读取30（0x1E）个离散输入状态值。

表4-2-9　功能码02的请求报文

从设备地址	功能码	起始地址	寄存器个数	CRC校验
04	02	00 77	00 1E	48 4D

假设地址119~148的线圈寄存器的值见表4-2-10，则相应的响应报文见表4-2-11。

表4-2-10　离散量寄存器的值

地址范围	取值	字节值
119~126	ON-OFF-ON-ON-OFF-ON-OFF-ON	0xAD
127~134	ON-ON-ON-OFF-ON-ON-OFF-ON	0xB7
135~142	ON-OFF-ON-OFF-OFF-OFF-OFF-OFF	0x05
143~148	OFF-OFF-OFF-ON-ON-ON	0x38

（2）响应报文：04 02 04 AD B7 05 38 3C EA

功能码02的响应报文见表4-2-11。

表4-2-11　功能码02的响应报文

从设备地址	功能码	数据域字节数	4个数据	CRC校验
04	02	04	AD B7 05 38	3C EA

4. 读保持寄存器值功能码03

该功能码用于读取从设备保持寄存器的二进制数据，不支持广播，使用案例如下。

（1）请求报文：06 03 00 D2 00 04 E5 87

从表4-2-12可以看出，从设备地址为06，需要读取Modbus地址210（0xD2）~213（D5）共4个保持寄存器的内容。相应的响应报文见表4-2-13。

表4-2-12　功能码03的请求报文

从设备地址	功能码	起始地址	寄存器个数	CRC校验
06	03	00 D2	00 04	E5 87

（2）响应报文：06 03 08 02 6E 01 F3 01 06 59 AB 1E 6A

功能码04的响应报文见表4-2-13。

表4-2-13　功能码04的响应报文

从设备地址	功能码	数据域字节数	4个数据	CRC校验
06	03	08	02 6E 01 F3 01 06 59 AB	1E 6A

注意：Modbus的保持寄存器和输入寄存器以字为基本单位，即每个寄存器分别对应2B。请求报文连续读取4个寄存器的内容，将返回8B。

5. 读输入寄存器值功能码04

该功能码用于读取从设备输入寄存器的二进制数据，不支持广播，使用案例如下。

（1）请求报文：06 04 01 90 00 05 30 6F

从表 4-2-14 可以看出，从设备地址为 06，需要读取 Modbus 地址 400（0x0190）～ 404（0x0194）共 5 个寄存器的内容。相应的响应报文见表 4-2-15。

表 4-2-14　功能码 04 的请求报文

从设备地址	功能码	起始地址	寄存器个数	CRC 校验
06	04	01 90	00 05	30 6F

（2）响应报文：06 04 0A 1C E2 13 5A 35 DB 23 3F 56 E3 51 3A

功能码 04 的响应报文见表 4-2-15。

表 4-2-15　功能码 04 的响应报文

从设备地址	功能码	数据域字节数	5 个数据	CRC 校验
06	04	0A	1C E2 13 5A 35 DB 23 3F 56 E3	51 3A

6. 写单个线圈或单个离散输出状态功能码 05

该功能码用于将单个线圈或单个离散输出状态设置为"ON"或"OFF"。0xFF00 对应状态"ON"，0x0000 表示状态"OFF"，其他值对线圈无效。使用案例如下。

（1）请求报文：04 05 00 98 FF 00 0D 80

例如，从设备地址为 04，设置 Modbus 地址 152（0x98）为 ON 状态。功能码 05 的请求报文见表 4-2-16。

表 4-2-16　功能码 05 的请求报文

从设备地址	功能码	起始地址	变更数据	CRC 校验
04	05	00 98	FF 00	0D 80

（2）响应报文：04 05 00 98 FF 00 0D 80

功能码 05 的响应报文见表 4-2-17。

表 4-2-17　功能码 05 的响应报文

从设备地址	功能码	起始地址	变更数据	CRC 校验
04	05	00 98	FF 00	0D 80

7. 写单个保持寄存器值功能码 06

该功能码用于更新从设备单个保持寄存器的值，使用案例如下。

（1）请求报文：03 06 00 82 02 AB 68 DF

功能码 06 的请求报文见表 4-2-18。

从表 4-2-18 可以看出，从设备地址为 03，要求设置从设备 Modbus 地址 130（0x82）的内容为 683（0x02AB）。相应的响应报文见表 4-2-19。

表 4-2-18　功能码 06 的请求报文

从设备地址	功能码	起始地址	变更数据	CRC 校验
03	06	00 82	02 AB	68 DF

（2）响应报文：03 06 00 82 02 AB 68 DF

功能码 06 的响应报文见表 4-2-19。

8. 写多个线圈功能码 15（0x0F）

该功能码用于将连续的多个线圈或离散输出设置为"ON"或"OFF"，支持广播模式。其使用案例如下。

表 4-2-19　功能码 06 的响应报文

从设备地址	功能码	起始地址	寄存器个数	CRC 校验
03	06	00 82	02 AB	68 DF

（1）请求报文：03 0F 00 14 00 0F 02 C2 03 EE E1

功能码 15 的请求报文见表 4-2-20。

表 4-2-20　功能码 15 的请求报文

从设备地址	功能码	起始地址	寄存器个数	字节数	变更数据	CRC 校验
03	0F	00 14	00 0F	02	C2 03	EE E1

从表 4-2-20 可以看出，从设备地址为 03，Modbus 协议起始地址为 20（0x14），需要将地址 20~34 共 15 个线圈寄存器的状态设定为表 4-2-21 所示的值。

表 4-2-21　线圈寄存器的值

地址范围	取值	字节值
20~27	OFF-ON-OFF-OFF-OFF-OFF-ON-ON	0xC2
28~34	ON-ON-OFF-OFF-OFF-OFF-OFF	0x03

（2）响应报文：03 0F 00 14 00 0F 54 29

响应报文的内容见表 4-2-22。

表 4-2-22　功能码 15 的响应报文

从设备地址	功能码	起始地址	寄存器个数	CRC 校验
03	0F	00 14	00 0F	54 29

9. 写多个保持寄存器功能码 16（0x10）

该功能码用于设置或写入从设备保持寄存器的多个连续的地址块，支持广播模式。数据字段保存需写入的数据，每个寄存器可存放 2B。使用案例如下。

（1）请求报文：05 10 00 15 00 03 06 53 6B 05 F3 2A 08 3E 72

功能码 16 的请求报文见表 4-2-23。

表 4-2-23　功能码 16 的请求报文

从设备地址	功能码	起始地址	寄存器个数	字节数	变更数据	CRC 校验
05	10	00 15	00 03	06	53 6B 05 F3 2A 08	3E 72

从表 4-2-23 可以看出，从设备地址为 05，Modbus 协议起始地址为 21（0x15），需要改变地址 21~23 共 3 个寄存器（6B 数据）的内容，需要变更的数据为 "53 6B 05 F3 2A 08"。

（2）响应报文：05 10 00 15 00 03 90 48

功能码 16 的响应报文见表 4-2-24。

表 4-2-24　功能码 16 的响应报文

从设备地址	功能码	起始地址	寄存器个数	CRC 校验
05	10	00 15	00 03	90 48

四、硬件选型分析

1. 认识湿度传感模块

本任务要求对车间的湿度情况进行监测，因此需要选择一款精度较高的湿敏传感器。根据制作材料的不同，常见的湿敏传感器有氯化锂湿敏传感器、半导体陶瓷湿敏传感器和湿敏电容器等。其中，湿敏电容器实际上是一种吸湿性电介质材料的介电常数随湿度变化的薄片状电容器，在一定的温度范围内，电容值的改变与相对湿度的改变成正比。

法国 Humirel 公司生产的 HS1101 型湿敏电容器的测量范围是 0%～100%RH，电容量由 162～200pF 可变，误差不大于±2%RH，响应时间小于 5s，可长期稳定工作，因此可选择 HS1101 湿敏电容器作为湿度值监测的元件。湿度传感模块如图 4-2-2 所示。

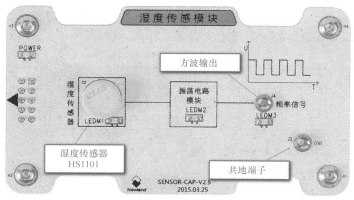

图 4-2-2　湿度传感模块外观图

图 4-2-2 中的"方波输出"端子与 STM32 微控制器相连，作为数据采集端。另，由于 M3 主控模块与湿度传感模块之间已通过 NEWLab 实验平台底板共地，因此，"共地端子"可不连接。

2. 湿度传感模块工作原理分析

湿度传感模块的主要电路原理图如图 4-2-3 所示。

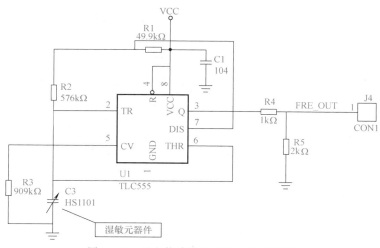

图 4-2-3　湿度传感模块主要电路原理图

从图 4-2-3 可以看出，CMOS 定时器 TCL555 与 HS1101、电阻器 R2、电阻器 R4 一起构成了单稳态电路。HS1101 被充电至 TLC555 的高触发电平时，Q 端（3 脚）输出低电平；当 HS1101 被放电至 TLC555 的低触发电平时，Q 端输出高电平。如此充电和放电循环往复，则 Q 端的输出信号变成了"方波"。"方波"信号的频率反映了当前环境的相对湿度，可通过查阅 HS1101 的数据手册获取"频率值"与"湿度值"的换算公式。

五、STM32 通过 HS1101 获取相对湿度值的方法

通过前面的学习，知道"方波输出"端子输出的是频率可变的方波信号，其频率值反映了当前相对湿度的情况。因此，通过以下步骤，即可利用 STM32 单片机借助 HS1101 获取相对湿度值。

- 将某 GPIO 引脚配置为"外部中断"模式，下降沿触发；
- 与定时器结合，获取 1s 内湿度传感模块输出的"方波"信号脉冲值（信号频率）；
- 查阅 HS1101 的数据手册，根据换算公式计算后可将"方波"信号频率转换为"相对湿度值"。

因此，本任务需要用到 STM32 微控制器引脚的"外部中断"功能，同时需要定时器进行 1s 的精确定时。

六、绘制 HS1101 采集相对湿度值的程序流程图

根据 HS1101 的工作原理以及 STM32 微控制器与 HS1101 接口方式的分析，可绘制如图 4-2-4 所示的程序流程图，为任务实施的程序编写提供支撑。

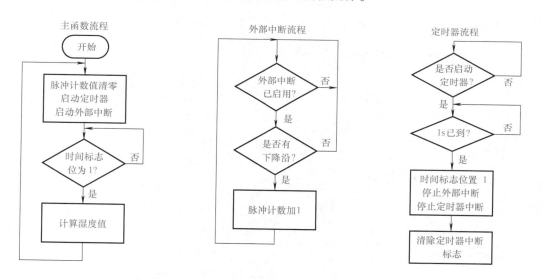

图 4-2-4 HS1101 采集相对湿度的程序流程图

七、根据任务要求制定 Modbus 通信协议

1. 确定功能码

在 Modbus RTU 模式的消息帧格式中，"功能码域"的内容与"数据类型"息息相关，因此在规划通信协议前，应先根据要操作的数据类型确定功能码。

根据任务要求，Modbus 主机向从机发请求帧获取相对湿度值。该值为只读型数据，只可读取不可写入。查阅表 4-2-2 可知，在各种寄存器类型中，输入寄存器的特性符合本任务的需求，根据表 4-2-5，应选择功能码"04"。

2. 确定寄存器地址与数量

在以嵌入式微控制器作为主控的系统中，Modbus 寄存器的地址可用内存地址替代，如数组中某个变量的存储地址。

本任务涉及的变量较少，目前仅有一个"相对湿度值"，可使用数组中索引号为 0 的地址来存放该值。根据表 4-2-15，在 Modbus 通信协议中，寄存器地址占 16bit（2B）宽度，每个寄存器可存放 2B 数据。"相对湿度值"的范围为 0~100%，占用 1B 空间，因此只需 1 个寄存器即可存放。

任务实施

任务实施前必须先准备好设备和资源，见表 4-2-25。

表 4-2-25　设备和资源清单

序号	设备/资源名称	数量	是否准备到位(√)
1	M3 主控模块	2	
2	USB 转 RS-232 线缆	1	
3	湿度传感模块	1	
4	各色香蕉线	若干	
5	杜邦线	若干	

实施导航

- 修改任务 1 的 STM32CubeMX 工程配置；
- 添加代码包；
- 编写代码；
- 编译下载程序；
- 搭建硬件环境；
- 结果验证。

实施纪要

实施纪要见表 4-2-26。

表 4-2-26　实施纪要

项目名称	项目 4　工厂环境监控系统
任务名称	任务 2　设计车间湿度监测功能
序号	分步纪要
1	
2	
3	
4	
5	
6	
7	
8	

实施步骤

1. 修改任务 1 的 STM32CubeMX 工程配置

（1）复制任务 1 的工程并更名

新建文件夹"task2_rs485-humidity"，将"task1_rs485-networking.ioc"文件复制到该文件夹，并将其更名为"task2_rs485-humidity.ioc"。

（2）配置脉冲计数外部中断引脚功能

本任务需要使用 STM32 微控制器引脚的外部中断功能进行湿度传感模块"方波"脉冲的计数。根据图 4-2-5 中所示的步骤将"PE8"引脚配置为"外部中断"功能，"下降沿"触发，用户标签定义为"PULSE"。

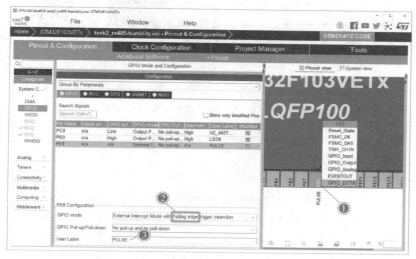

图 4-2-5　配置脉冲计数外部中断引脚功能

（3）配置定时器参数

本任务需要使用定时器进行精确定时，图 4-2-6 展示了使能定时器 6，并配置其进行 1s 精确定时的步骤。

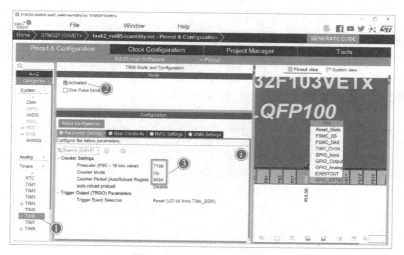

图 4-2-6　配置定时器参数

（4）使能外部中断与定时器中断

STM32 中断使能的配置如图 4-2-7 所示，通过勾选图中标号②与标号③位置的选项，分别使能了"外部中断 5~9"与"定时器 6 中断"。

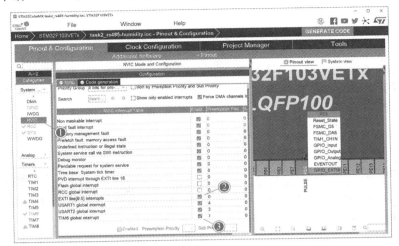

图 4-2-7　使能外部中断与定时器中断

配置完毕后，可单击"GENERATE CODE"按钮重新生成初始化 C 代码工程。

2. 添加代码包

（1）添加湿度传感器驱动代码包

复制湿度传感器 HS1101 的驱动代码文件夹"HS1101"至"task2_rs485-humidity"文件夹下。参照图 2-2-15 在工程中建立"HS1101"组，将"hs1101.c"文件加入组中。最后，将"HS1101"文件夹加入头文件"Include Paths（包含路径）"中，以便编译时可访问相应的头文件。

（2）添加 RS-485 总线数据收发相关代码包

复制 RS-485 总线数据收发代码文件夹"RS485"至"task2_rs485-humidity"文件夹下，并参照图 2-2-15 在工程中建立"RS485"组，将"rs485.c"文件加入组中。最后，将"RS485"文件夹加入头文件"Include Paths（包含路径）"中，以便编译时可访问相应的头文件。

（3）添加 Modbus 通信协议相关代码包

复制 Modbus 通信协议相关代码文件夹"Modbus"至"task2_rs485-humidity"文件夹下，并参照图 2-2-15 在工程中建立"Modbus"组，将相关".c"源码文件加入组中。最后，将"Modbus"文件夹加入头文件"Include Paths（包含路径）"中，以便编译时可访问相应的头文件。Modbus 通信协议相关的主要 API 函数说明见表 4-2-27。

表 4-2-27　Modbus 通信协议主要 API 函数说明

modbus.c
MB_ResultEnum mb_init(uint8_t checkmode) 功能：Modbus 参数：校验模式 返回值：执行结果
void modbus_master_poll(void) 功能：Modbus 主机轮询
void modbus_slave_poll(void) 功能：Modbus 从机轮询

（续）

modbus. c
MB_ResultEnum master_unpack_frame(MB_RspFrameTypeDef * rspFrame) 功能:Modbus 主机解析响应帧 参数:从机响应帧 返回值:执行结果
MB_ResultEnum slave_unpack_frame(MB_ReqFrameTypeDef * reqFrame) 功能:Modbus 从机解析请求帧 参数:主机请求帧 返回值:执行结果
input_reg. c
uint8_t slave_read_inputReg(void) 功能:Modbus 从机读输入寄存器 参数:无 返回值:执行结果
uint8_t master_read_inputReg(uint8_t dstAddr, uint16_t regAddr, uint8_t nRegs) 功能:Modbus 主机发读取从机输入寄存器命令 参数1:dstAddr 目标地址 参数2:regAddr 寄存器首地址 参数3:nRegs 要读取的寄存器数量 返回值:执行结果
mc_check. c
uint16_t mc_check_crc16(uint8_t * buf, uint16_t len) 功能:计算 CRC16 校验值 参数1:要计算的缓存 参数2:缓存区长度 返回值:执行结果

3. 编写代码

（1）将 USART1 输出重定向至 printf 函数
在"usart. c"相应的位置输入以下代码。

视频 设计车间
湿度监测功能
（代码完善）

```
10. /* USER CODE BEGIN 0 */
11. #include <stdio.h>
12. /* USART1 发送重定向到 printf */
13. int fputc(int ch, FILE *f)
14. {
15.   HAL_UART_Transmit(&huart1, (uint8_t *)&ch, 1, 0xFFFF);
16.   return ch;
17. }
18. /* USER CODE END 0 */
```

（2）调用 USART2 接收空闲中断处理函数
在"stm32f1xx_it. c"相应的位置增加以下代码。（**注意**：不改动或者删除原来的代码。）

```
1.  void USART2_IRQHandler(void)
2.  {
3.    /* USER CODE BEGIN USART2_IRQn 1 */
4.    IDLE_UART_IRQHandler(&huart2);        //接收空闲中断处理函数
5.    /* USER CODE END USART2_IRQn 1 */
6.  }
```

（3）增加包含头文件及一些必要的宏定义

在"main.h"相应的位置输入以下代码。

```
1.  /* USER CODE BEGIN Includes */
2.  #include <stdio.h>
3.  #include "hs1101.h"
4.  #include "rs485.h"
5.  #include "modbus.h"
6.  #include "input_reg.h"
7.  //#define DEV_SLAVE      //从机
8.  #define DEV_MASTER  //主机
9.  extern uint8_t humidity;
10. /* USER CODE END Includes */
```

本任务中 Modbus 主机与从机的共用代码较多，因此两者共用一个工程。可使用 C 语言的预编译功能区分两者，代码片段阴影部分的宏定义即用于实现上述功能。

（4）编写应用层代码

在"main.c"文件相应的位置输入以下代码。

```
1.  /* USER CODE BEGIN PV */
2.  uint16_t pulse_num = 0;      //脉冲计数值
3.  uint8_t humidity = 0;        //湿度值
4.  uint8_t one_second_flag = 0; //1s时间标志位
5.  /* USER CODE END PV */
6.
7.  int main(void)
8.  {
9.    /* USER CODE BEGIN 2 */
10.   /* 初始化Modbus 协议管理器 */
11.   mb_init(M_FRAME_CHECK_CRC16);
12.
13.   HAL_UART_Receive_IT(&huart2, &usart2RxBuf, 1); //开 USART2 接收中断
14.   __HAL_UART_ENABLE_IT(&huart2, UART_IT_IDLE);     //开 USART2 IDLE 空闲中断
15. #ifdef DEV_SLAVE
16.   printf("Humidity Node\n");
```

```
17. #else
18.    printf("Master Node\n");
19. #endif
20.    /* USER CODE END 2 */
21.
22.    /* Infinite loop */
23.    /* USER CODE BEGIN WHILE */
24.    pulse_num = 0;                              //脉冲计数值清零
25.    if (HAL_TIM_Base_Start_IT(&htim6) != HAL_OK) //使能定时器6中断
26.    {
27.      Error_Handler();
28.    }
29.    //HAL_NVIC_EnableIRQ(EXTI9_5_IRQn);           //使能外部中断  多余
30.    while (1)
31.    {
32.      /* USER CODE END WHILE */
33.
34.      /* USER CODE BEGIN 3 */
35. #ifdef DEV_SLAVE
36.      if (one_second_flag == 1) //每秒采集一次湿度值
37.      {
38.        one_second_flag = 0;
39.        humidity = calculate_humi(pulse_num); //根据脉冲计数计算湿度值
40.        printf("Pulse number is %d, humidity is %d.\n", pulse_num, humidity);
41.        inbuf[0] = humidity;                    //湿度值存入"输入寄存器"中
42.        pulse_num = 0;                          //脉冲计数值再次清零
43.        HAL_NVIC_EnableIRQ(EXTI9_5_IRQn); //再次使能外部中断 — 脉冲计数
44.        HAL_TIM_Base_Start_IT(&htim6);          //再次使能定时器6中断
45.      }
46.      modbus_slave_poll(); //从机Modbus轮询任务
47. #else
48.      modbus_master_poll(); //主机Modbus轮询任务
49. #endif
50.    }
51.    /* USER CODE END 3 */
52. }
53. /* USER CODE BEGIN 4 */
54. void HAL_GPIO_EXTI_Callback(uint16_t GPIO_Pin)
55. {
56.    if (GPIO_Pin & PULSE_Pin)
57.    {
```

```
58.       pulse_num++;    //脉冲计数值增加
59.   }
60. }
61. void HAL_TIM_PeriodElapsedCallback(TIM_HandleTypeDef *htim)
62. {
63.   if (htim->Instance == TIM6)
64.   {
65.     one_second_flag = 1;
66.     HAL_NVIC_DisableIRQ(EXTI9_5_IRQn); //停止外部中断—脉冲计数
67.     HAL_TIM_Base_Stop_IT(&htim6);         //停止定时器6更新中断
68.   }
69. }
70. /* USER CODE END 4 */
```

4. 编译下载程序

（1）编译下载从机程序

将"main. h"中的"#define DEV_MASTER"语句注释，保持"#define DEV_SLAVE"语句为解除注释状态。

使用快捷键"F7"编译程序。若程序编译没有错误，接好 ST-Link 下载器后，使用快捷键"F8"即可下载程序至 M3 主控模块。

（2）编译下载主机程序

将"main. h"中的"#define DEV_SLAVE"语句注释，保持"#define DEV_MASTER"语句为解除注释状态。

使用快捷键"F7"编译程序。若程序编译没有错误，接好 ST-Link 下载器后，使用快捷键"F8"即可下载程序至 M3 主控模块，也可以用串口 ISP 方式下载。

5. 搭建硬件环境

按照以下步骤进行硬件环境的搭建：

● 将湿度传感模块的"频率信号"端子与 M3 主控模块的"PE8"相连；

● 连接"主机"和"从机"的"RS-485"接线端子，将两者的"B485-"相连以及"A485+"相连。

搭建好的硬件环境如图 4-2-8 所示。

6. 结果验证

打开 PC 的串口调试助手工具，选择正确的"COM Port"与主机的 USART1 相连，为 NEWLab 实验平台上电，可在工具中观察到如图 4-2-9 所示的现象。

从图 4-2-9 可以看出，默认环境相对湿度为 64%。用手触摸湿度传感器后，监测到的相对湿度值上升，手放开以后监测值逐渐回落到默认值。

▶ 任务检查与评价

完成任务实施后，进行任务检查与评价，任务检查与评价表存放在本书配套资源中。

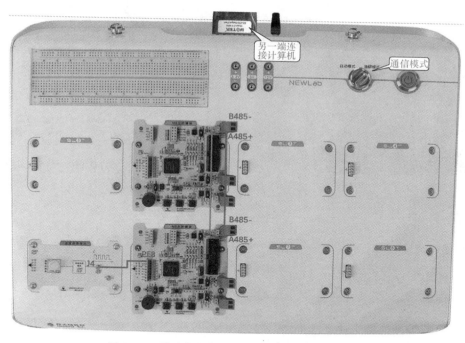

图 4-2-8　搭建好的车间湿度监测功能硬件环境

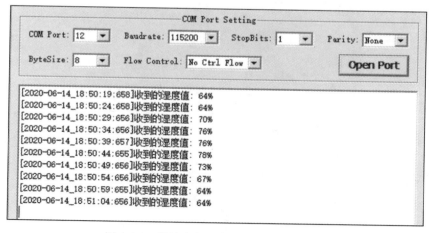

图 4-2-9　设计车间湿度监测功能实验结果

任务小结

本任务首先介绍了 Modbus 的基础知识，然后着重对 Modbus 常用的功能码进行分析并给出应用实例。在硬件选型分析方面，主要介绍了湿度传感模块及其工作原理。分析了 STM32 通过 HS1101 获取相对湿度值的方法，并讲解了程序流程和通信协议的制定过程，为任务实施奠定基础。

通过本任务的学习，可掌握基于 RS-485 串行通信链路的 Modbus 通信应用开发的技能。本任务相关的知识技能小结的思维导图如图 4-2-10 所示。

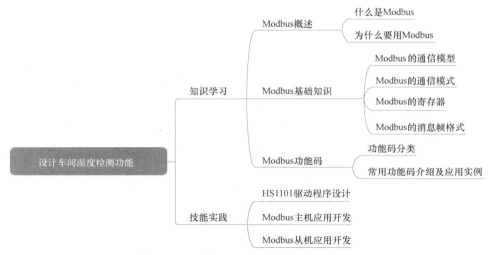

图 4-2-10　任务 2 知识技能小结思维导图

任务拓展

请在现有任务的基础上添加功能，具体要求如下：

- 不影响已有功能；
- 监测节点的相对湿度值超过阈值，自动开启风扇通风；
- 汇聚节点可远程控制风扇开闭。

项目 ⑤

汽车传感系统

引导案例

近年来，随着汽车技术的发展，车载电子控制单元越来越多，如电子燃油喷射装置、防抱死制动装置（ABS）、安全气囊装置、电控门窗装置和主动悬架等。车载电子控制单元（如图5-1-1 所示）的增加虽然提高了轿车的安全性、经济性和舒适性，但也伴随了车辆可靠性的降低与维修难度的增加。

图 5-1-1　车载电子控制单元

车载电控系统日趋复杂，如果仍采用常规的布线方式，车上导线的数目将急剧增加。在这样的背景下，CAN 总线应运而生。在汽车 CAN 总线中，汽车仪表、ECU、控制模块、变速箱、辅助制动系统、各种传感器和开关都并联在总线上，实现信息的实时同步。CAN 总线可以简化车身线路布局，提高车身电控系统的稳定性，使汽车在控制方面更加智能、精确，是目前应用最多的总线标准之一。

本项目将完成基于 CAN 总线的汽车传感系统的设计与实现。

任务 1　　　建立 CAN 通信网络

职业能力目标

- 会设计 Cortex-M3 微控制器与 CAN 收发器芯片的接口程序；
- 会搭建 CAN 总线网络并编程实现组网通信。

任务描述与要求

任务描述：为了给汽车传感系统设计发动机温度监测和倒车雷达功能，同时用户可在中控台上查看实时的监测结果，就需要借助 MCU 与 CAN 收发控制电路建立一个 CAN 通信网络。请根据用户的需求，设计解决方案并将其实现。

任务要求：

- 主节点和各个从节点之间通过 CAN 总线进行连接；
- 主节点每隔 3s 向从节点 1 发送"hello1"消息，从节点 1 收到后翻转其上的 LED8 灯作为指示，同时回复"one ack"消息给主节点；
- 主节点每隔 3.5s 向从节点 2 发送"hello2"消息，从节点 2 收到后翻转其上的 LED8 灯作为指示，同时回复"two ack"消息给主节点；
- 主节点收到 CAN 总线消息后，通过 USART1 转发至上位机串口调试助手显示。

任务分析与计划

任务分析与计划见表 5-1-1。

表 5-1-1　任务分析与计划

项目名称	项目 5　汽车传感系统
任务名称	任务 1　建立 CAN 通信网络
计划方式	自主设计
计划要求	请用 8 个计划步骤完整描述出如何完成本任务
序号	任务计划
1	
2	
3	
4	
5	
6	
7	
8	

知识储备

一、认识 CAN 总线

1. CAN 总线概述

CAN（Controller Area Network，控制器局域网）由德国 Bosch 公司于 1983 年开发出来，最早被应用于汽车内部控制系统的监测与执行机构间的数据通信，目前是国际上应用最广泛的现场总线之一。

近年来，由于 CAN 总线具备高可靠性、高性能、功能完善和成本较低等优势，其应用领域已从最初的汽车工业慢慢渗透进航空工业、安防监控、楼宇自动化、工业控制、工程机械、医疗器械等领域。例如：当今的酒店客房管理系统集成了门禁、照明、通风、加热和各种报警安全监测等设备，这些设备通过 CAN 总线连接在一起，形成各种执行器和传感器的联动，这样的系统架构为用户提供了实时监测各单元运行状态的可能性。

CAN 总线具有以下主要特性：

- 数据传输距离远（最远 10km）；
- 数据传输速率高（最高数据传输速率为 1Mbit/s）；
- 具备优秀的仲裁机制；
- 使用筛选器实现多地址的数据帧传递；
- 借助遥控帧实现远程数据请求；
- 具备错误检测与处理功能；
- 具备数据自动重发功能；
- 故障节点可自动脱离总线且不影响总线上其他节点的正常工作。

2. CAN 技术规范与标准

1991 年 9 月，飞利浦半导体公司制定并发布了 CAN 技术规范 V2.0 版本。这个版本的 CAN 技术规范包括 A 和 B 两部分，其中 2.0A 版本技术规范只定义了 CAN 报文的标准格式，而 2.0B 版本则同时定义了 CAN 报文的标准与扩展两种格式。1993 年 11 月，ISO 组织正式颁布了 CAN 国际标准 ISO11898 与 ISO11519。ISO11898 标准的 CAN 通信数据传输速率为 125kbit/s~1Mbit/s，适合高速通信应用场景；而 ISO11519 标准的 CAN 通信数据传输速率为 125kbit/s 以下，适合低速通信应用场景。

CAN 技术规范主要对 OSI 基本参照模型中的物理层（部分）、数据链路层和传输层（部分）进行了定义。ISO11898 与 ISO11519 标准则对数据链路层及物理层的一部分进行了标准化，如图 5-1-2 所示。

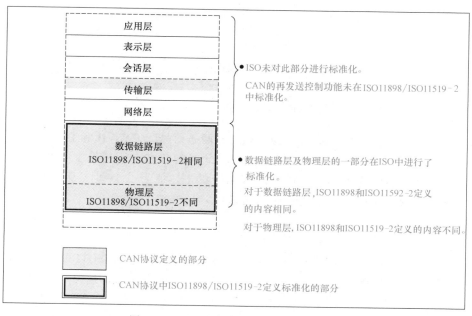

图 5-1-2　OSI 基本参照模型与 CAN 标准

ISO 组织并未对 CAN 技术规范的网络层、会话层、表示层和应用层等部分进行标准化，而美国汽车工程师协会（Society of Automotive Engineers，简称 SAE）等其他组织、团体和企业则针对不同的应用领域对 CAN 技术规范进行了标准化。这些标准对 ISO 标准未涉及的部分进行了定义，它们属于 CAN 应用层协议。常见的 CAN 标准及其详情见表 5-1-2。

表 5-1-2　常见的 CAN 标准

序号	标准名称	制定组织	传输速率/(kbit/s)	物理层线缆规格	适用领域
1	SAE J1939-11	SAE	250	双线式、屏蔽双绞线	卡车、大客车
2	SAE J1939-12	SAE	250	双线式、屏蔽双绞线	农用机械
3	SAE J2284	SAE	500	双线式、双绞线（非屏蔽）	汽车(高速:动力、传动系统)
4	SAE J24111	SAE	33.3、83.3	单线式	汽车(低速:车身系统)
5	NMEA-2000	NEMA	62.5、125、250、500、1000	双线式、屏蔽双绞线	船舶
6	DeviceNet	ODVA	125、250、500	双线式、屏蔽双绞线	工业设备
7	CANopen	CiA	10、20、50、125、250、500、800、1000	双线式、双绞线	工业设备
8	SDS	Honeywell	125、250、500、1000	双线式、屏蔽双绞线	工业设备

3. CAN 总线的报文信号电平

总线上传输的信息被称为报文，总线规范不同，其报文信号电平标准也不同。ISO11898 和 ISO11519 标准在物理层的定义有所不同，两者的信号电平标准也不尽相同。CAN 总线上的报文信号使用差分电压传送。图 5-1-3 展示了 ISO11898 标准的 CAN 总线信号电平标准。

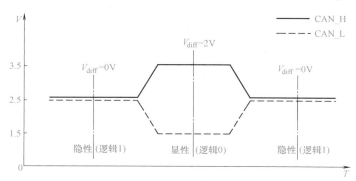

图 5-1-3　ISO11898 标准的 CAN 总线信号电平标准

图 5-1-3 中的实线与虚线分别表示 CAN 总线的两条信号线 CAN_H 和 CAN_L。静态时两条信号线上电压值均为 2.5V 左右（电位差为 0V），此时的状态表示逻辑 1（或称"隐性电平"状态）。当 CAN_H 上的电压值为 3.5V 且 CAN_L 上的电压值为 1.5V 时，两线的电位差为 2V，此时的状态表示逻辑 0（或称"显性电平"状态）。

4. CAN 总线的网络拓扑

CAN 总线的网络拓扑结构如图 5-1-4 所示。

图 5-1-4 展示的 CAN 总线网络拓扑包括两个网络：一个是遵循 ISO11898 标准的高速 CAN 总线网络（传输速率为 500kbps），另一个是遵循 ISO11519 标准的低速 CAN 总线网络（传输速率 125kbps）。高速 CAN 总线网络被应用在汽车动力与传动系统，它是闭环网络，总线最大长度为 40m，要求两端各有一个 120Ω 的电阻。低速 CAN 总线网络被应用在汽车车身系统，它

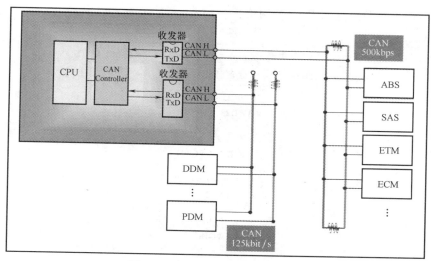

图 5-1-4 CAN 总线网络拓扑结构

的两根总线是独立的，不形成闭环，要求每根总线上各串联一个 $2.2k\Omega$ 的电阻。

5. CAN 总线的传输介质

CAN 总线可以使用多种传输介质，常用的有双绞线、同轴电缆和光纤。

（1）传输介质选择的注意事项

通过对"CAN 总线的报文信号电平"内容的学习，了解到 CAN 总线上的报文信号使用差分电压传送，有两种信号电平，分别是"隐性电平"和"显性电平"。

因此，在选择 CAN 总线的传输介质时，需要关注以下几个注意事项：

• 物理介质必须支持"显性"和"隐性"状态，同时在总线仲裁时，"显性"状态可支配"隐性"状态；

• 双线结构的总线必须使用终端电阻抑制信号反射，并且采用差分信号传输以减弱电磁干扰的影响；

• 使用光学介质时，隐性电平通过状态"暗"表示，显性电平通过状态"亮"表示；

• 同一段 CAN 总线网络必须采用相同的传输介质。

（2）双绞线

双绞线目前已在很多 CAN 总线分布式系统中得到广泛应用，如汽车电子、电力系统、电梯控制系统和远程传输系统等。双绞线具有以下特点：

• 双绞线采用抗干扰的差分信号传输方式；

• 技术上容易实现，造价比较低廉；

• 对环境电磁辐射有一定的抑制能力；

• 随着频率的增长，双绞线线对的衰减迅速增高；

• 最大总线长度可达 40m；

• 适合传输速率为 5kbit/s～1Mbit/s 的 CAN 总线网络。

ISO11898 标准推荐的电缆参数见表 5-1-3。

使用双绞线构成 CAN 网络时的注意事项如下：

• 网络的两端必须各有一个 120Ω 左右的终端电阻；

• 支线尽可能短；

- 确保不在干扰源附近部署 CAN 网络；

表 5-1-3　ISO11898 标准推荐的电缆参数

总线长度/m	电缆		终端电阻/Ω（精度 1%）	最大位速率
	直流电阻/(MΩ/m)	导线截面积/mm²		
0~40	70	0.25~0.34（AWG23，AWG22）	124	1Mbit/s at 40m
40~300	<60	0.34~0.60（AWG22，AWG20）	127	>500kbit/s at 100m
300~600	<40	0.50~0.60（AWG20）	127	>100kbit/s at 500m
600~1000	<26	0.75~0.80（AWG18）	127	>50kbit/s at 1km

- 所用的电缆电阻越小越好，以避免线路压降过大；
- CAN 总线的波特率取决于传输线的延时，通信距离随着波特率减小而增加。

（3）光纤

光纤 CAN 网络可选用石英光纤或塑料光纤，其拓扑结构有以下几种类型。

- 总线型：由一根用于共享的光纤总线作为主线路，各个节点使用总线耦合器和站点耦合器实现与主线路的连接。
- 环型：每个节点与相邻的节点进行点对点相连，所有节点形成闭环。
- 星型：网络中有一个中心节点，其他节点与中心节点进行点对点相连。

光纤与双绞线、同轴电缆相比，有以下优点：

- 光纤的传输损耗低，中继距离大大增加；
- 光纤具有不辐射能量、不导电、没有电感的优点；
- 光纤不存在串扰或光信号相互干扰的影响；
- 光纤不存在线路接头的感应耦合而导致的安全问题；
- 光纤具有强大的抗电磁干扰的能力。

二、硬件选型分析

1. M3 主控模块的 CAN 硬件资源

图 5-1-5 已标明 M3 主控模块上 CAN 相关的硬件资源，说明如下。

- 标号①：CAN 通信收发器，型号为 SN65HVD230；
- 标号②：CAN 总线接线端子 1，杜邦线接口；
- 标号③：CAN 总线接线端子 2，香蕉线接口。

2. 初识 CAN 控制器

CAN 控制器是一种实现"报文"与"符合 CAN 规范的通信帧"之间相互转换的器件，它与 CAN 收发器相连，以便在 CAN 总线上与其他节点交换信息。

CAN 控制器主要分为两类：一类是独立的控制器芯片，如 NXP 半导体的 MCP2515，SJA1000 等；另一类与微控制器集成在一起，如 NXP 半导体的 P87C591 和 LPC11Cxx 系列微控制器，ST 公司的 STM32F103 系列和 STM32F407 系列等。

CAN 控制器内部的结构示意图如图 5-1-6 所示。

图 5-1-5　M3 主控模块的 CAN 硬件资源

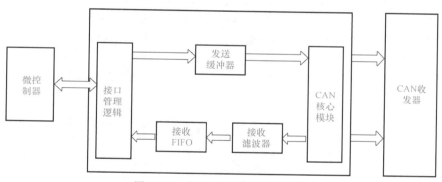

图 5-1-6　CAN 控制器结构示意图

（1）接口管理逻辑

接口管理逻辑用于连接微控制器，解释微控制器发送的命令，控制 CAN 控制器寄存器的寻址，并向微控制器提供中断信息和状态信息。

（2）CAN 核心模块

接收数据时，CAN 核心模块用于将接收到的报文由串行流转换为并行数据。发送数据时则相反。

（3）发送缓冲器

发送缓冲器用于存储完整的报文。需要发送数据时，CAN 核心模块从发送缓冲器读取 CAN 报文。

（4）接收滤波器

接收滤波器可根据用户的编程配置过滤掉无须接收的报文。

（5）接收 FIFO

接收 FIFO 是接收滤波器与微控制器之间的接口，用于存储从 CAN 总线上接收的所有报文。

STM32F103 系列微控制器内部集成了 CAN 控制器，名为 bxCAN（Basic Extended CAN）。bxCAN 的主要特性如下：

- bxCAN 支持 CAN 技术规范 V2.0A 和 V2.0B，通信速率高达 1Mbit/s，支持时间触发通信方案。
- 数据发送相关的特性：bxCAN 含三个发送邮箱，其发送优先级可配置，帧起始段支持发送时间戳。
- 在数据接收方面的特性：bxCAN 含两个具有三级深度的接收 FIFO，其上溢参数可配置，并具有可调整的筛选器组，帧起始段支持接收时间戳。

3. CAN 收发器

CAN 收发器是 CAN 控制器与 CAN 物理总线之间的接口，它将 CAN 控制器的"逻辑电平"转换为"差分电平"，并通过 CAN 总线发送出去。

根据 CAN 收发器的特性，可将其分为以下四种类型：

一是通用 CAN 收发器，常见型号有 NXP 半导体公司的 PCA82C250 芯片。

二是隔离 CAN 收发器。隔离 CAN 收发器具有隔离、ESD 保护及 TVS 管防总线过压的功能，常见型号有 CTM1050 系列、CTM8250 系列等。

三是高速 CAN 收发器。高速 CAN 收发器的特性是支持较高的 CAN 通信速率，常见型号有 NXP 半导体公司的 SN65HVD230、TJA1050、TJA1040 等。

四是容错 CAN 收发器。容错 CAN 收发器可以在总线出现破损或短路的情况下保持正常运行，对于易出故障领域的应用具有至关重要的意义，常见型号有 NXP 半导体公司的 TJA1054、TJA1055 等。

接下来以 NXP 半导体公司的 SN65HVD230 为例，讲解 CAN 收发器芯片的工作原理与典型应用电路，如图 5-1-7 所示。

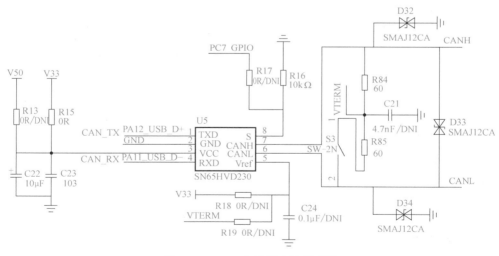

图 5-1-7　CAN 收发器电路原理图

三、HAL 库 CAN 总线数据收发 API 函数

STM32 HAL 库提供的 CAN 总线数据收发 API 函数的功能和参数说明见以下代码片段。

```
1.  /**
2.   * @brief   将消息放入空闲的发送邮箱并激活传输请求
3.   * @param   hcan  指向 CAN_HandleTypeDef 结构体变量的指针
4.   *                该结构体变量包含 CAN 的配置信息
5.   * @param   pHeader 指向 CAN_TxHeaderTypeDef 结构体变量的指针
6.   *                该结构体变量存储了 CAN 报文的消息头
7.   * @param   aData 存放消息帧数据载荷的数组
8.   * @param   pTxMailbox 指向变量的指针，函数将返回邮箱编号至该变量中
9.   * @retval  HAL status
10.  */
11. HAL_StatusTypeDef HAL_CAN_AddTxMessage(CAN_HandleTypeDef *hcan, CAN_TxHeaderTypeDe
    f *pHeader, uint8_t aData[], uint32_t *pTxMailbox)
12.
13. /**
14.  * @brief   从 CAN 接收 FIFO 中获取一帧数据并存入消息缓存区
15.  * @param   hcan  指向 CAN_HandleTypeDef 结构体变量的指针
16.  *                该结构体变量包含 CAN 的配置信息
17.  * @param   RxFifo 要读取的 FIFO 编号
18.  * @param   pHeader 指向 CAN_RxHeaderTypeDef 结构体变量的指针
19.  *                该结构体变量将存储 CAN 报文的消息头
20.  * @param   aData 存放消息帧数据载荷的数组
21.  * @retval  HAL status
22.  */
23. HAL_StatusTypeDef HAL_CAN_GetRxMessage(CAN_HandleTypeDef *hcan, uint32_t RxFifo, C
    AN_RxHeaderTypeDef *pHeader, uint8_t aData[])
```

任务实施

任务实施前必须先准备好设备和资源，见表5-1-4。

表 5-1-4　设备和资源清单

序号	设备/资源名称	数量	是否准备到位（√）
1	M3 主控模块	3	
2	USB 转 RS-232 线缆	1	
3	各色香蕉线	若干	
4	CAN 通信代码包	1	

实施导航

- 基于 STM32CubeMX 建立工程；
- 添加 CAN 通信代码包；
- 编写代码；
- 编译下载程序；
- 搭建硬件环境；
- 结果验证。

实施纪要

实施纪要见表 5-1-5。

表 5-1-5　实施纪要

项目名称	项目 5　汽车传感系统
任务名称	任务 1　建立 CAN 通信网络
序号	分步纪要
1	
2	
3	
4	
5	
6	
7	
8	

实施步骤

1. 基于 STM32CubeMX 建立工程

（1）建立工程存放的文件夹

在任意路径新建文件夹"project5_can"用于存放项目 4 的工程，然后在该文件夹下新建文件夹"task1_can-networking"用于保存本任务工程。

（2）新建 STM32CubeMX 工程

参照项目 2 任务 2 相关步骤新建 STM32CubeMX 工程。

（3）配置 STM32 的外设

根据任务要求，本任务需要配置的 STM32 外设包括 bxCAN、USART1、LED8 引脚

（PE0）。另外还需对 STM32 的时钟系统、调试端口等系统内核组件进行配置。配置步骤如下：

- 参照项目 2 任务 2 相关步骤配置 STM32 的时钟系统、调试端口；
- 参照项目 2 任务 2 相关步骤配置 USART1 的波特率为 115200bit/s，使能全局中断；
- 配置 PE0 引脚为推挽输出，默认输出高电平使 LED 灯灭，"User Label" 配置为 "LED8"；
- 按照图 5-1-8 中标号所示顺序进行 bxCAN 参数的配置；
- 按照图 5-1-9 中标号所示顺序使能 bxCAN 和 USART 相关中断。

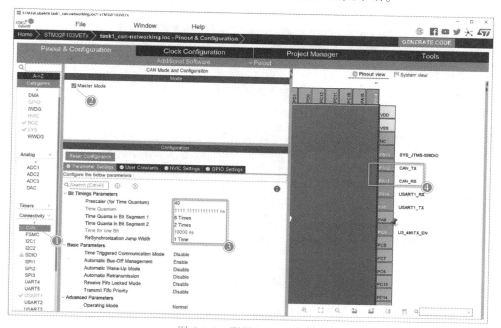

图 5-1-8　配置 bxCAN 参数

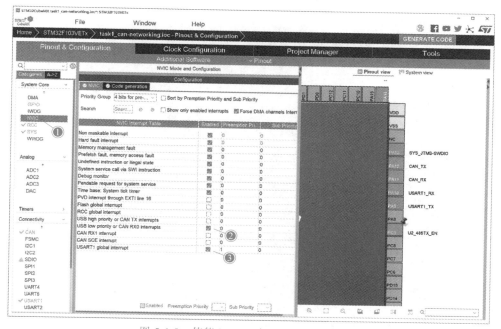

图 5-1-9　使能 bxCAN 和 USART 相关中断

（4）配置工程参数

参照项目 2 任务 2 的相关步骤配置工程参数。

（5）保存工程并生成初始化代码

参照项目 2 任务 2 相关步骤保存工程，工程名为"task1_can-networking. ioc"，单击"GENERATE CODE"按钮生成初始 C 代码工程。

视频 建立CAN
通信网络
（代码完善）

2. 添加 CAN 通信代码包

复制 CAN 通信代码的文件夹"userCAN"至"task1_can-networking"文件夹下。在工程中建立"userCAN"组，将"user_can. c"文件加入组中。最后，将"userCAN"文件夹加入头文件"Include Paths（包含路径）"中，以便编译时可访问相应的头文件。

"user_can. c"文件中主要的 API 函数功能说明与参数见表 5-1-6。

表 5-1-6　API 函数功能与参数说明

API 函数原型	功能与参数说明
void CAN_User_Config(CAN_HandleTypeDef * hcan)	功能:配置筛选器,使能 CAN 接收中断 参数:hcan CAN 控制器句柄 返回值:无
uint8_t Can_Send_Msg(uint8_t * msg, uint8_t len)	功能:CAN 总线发送消息 参数 1:* msg 要发送的数据 参数 2:len 数据长度 返回值:0 成功,1 失败

3. 编写代码

（1）将 USART1 输出重定向至 printf 函数

参考项目 4 任务 2 的相关步骤，在"usart. c"文件输入相应的代码将 USART1 的输出重定向至 printf 函数。

（2）编写应用层代码

在"main. c"文件相应的位置输入以下代码。

```
1.  /* USER CODE BEGIN PV */
2.  const char *helloMsg1 = "hello1";
3.  const char *helloMsg2 = "hello2";
4.  const char *ackMsg1 = "one ack";
5.  const char *ackMsg2 = "two ack";
6.  /* USER CODE END PV */
7.
8.  /* USER CODE BEGIN 0 */
9.  /**
10.  * @brief   主节点发消息给从节点1和从节点2
11.  * @param   None
12.  * @retval None
13.  */
14. void can_master_task(void)
```

```
15. {
16.     static uint32_t send_data_time1; //发送间隔 1
17.     static uint32_t send_data_time2; //发送间隔 2
18.
19.     if ((uint32_t)(HAL_GetTick() - send_data_time1 >= 3000))
20.     {
21.         send_data_time1 = HAL_GetTick(); // 更新发送间隔 1
22.         /* 通过 CAN 总线发送数据 */
23.         Can_Send_Msg((uint8_t *)helloMsg1, strlen(helloMsg1));
24.     }
25.     if ((uint32_t)(HAL_GetTick() - send_data_time2 >= 3500))
26.     {
27.         send_data_time2 = HAL_GetTick(); // 更新发送间隔 1
28.         /* 通过 CAN 总线发送数据 */
29.         Can_Send_Msg(0x12, (uint8_t *)helloMsg2, strlen(helloMsg2));
30.     }
31. }
32. /* USER CODE END 0 */
33.
34. /**
35.   * @brief  The application entry point.
36.   * @retval int
37.   */
38. int main(void)
39. {
40.   /* USER CODE BEGIN 2 */
41.   CAN_User_Config(&hcan); //配置 CAN 通信参数并启动 CAN 控制器
42.   /* USER CODE END 2 */
43.
44.   /* Infinite loop */
45.   /* USER CODE BEGIN WHILE */
46.   while (1)
47.   {
48.     /* USER CODE END WHILE */
49.     /* USER CODE BEGIN 3 */
50. #if DEV_MASTER
```

```
51.    can_master_task(); //CAN 主节点轮询发数据
52.
53.    if (rx_done_flag == 1)
54.    {
55.      rx_done_flag = 0;
56.      printf("%s\n", can_rx_data);
57.      memset(can_rx_data, 0, 8);
58.    }
59. #elif DEV_SLAVE1
60.    if (rx_done_flag == 1)
61.    {
62.      rx_done_flag = 0;
63.      if (strstr((const char *)can_rx_data, helloMsg1) != NULL)
64.      {
65.        HAL_GPIO_TogglePin(LED8_GPIO_Port, LED8_Pin);
66.        Can_Send_Msg(0x12, (uint8_t *)ackMsg1, strlen(ackMsg1));
67.      }
68.    }
69. #elif DEV_SLAVE2
70.    if (rx_done_flag == 1)
71.    {
72.      rx_done_flag = 0;
73.      if (strstr((const char *)can_rx_data, helloMsg2) != NULL)
74.      {
75.        HAL_GPIO_TogglePin(LED8_GPIO_Port, LED8_Pin);
76.        Can_Send_Msg(0x12, (uint8_t *)ackMsg2, strlen(ackMsg1));
77.      }
78.    }
79. #endif
80.  }
81.  /* USER CODE END 3 */
82. }
```

在 "main.h" 文件相应的位置输入以下代码。

```
1. /* USER CODE BEGIN Includes */
2. #include "user_can.h"
3. #include <stdio.h>
4. #include <string.h>
5. /* USER CODE END Includes */
6.
7. /* USER CODE BEGIN EM */
```

```
8.  #define DEV_MASTER 0  //预编译宏  主节点

9.  #define DEV_SLAVE1 0  //预编译宏  从节点1

10. #define DEV_SLAVE2 1  //预编译宏  从节点2

11. /* USER CODE END EM */
```

上述代码片段第 8~10 行的宏定义用于预编译，分别对应三个节点。在实际使用中，需要编译下载某个节点的程序时，只需将相应的预编译宏定义为"1"，其他两个改成"0"即可。

4. 编译下载程序

（1）编译下载主节点程序

本任务中的三个节点可共用大部分的程序，三者仅在应用层方面有所区别，因此三个节点可共用一个工程。将"main.h"中的预编译宏修改如下。

```
1.  /* USER CODE BEGIN EM */

2.  #define DEV_MASTER 1  //预编译宏  主节点

3.  #define DEV_SLAVE1 0  //预编译宏  从节点1

4.  #define DEV_SLAVE2 0  //预编译宏  从节点2

5.  /* USER CODE END EM */
```

使用快捷键"F7"编译程序。若程序编译没有错误，接好 ST-Link 下载器后，使用快捷键"F8"即可下载程序至 M3 主控模块。

（2）编译下载从节点 1 程序

将"main.h"中的预编译宏修改如下。

```
6.  /* USER CODE BEGIN EM */

7.  #define DEV_MASTER 0  //预编译宏  主节点

8.  #define DEV_SLAVE1 1  //预编译宏  从节点1

9.  #define DEV_SLAVE2 0  //预编译宏  从节点2

10. /* USER CODE END EM */
```

使用快捷键"F7"编译程序。若程序编译没有错误，接好 ST-Link 下载器后，使用快捷键"F8"即可下载程序至 M3 主控模块，也可以用串口 ISP 方式下载。

（3）编译下载从节点 2 程序

将"main.h"中的预编译宏修改如下。

```
11. /* USER CODE BEGIN EM */

12. #define DEV_MASTER 0    //预编译宏  主节点

13. #define DEV_SLAVE1 0    //预编译宏  从节点1

14. #define DEV_SLAVE2 1    //预编译宏  从节点2

15. /* USER CODE END EM */
```

使用快捷键"F7"编译程序。若程序编译没有错误，接好 ST-Link 下载器后，使用快捷键 "F8"即可下载程序至 M3 主控模块。

5. 搭建硬件环境

选取三个 M3 主控模块，使用香蕉线与杜邦线将三个模块的"CAN 通信"端子并联，即 所有的"CANH"端子相连，所有的"CANL"端子相连。搭建好的硬件环境如图 5-1-10 所示。

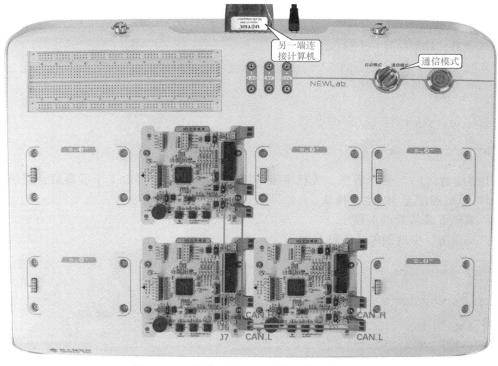

图 5-1-10　搭建好的 CAN 通信网络硬件环境

6. 结果验证

打开 PC 的串口调试助手工具，选择正确的"COM Port"与主节点的 USART1 相连，为 NEWLab 实验平台上电，可在工具中观察到如图 5-1-11 所示的现象。

从图 5-1-11 中可以看到，主节点每隔 3s 将收到从节点 1 的响应消息"one ack"，同时将 其转换为 ASCII 码输出至 PC 串口调试助手；每隔 3.5s 将收到从节点 2 的响应消息"two ack"，同时将其转换为 ASCII 码输出至 PC 串口调试助手。

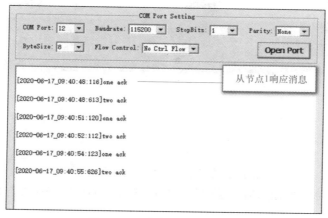

图 5-1-11　任务 5.1 实验结果

任务检查与评价

完成任务实施后，进行任务检查与评价，任务检查与评价表存放在本书配套资源中。

任务小结

本任务首先介绍了 CAN 总线的基础知识，包括什么是 CAN 及其应用场景、CAN 技术规范与标准、CAN 报文的信号电平、CAN 总线的网络拓扑和 CAN 总线的传输介质。在硬件选型分析方面，简要介绍了 CAN 控制器和 CAN 收发器，分析了 CAN 的典型应用电路的原理。最后介绍了 STM32 HAL 库中 CAN 总线数据收发相关的 API 函数功能。

通过本任务的学习，可掌握基于 CAN 总线的组网通信应用开发的技能。本任务相关的知识技能小结的思维导图如图 5-1-12 所示。

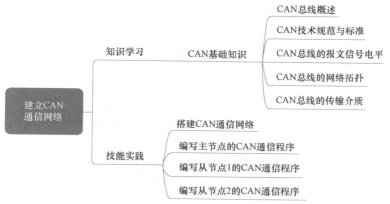

图 5-1-12　任务 1 知识技能小结思维导图

任务拓展

请在现有任务的基础上添加一项功能，具体要求如下：

● 不影响已有功能；

● 主节点收到从节点的响应消息以后，判断消息的内容。如果消息来自从节点 1，则翻转 LED1；如果来自从节点 2，则翻转 LED2。

任务 2　设计汽车发动机温度监测功能

▶ 职业能力目标

- 能根据项目需求自行制定通信协议；
- 会设计 Cortex-M3 微控制器与温敏传感器的接口（ADC）程序并与物联网组网程序进行集成应用；
- 会根据应用的需求配置与驱动 Cortex-M3 微控制器自带的 CAN 控制器；
- 会搭建 CAN 总线网络并编程实现组网通信；
- 能进行 CAN 通信的数据抓包、分析与故障排除。

▶ 任务描述与要求

任务描述：本任务要求为汽车传感系统设计发动机温度监测功能，用户可在中控台上查看汽车发动机的实时温度情况。

任务要求：

- 发动机温度采集节点与中控台之间通过 CAN 总线进行连接；
- 温度采集节点每隔 3s 采集一次发动机温度，按约定的协议发送至中控台；
- 中控台收到温度采集节点的数据后将其显示出来。

▶ 任务分析与计划

任务分析与计划见表 5-2-1。

表 5-2-1　任务分析与计划

项目名称	项目 5　汽车传感系统
任务名称	任务 2　设计汽车发动机温度监测功能
计划方式	自主设计
计划要求	请用 8 个计划步骤完整描述出如何完成本任务
序号	任务计划
1	
2	
3	
4	
5	
6	
7	
8	

▶ **知识储备**

一、CAN 通信帧介绍

1. CAN 通信帧类型

CAN 总线上的数据通信基于 5 种类型的通信帧，它们的类型与功能见表 5-2-2。

表 5-2-2　CAN 通信帧的类型及其功能

序号	帧类型	帧功能
1	数据帧	用于发送单元向接收单元传送数据
2	遥控帧	用于接收单元向具有相同 ID 的发送单元请求数据
3	错误帧	用于当检测出错误时向其他单元通知错误
4	过载帧	用于接收单元通知发送单元其尚未做好接收准备
5	帧间隔	用于将数据帧及遥控帧与前面的帧分离开

2. 数据帧

数据帧由 7 段构成，如图 5-2-1 所示。图中深灰色底的位为"显性电平"，浅色底的位为"显性或隐性电平"，白色底的位为"隐性电平"（下同）。

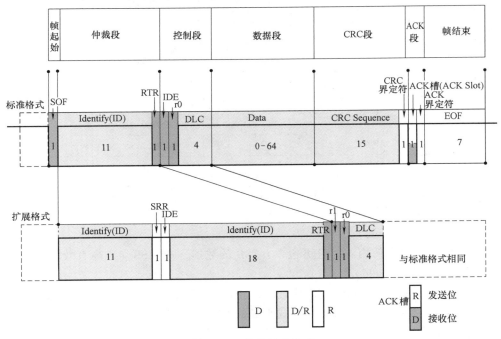

图 5-2-1　数据帧的构成

（1）帧起始（Start of Frame）

帧起始（SOF）表示数据帧和远程帧的起始，它仅由一个"显性电平"位组成。CAN 总线的同步规则规定，只有当总线处于空闲状态（总线电平呈现隐性状态）时，才允许站点开始发送信号。

（2）仲裁段（Arbitration Field）

仲裁段是表示帧优先级的段。标准帧与扩展帧的仲裁段格式有所不同：标准帧的仲裁段由

11bit 的标识符 ID 和 RTR（Remote Transmission Request，远程发送请求）位构成；扩展帧的仲裁段由 29bit 的标识符 ID、SRR（Substitute Remote Request，替代远程请求）位、IDE 位和 RTR 位构成。

RTR 位用于指示帧类型，数据帧的 RTR 位为"显性电平"，而遥控帧的 RTR 位为"隐性电平"。

SRR 位只存在于扩展帧中，与 RTR 位对齐，为"隐性电平"。因此，当 CAN 总线对标准帧和扩展帧进行优先级仲裁时，在两者的标识符 ID 部分完全相同的情况下，扩展帧相对标准帧而言处于失利状态。

（3）控制段（Control Field）

控制段是表示数据字节数和保留位的段，标准帧与扩展帧的控制段格式不同。标准帧的控制段由 IDE（Identifier Extension，标志符扩展）位、保留位 r0 和 4bit 的数据长度码 DLC 构成。扩展帧的控制段由保留位 r1、r0 和 4bit 的数据长度码 DLC 构成。IDE 位用于指示数据帧为标准帧还是扩展帧，标准帧的 IDE 位为"显性电平"。数据长度码与字节数的关系见表 5-2-3。

表 5-2-3　数据长度码与字节数的关系

数据字节数	数据长度码			
	DLC3	DLC2	DLC1	DLC0
0	D（0）	D（0）	D（0）	D（0）
1	D（0）	D（0）	D（0）	R（1）
2	D（0）	D（0）	R（1）	D（0）
3	D（0）	D（0）	R（1）	R（1）
4	D（0）	R（1）	D（0）	D（0）
5	D（0）	R（1）	D（0）	R（1）
6	D（0）	R（1）	R（1）	D（0）
7	D（0）	R（1）	R（1）	R（1）
8	R（1）	D（0）	D（0）	D（0）

注："D"—显性电平（逻辑 0）；"R"—隐性电平（逻辑 1）。

（4）数据段（Data Field）

数据段用于承载数据的内容，它可包含 0~8B 的数据，从 MSB（最高有效位）开始输出。

（5）CRC 段（CRC Field）

CRC 段是用于检查帧传输是否错误的段，它由 15bit 的 CRC 序列和 1bit 的 CRC 界定符（用于分隔）构成。CRC 序列是根据多项式生成的 CRC 值，其计算范围包括帧起始、仲裁段、控制段和数据段。

（6）ACK 段（Acknowledge Field）

ACK 段是用于确认接收是否正常的段，它由 ACK 槽（ACK Slot）和 ACK 界定符（用于分隔）构成，长度为 2bit。

（7）帧结束（End of Frame）

帧结束（EOF）用于表示数据帧的结束，它由 7bit 的隐性位构成。

3. 遥控帧

遥控帧的构成如图 5-2-2 所示。

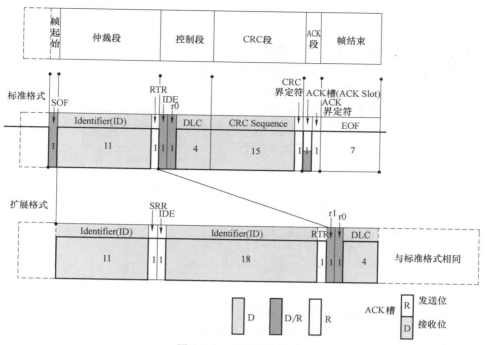

图 5-2-2　遥控帧的构成

从图 5-2-2 可以看出，遥控帧与数据帧相比，除了没有数据段，其他段的构成均与数据帧完全相同。如前所述，RTR 位的极性指明了该帧是数据帧还是遥控帧，遥控帧中的 RTR 位为"隐性电平"。

4. 错误帧

错误帧用于在接收和发送消息时检测出错误并通知错误，它的构成如图 5-2-3 所示。

由图 5-2-3 可知，错误帧由错误标志和错误界定符构成。错误标志包括主动错误标志和被动错误标志，前者由 6bit 的显性位构成，后者由 6bit 的隐性位构成。错误界定符由 8bit 的隐性位构成。

5. 过载帧

过载帧是接收单元用于通知发送单元其尚未完成接收准备的帧，它的构成如图 5-2-4 所示。

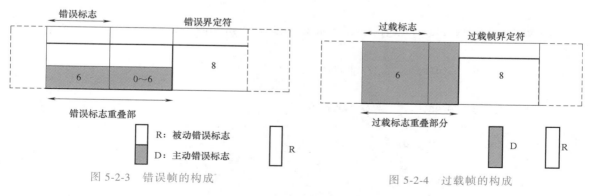

图 5-2-3　错误帧的构成　　　　　图 5-2-4　过载帧的构成

由图 5-2-4 可知，过载帧由过载标志和过载界定符构成。过载标志的构成与主动错误标志的构成相同，由 6bit 的显性位构成。过载界定符的构成与错误界定符的构成相同，由 8bit 的隐性位构成。

6. 帧间隔

帧间隔是用于分隔数据帧和遥控帧的帧。数据帧和遥控帧可通过插入帧间隔将本帧与前面的任何帧（数据帧、遥控帧、错误帧或过载帧等）隔开，但错误帧和过载帧前不允许插入帧间隔。帧间隔的构成如图 5-2-5 所示。

由图 5-2-5 可见，帧间隔的构成元素有三个：

1）间隔，它由 3bit 的隐性位构成。

图 5-2-5　帧间隔的构成

2）总线空闲，它由隐性电平构成，且无长度限制（**注意**：只有在总线处于空闲状态下，要发送的单元才可以开始访问总线）。

3）延迟传送，它由 8bit 的隐性位构成。

二、CAN 收发数据主要函数解析

1. CAN 发送数据函数

STM32 的 CAN 相关的 HAL 库提供了 CAN 发送数据的 API，用户可根据任务需求对 CAN 发送数据函数进行封装。本任务中的 CAN 发送数据函数如下所示（重要部分已用阴影标出）。

```
1.  /**
2.   * @brief   CAN 发送一组数据
3.   * @param   StdId 标准 ID | *msg 要发的数据 | len 数据长度
4.   * @retval 0 成功 | 1 失败
5.   */
6.  uint8_t Can_Send_Msg(uint16_t StdId, uint8_t *msg, uint8_t len)
7.  {
8.    uint8_t i = 0;
9.    uint8_t data[8];
10.
11.   CAN_TxHeaderTypeDef TxMeg;  //定义 CAN 发送数据报文头结构体
12.   TxMeg.StdId = StdId;        // 标准标识符
13.   TxMeg.ExtId = 0x00;         // 设置扩展标示符
14.   TxMeg.IDE = CAN_ID_STD;     // 标准帧
15.   TxMeg.RTR = CAN_RTR_DATA;   // 数据帧
16.   TxMeg.DLC = len;            // 要发送的数据长度
```

```
17.    for (i = 0; i < len; i++)
18.    {
19.      data[i] = msg[i]; //data 中存放真实数据载荷
20.    }
21.    /* CAN 发送一组数据 */
22.    if (HAL_CAN_AddTxMessage(&hcan, &TxMeg, data, &TxMailbox) != HAL_OK)
23.    {
24.      //printf("Can send data error\r\n");
25.      return 1;
26.    }
27.    else
28.      //printf("Can send data success\r\n");
29.      return 0;
30. }
```

2. CAN 接收数据中断回调函数

在本项目任务 1 创建 STM32CubeMX 工程时，配置使能了 CAN 全局中断，然后在 "CAN_User_Config" 函数中，通过以下语句激活了 "CAN 接收 FIFO0 消息未处理" 中断。

```
1.  void CAN_User_Config(CAN_HandleTypeDef *hcan)
2.  {
3.    ……
4.    /* 激活 CAN 接收 FIFO0 消息未处理中断 */
5.    HAL_Status = HAL_CAN_ActivateNotification(hcan, CAN_IT_RX_FIFO0_MSG_PENDING);
6.    ……
7.  }
```

激活上述中断后，当 CAN 控制器的 FIFO0 中有消息未处理时，将调用相应的回调函数。用户需要根据任务要求对该回调函数进行自定义，其定义如下（重要部分已用阴影标出）。

```
1.  /**
2.   * @brief  CAN 接收 FIFO0 消息处理回调函数
3.   * @param  *hcan CAN 句柄
4.   * @retval None
5.   */
6.  void HAL_CAN_RxFifo0MsgPendingCallback(CAN_HandleTypeDef *hcan)
7.  {
8.    CAN_RxHeaderTypeDef RxMeg; //定义 CAN 接收数据报文头结构体
```

```
9.   uint8_t data[8] = {0};
10.  HAL_StatusTypeDef HAL_RetVal;
11.  int i;

12.  /* 结构体初始化 */

13.  RxMeg.StdId = 0x00; //标准 ID

14.  RxMeg.ExtId = 0x00; //扩展 ID

15.  RxMeg.IDE = 0;          //标准帧或者扩展帧指示位

16.  RxMeg.DLC = 0;          //数据长度

17.  /* 接收 CAN 数据，存入 data 缓存中 */

18.  HAL_RetVal = HAL_CAN_GetRxMessage(hcan, CAN_RX_FIFO0, &RxMeg, data);
19.  if (HAL_RetVal == HAL_OK)
20.  {
21.      for (i = 0; i < RxMeg.DLC; i++)
22.      {
23.          can_rx_data[i] = data[i]; //data 缓存转移至 can_rx_data 数组
24.          printf("%02X ", data[i]);
25.      }
26.      printf("\r\n");
27.  }
28.  rx_done_flag = 1;
29. }
```

三、硬件选型分析

1. 认识温度传感模块

本任务要求监测发动机温度，因此需要选用温度传感器。热敏电阻器是一种电阻值随温度变化的半导体温度传感器，它具有体积小、热容量小和响应速度快的特点。热敏电阻器按电阻温度特性可分为三类，分别是负温度系数（NTC）、正温度系数（PTC）和临界负温度系数（CTR）热敏电阻器。

MF52AT 型热敏电阻器是一种采用新材料、新工艺生产的小体积树脂包封型 NTC 热敏电阻器，具有高精度和快速响应的特点，适用于空调、暖气、汽车电子和电子台历等场景。图 5-2-6 展示了一款基于 MF52AT 型热敏电阻器设计而成的温度/光照传感模块。

接下来对图 5-2-6 中几个主要的部分进行介绍。

- NTC 热敏电阻器接口：可接入 MF52AT 型热敏电阻器；
- 电位器：调节比较器 1 的"负"端输入电压，起到调节热敏电阻器的比较电压阈值的作用；

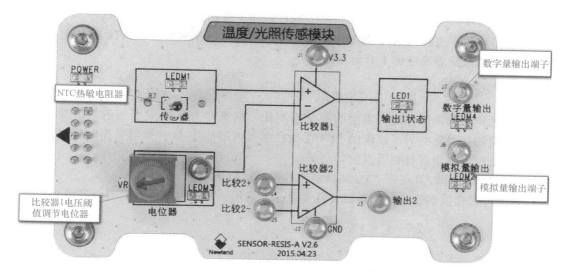

图 5-2-6 温度/光照传感模块图

- 数字量输出端子：当 NTC 热敏电阻器两端的电压高于电压阈值时，此处输出高电平，反之亦然；
- 模拟量输出端子：直接输出 NTC 热敏电阻器两端的电压值，提供给 ADC 采样电路。

2. 温度传感模块的工作原理分析

从图 5-2-6 可以看出，温度传感模块有两个输出端子，一个输出数字量，另一个输出模拟量。

数字量输出端子接比较器 1 的输出，仅输出两种电平：高电平对应 1，低电平对应 0。比较器 1 的基准电压来自于电位器，调节电位器可改变基准电压值。

温度传感模块的主要电路原理图如图 5-2-7 所示。

在图 5-2-7 中，R7 为热敏电阻器，它与 R1（10kΩ）组成分压电路。当温度上升时，R7 的阻值减小从而使其两端的电压值也减小。该电压值输入比较器 1 的"+"端，与基准电压值

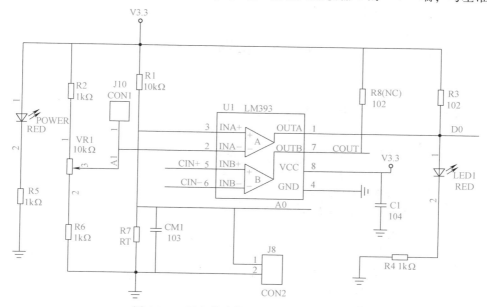

图 5-2-7 温度传感模块的主要电路原理图

比较，若 NTC 热敏电阻器两端的电压更高，则比较器 1 输出高电平，反之亦然。

模拟量输出端子直接与 NTC 热敏电阻器相连，其输出电压直接反映 NTC 热敏电阻器两端的电压，该电压值随着温度的上升而下降。

四、STM32 如何通过 NTC 热敏电阻器获取温度值

NTC 热敏电阻器的阻值随着温度的变化而变化，从而导致其两端电压值的改变。这个变化过程是连续的，因此我们可以借助 STM32 微控制器内部的模-数转换器采集电阻器两端的电压值，然后通过以下步骤得到温度值：

- 通过欧姆定律计算得到 NTC 热敏电阻器的当前阻值；
- 查阅厂家提供的热敏电阻器温度特性表，查表得到当前阻值所对应的温度值。

五、根据任务要求制定 CAN 通信协议

根据本任务的要求，可制定表 5-2-4 所示的通信协议。

表 5-2-4　自定义 CAN 通信协议

内容	包头	长度	主指令	副指令 1	副指令 2	校验位	包尾
英文缩写	HEAD	LEN	mCMD	sCMD1	sCMD2	CHKSUM	TAIL
示例	0x55	0x07	0x01	0x1C	0x32	0x09	0xDD

对表 5-2-4 中自定义通信协议的各个字段说明如下。

- 包头：固定为 0x55；
- 长度：指示本帧数据的长度，单位为 B，本例中为 0x07；
- 主指令：指示本帧数据的类型，0x01 为温度值；
- 副指令 1：温度值整数部分；
- 副指令 2：温度值小数部分；
- 校验位：和校验位，计算"长度"+"主指令"+"副指令 1"+"副指令 2"的和，然后抛弃进位保留低 8 位数据；
- 包尾：固定为 0xDD。

在表 5-2-4 的示例中，副指令 1 为 0x1C，副指令 2 为 0x32，表示当前温度值为 28.50℃。

任务实施

任务实施前必须先准备好设备和资源，见表 5-2-5。

表 5-2-5　设备和资源清单

序号	设备/资源名称	数量	是否准备到位（√）
1	M3 主控模块	2	
2	温度传感模块	1	
3	USB 转 RS-232 线缆	1	
4	ST-Link 下载器	1	
5	各色香蕉线	若干	
6	各色杜邦线	若干	
7	CAN 通信代码包	1	
8	热敏电阻器驱动代码包	1	

实施导航

- 修改任务 1 的 STM32CubeMX 工程配置；
- 添加代码包；
- 编写代码；
- 编译下载程序；
- 搭建硬件环境；
- 结果验证。

实施纪要

实施纪要见表 5-2-6。

表 5-2-6　实施纪要

项目名称	项目 5　汽车传感系统
任务名称	任务 2　设计汽车发动机温度监测功能
序号	分步纪要
1	
2	
3	
4	
5	
6	
7	
8	

实施步骤

视频　设计汽车
发动机温度
监测功能
（建立工程）

1. 修改任务 1 的 STM32CubeMX 工程配置

（1）复制任务 1 的工程并更名

新建文件夹"task2_can-temp"，将"task1_can-networking. ioc"文件复制到该文件夹，并将其更名为"task2_ can-temp. ioc"。

（2）配置 ADC 外设

通过前面的学习知道，STM32 使用 MF52AT 热敏电阻器采集温度值的关键点在于监测电阻器两端的电压值，因此需要用到 STM32 的模-数转换器（Analog to Digital Converter，ADC）外设。配置 ADC 工作参数的步骤如图 5-2-8 所示。

- 选中"Analog"模块中的"ADC1"选项，如图 5-2-8 中标号①处所示；
- 使能外部通道 1（IN1），如图 5-2-8 中标号②处所示；
- 使能"Independent（独立）"模式，如图 5-2-8 中标号③处所示；
- 配置 ADC 参数：数据右对齐、禁用扫描模式、禁用持续转换模式、禁用间断转换模式，如图 5-2-8 中标号④处所示；

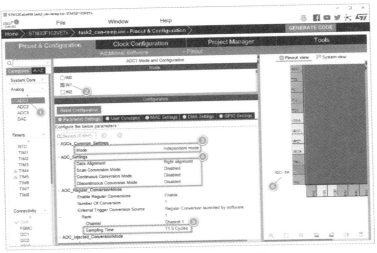

图 5-2-8　配置 ADC 工作参数

- 修改采样时间为"71.5 个信号周期",如图 5-2-8 中标号⑤处所示。

另外,由于 STM32F103 系列 MCU 的 ADC 外设工作时钟频率最高为 14MHz,使能 ADC 外设后,还应调整系统时钟的配置,将 ADC 时钟的分频系数配置为"6",即配置其工作时钟频率为 12MHz(=72MHz/6),如图 5-2-9 所示。

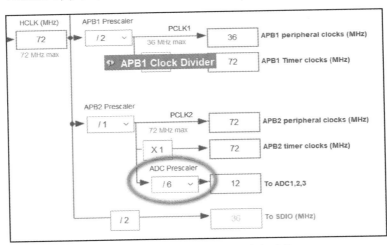

图 5-2-9　调整 ADC 时钟的分频系数

参照图 5-2-10,按照以下步骤配置 ADC 的全局中断。

- 选中"System Core"模块中的"NVIC"选项,如图 5-2-10 中的标号①处所示;
- 使能 ADC 全局中断,如图 5-2-10 中的标号②处所示;
- 配置 ADC 全局中断的优先级为 2,如图 5-2-10 中的标号③处所示。

配置完毕后,单击"GENERATE CODE"按钮重新生成初始化 C 代码工程。

2. 添加代码包

(1)添加 CAN 通信代码

复制 CAN 通信代码的文件夹"userCAN"至"task2_can-temp"文件夹下。在工程中建立"userCAN"组,将"user_can.c"文件加入组中。最后,将"userCAN"文件夹加入头文件

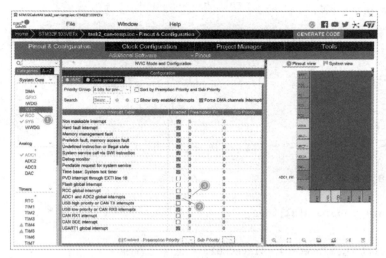

图 5-2-10　配置 ADC 的全局中断

"Include Paths（包含路径）"中，以便编译时可访问相应的头文件。

（2）添加热敏电阻器驱动代码

复制热敏电阻器驱动代码的文件夹"MF52AT"至"task2_can-temp"文件夹下。在工程中建立"MF52AT"组，将"mf52at. c"文件加入组中。最后，将"MF52AT"文件夹加入头文件"Include Paths（包含路径）"中，以便编译时可访问相应的头文件。

3. 编写代码

（1）将 USART1 输出重定向至 printf 函数

参考项目库的任务 2 的相关步骤，在"usart. c"文件中输入相应的代码，将 USART1 的输出重定向至 printf 函数。

（2）编写应用层代码

在"main. h"文件相应的位置输入以下代码。

```
1.  * USER CODE BEGIN Includes */
2.  #include <stdio.h>
3.  #include <string.h>
4.  #include "user_can.h"
5.  #include "mf52at.h"
6.  /* USER CODE END Includes */
7.
8.  /* USER CODE BEGIN EM */
9.  #define DEV_MASTER 1 //中控主机预编译宏
10. #define DEV_SLAVE 0   //监测从机预编译宏
11. /* USER CODE END EM */
```

在"main. c"文件相应的位置输入以下代码。

```
1.   /* USER CODE BEGIN PV */

2.   #define APP_PAYLOAD_LENGTH 7              //数据载荷长度

3.   #define HEAD 0x55                         //包头

4.   #define TAIL 0xDD                         //包尾

5.   #define MCMD_TEMPERATURE 0x01             //温度主指令

6.   static uint8_t pTxData[8];               //发送缓存

7.   //static uint8_t pRxData[8];              //接收缓存

8.   uint8_t masterCMD, slaveCMD1, slaveCMD2; //主指令和副指令

9.   uint16_t adc_value;                       //ADC 值

10.  uint8_t adc_eoc_flag;                     //ADC 转换结束标志位

11.  float temperature;                        //温度值

12.  char tArray[5] = {0};                     //存放字符串型温度值

13.  int inte_temp, deci_temp;                 //温度的整数部分和小数部分
14.  /* USER CODE END PV */
15.
16.  /* USER CODE BEGIN 0 */
17.  void get_temp_task(void)
18.  {
19.    static uint32_t last_time;
20.    /* CAN 从节点每隔 3s发送一次温度值请求 */
21.    if ((uint32_t)HAL_GetTick() - last_time >= 3000)
22.    {
23.      last_time = HAL_GetTick();
24.      /* 启动 ADC */
25.      HAL_ADC_Start_IT(&hadc1);
26.    }
27.  }
28.
29.  /**
```

```
30.  * @brief  组建要发送的数据

31.  * @param  mCMD 主指令 | sCMD1 副指令 1 | sCMD2 副指令 2

32.  * @retval None
33.  */
34. void build_payload(uint8_t mCMD, uint8_t sCMD1, uint8_t sCMD2)
35. {
36.   pTxData[0] = HEAD;
37.   pTxData[1] = APP_PAYLOAD_LENGTH;
38.   pTxData[2] = mCMD;
39.   pTxData[3] = sCMD1;
40.   pTxData[4] = sCMD2;
41.   pTxData[5] = (pTxData[1] + pTxData[2] + pTxData[3] + pTxData[4]) % 256;
42.   pTxData[6] = TAIL;
43.   pTxData[7] = 0;
44. }
45.
46. /**

47.  * @brief  接收数据解析

48.  * @param  *rxbuf 收到的数据 | mCMD 主指令 | sCMD1 副指令 1 | sCMD2 副指令 2

49.  * @retval 0 checksum 正确 | -1 checksum 错误

50.  */
51. int8_t rcvdata_process(uint8_t *rxbuf, uint8_t *mCMD, uint8_t *sCMD1, uint8_t *sCM
    D2)
52. {
53.   uint8_t checksum = 0x00;

54.   /* 判断包头包尾 */

55.   if ((rxbuf[0] != HEAD) || (rxbuf[6] != TAIL))
56.     return -1;

57.   /* 判断 checksum */

58.   checksum = (rxbuf[1] + rxbuf[2] + rxbuf[3] + rxbuf[4]) % 256;
59.   if (rxbuf[5] != checksum)
60.     return -1;
61.   *mCMD = rxbuf[2];
62.   *sCMD1 = rxbuf[3];
63.   *sCMD2 = rxbuf[4];
```

```
64.    return 0;
65. }
66. /* USER CODE END 0 */
67.
68. /**
69.   * @brief  The application entry point.
70.   * @retval int
71.   */
72. int main(void)
73. {
74.   /* USER CODE BEGIN 2 */

75.   CAN_User_Config(&hcan); //配置 CAN 通信参数并启动 CAN 控制器

76.   /* USER CODE END 2 */
77.
78.   /* Infinite loop */
79.   /* USER CODE BEGIN WHILE */
80.   while (1)
81.   {
82.     /* USER CODE END WHILE */
83.
84.     /* USER CODE BEGIN 3 */
85. #if DEV_MASTER
86.     if (rx_done_flag == 1)
87.     {
88.       rx_done_flag = 0;
89.       if (rcvdata_process(can_rx_data, &masterCMD, &slaveCMD1, &slaveCMD2) < 0)
90.       {

91.         //printf("接收数据校验错误..\n");

92.       }

93.       else if (masterCMD == MCMD_TEMPERATURE) //如果收到了温度数据

94.       {

95.         printf("当前温度 :%02d.%02d 摄氏度.\n", slaveCMD1, slaveCMD2);

96.       }
97.       masterCMD = slaveCMD1 = slaveCMD2 = 0x00;
98.       memset(can_rx_data, 0, 8);
99.     }
100. #elif DEV_SLAVE

101.     /* 每隔 3s 采集一次温度值 */
```

```
102.        get_temp_task();
103.
104.        /* ADC 转换完毕 */
105.        if (adc_eoc_flag == 1)
106.        {
107.          adc_eoc_flag = 0;
108.          adc_value = HAL_ADC_GetValue(&hadc1);
109.          temperature = 0.1 * ntc_calc_temp(adc_value);
110.          printf("%2.2f\n", temperature);
111.
112.          sprintf((char *)tArray, "%.2f", temperature);
113.          inte_temp = (tArray[0] - 0x30) * 10 + (tArray[1] - 0x30); //获取温度整数
114.          deci_temp = (tArray[3] - 0x30) * 10 + (tArray[4] - 0x30); //获取温度小数
115.          build_payload(MCMD_TEMPERATURE, inte_temp, deci_temp);      //组建发送数据
116.          /* 通过 CAN 总线发送数据 */
117.          Can_Send_Msg(0x12, (uint8_t *)pTxData, strlen((const char *)pTxData));
118.        }
119. #endif
120.    }
121.    /* USER CODE END 3 */
122. }
123. /* USER CODE BEGIN 4 */
124. void HAL_ADC_ConvCpltCallback(ADC_HandleTypeDef *hadc)
125. {
126.    adc_eoc_flag = 1;
127. }
128. /* USER CODE END 4 */
```

4. 编译下载程序

(1) 编译下载中控台程序

本任务中的两个节点可共用大部分的程序，两者仅在应用层方面有所区别，因此两个节点可共用一个工程。将"main.h"中的预编译宏修改如下。

```
1. /* USER CODE BEGIN EM */
2. #define DEV_MASTER 1 //中控台预编译宏
3. #define DEV_SLAVE 0   //监测节点预编译宏
4. /* USER CODE END EM */
```

使用快捷键"F7"编译程序。若程序编译没有错误，接好 ST-Link 下载器后，使用快捷键"F8"即可下载程序至 M3 主控模块，也可以用串口 ISP 方式下载。

（2）编译下载监测节点程序

将"main. h"中的预编译宏修改如下。

```
1.  /* USER CODE BEGIN EM */

2.  #define DEV_MASTER 0 //中控台预编译宏

3.  #define DEV_SLAVE 1  //监测节点预编译宏

4.  /* USER CODE END EM */
```

使用快捷键"F7"编译程序。若程序编译没有错误，接好 ST-Link 下载器后，使用快捷键"F8"即可下载程序至 M3 主控模块。

5. 搭建硬件环境

选取两个 M3 主控模块，使用杜邦线将两个模块的"CAN 通信"端子并联，即两个"CAN_H"端子相连，两个"CAN_L"端子相连。

选取温度传感模块，将 MF52AT 热敏电阻器与模块上的"传感器"接口相连，再将"模拟量输出"端子与监测节点的"PA1"引脚相连。搭建好的硬件环境如图 5-2-11 所示。

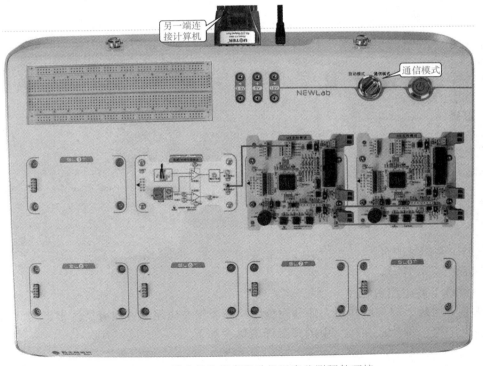

图 5-2-11　搭建好的汽车发动机温度监测硬件环境

6. 结果验证

打开 PC 的串口调试助手工具，选择正确的"COM Port"与控制台的 USART1 相连，为 NEWLab 实验平台上电，可在工具中观察到如图 5-2-12 所示的现象。

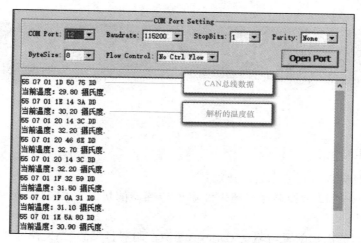

图 5-2-12　设计汽车发动机温度监测功能实验结果

任务检查与评价

完成任务实施后，进行任务检查与评价，任务检查与评价表存放在本书配套资源中。

任务小结

本任务首先介绍了 CAN 通信帧的类型和帧格式，解析了 CAN 收发数据的主要函数功能。在硬件选型分析方面，简要介绍了温度传感模块的构成并对其工作原理进行了分析。最后，结合任务要求讲解了 STM32 通过 NTC 热敏电阻器获取温度值的方法，制定了 CAN 通信协议。

通过本任务的学习，可掌握基于 CAN 总线数据收发的原理，根据任务要求自定义通信协议并将其进行实际应用。本任务相关的知识技能小结思维导图如图 5-2-13 所示。

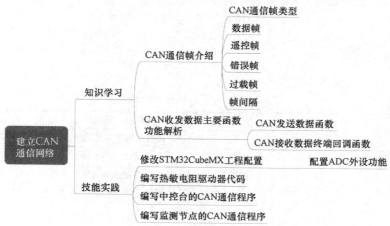

图 5-2-13　任务 2 知识技能小结思维导图

任务拓展

请在现有任务的基础上添加一项功能，具体要求如下：

● 不影响已有功能；

● 设置一个温度阈值，当中控节点收到的温度超过阈值时，板上的蜂鸣器鸣响报警。

任务3　设计汽车倒车雷达功能

职业能力目标

- 能根据项目需求自行制定通信协议；
- 会设计 Cortex-M3 微控制器与超声波温度传感器的接口（EXTI）程序并与物联网组网程序进行集成应用；
- 会根据应用的需求配置与驱动 Cortex-M3 微控制器自带的 CAN 控制器；
- 会搭建 CAN 总线网络并编程实现组网通信；
- 能进行 CAN 通信的数据抓包、分析与故障排除。

任务描述与要求

任务描述：本任务要求为汽车传感系统设计倒车雷达功能，用户可在中控台上查看汽车与墙壁之间的实时距离。请根据用户的需求，设计解决方案并将其实现。

任务要求：

- 距离监测节点与中控台之间通过 CAN 总线进行连接；
- 距离监测节点启动后，实时监测汽车与墙壁之间的距离，每隔 0.3s 将距离值按约定的协议发送至中控台；
- 中控台收到距离监测节点的数据后将其显示出来。

任务分析与计划

任务分析与计划见表 5-3-1。

表 5-3-1　任务分析与计划

项目名称	项目 5　汽车传感系统
任务名称	任务 3　设计汽车倒车雷达功能
计划方式	自主设计
计划要求	请用 8 个计划步骤完整描述出如何完成本任务
序号	任务计划
1	
2	
3	
4	
5	
6	
7	
8	

知识储备

一、深入了解 STM32 的 bxCAN 控制器

STM32F103 系列微控制器内部集成了 CAN 控制器，名为 bxCAN（Basic Extended CAN）。

1. bxCAN 的主要特性

bxCAN 支持 CAN 技术规范 V2.0A 和 V2.0B，通信比特率高达 1Mbit/s，支持时间触发通信方案。

数据发送相关的特性：bxCAN 含三个发送邮箱，其发送优先级可配置，帧起始段支持发送时间戳。

在数据接收方面的特性：bxCAN 含两个具有三级深度的接收 FIFO，其上溢参数可配置，并具有可调整的筛选器组，帧起始段支持接收时间戳。

2. bxCAN 的工作模式与测试模式

bxCAN 有三种主要的工作模式：初始化模式、正常模式和睡眠模式。硬件复位后，bxCAN 进入睡眠模式以降低功耗。当硬件处于初始化模式时，可以进行软件初始化操作。一旦初始化完成，软件必须向硬件请求进入正常模式，这样才能在 CAN 总线上进行同步，并开始接收和发送。

同时，为了方便用户调试，bxCAN 提供了测试模式，包括静默、环回与环回静默组合。用户通过配置位时序寄存器 CAN_BTR 的 "SILM" 与 "LBKM" 位段，可以控制 bxCAN 在正常模式与三种测试模式之间进行切换。各种模式的工作示意图如图 5-3-1 所示。

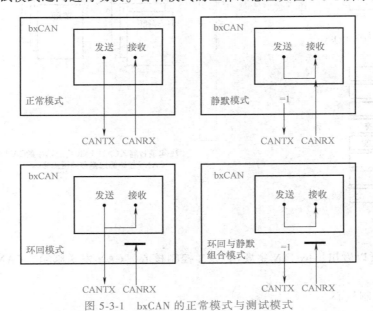

图 5-3-1　bxCAN 的正常模式与测试模式

正常模式：可正常地向 CAN 总线发送数据或从总线上接收数据。

静默模式：只能向 CAN 总线发送数据 1（隐性电平），不能发送数据 0（显性电平），但可以正常地从总线上接收数据。由于这种模式发送的隐性电平不会影响总线的电平状态，故称之为静默模式。

环回模式：向 CAN 总线发送的所有内容会同时直接传到接收端，但无法接收总线上的任何数据。这种模式一般用于自检。

环回与静默组合模式：这种模式是静默模式与环回模式的组合，同时具有两种模式的特点。

3. bxCAN 的组成

STM32F103 系列 MCU 的 bxCAN 有两组 CAN 控制器：CAN1（主）和 CAN2（从），它的组成框图如图 5-3-2 所示。

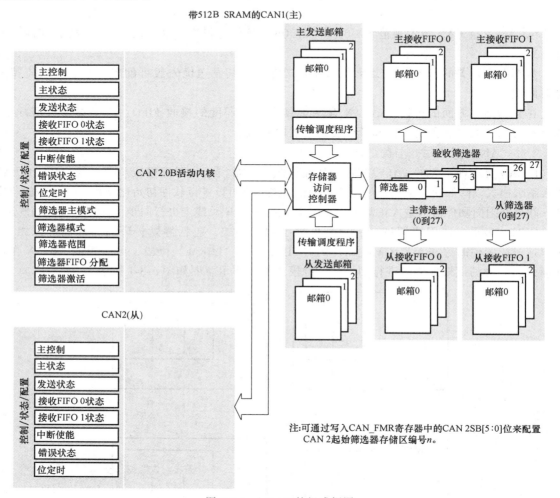

图 5-3-2　bxCAN 的组成框图

从图 5-3-2 可以看出，bxCAN 主要由 CAN 控制核心、CAN 发送邮箱、CAN 接收 FIFO 和筛选器构成。

（1）CAN 控制核心

CAN 控制核心包括 CAN 2.0B 主动内核与各种控制、状态和配置寄存器，应用程序使用这些寄存器可完成以下操作：

- 配置 CAN 参数，如波特率等；
- 请求发送；
- 处理接收；
- 管理中断；
- 获取诊断信息。

（2）CAN 发送邮箱

bxCAN 有 3 个发送邮箱，可缓存 3 个待发送的报文，并由发送调度程序决定先发送哪个邮箱的内容。

每个发送邮箱都包含 4 个与数据发送功能相关的寄存器，它们的具体名称与功能如下。

- 标识符寄存器（CAN_TIxR）：用于存储待发送报文的标准 ID、扩展 ID 等信息；
- 数据长度控制寄存器（CAN_TDTxR）：用于存储待发送报文的数据长度 DLC 段信息；
- 低位数据寄存器（CAN_TDLxR）：用于存储待发送报文数据段的低 4 字节内容；
- 高位数据寄存器（CAN_TDHxR）：用于存储待发送报文数据段的高 4 字节内容。

用户使用 STM32F4 标准外设库编写 bxCAN 数据发送函数时，先将报文的各段内容分离出来，然后分别存入相应的寄存器中，最后使能发送即可将数据通过 CAN 总线发送出去。

（3）CAN 接收 FIFO

bxCAN 有两个接收 FIFO，分别具有 3 级深度。即每个 FIFO 中有 3 个接收邮箱，共可缓存 6 个接收到的报文。为了节约 CPU 负载、简化软件设计并保证数据的一致性，FIFO 完全由硬件进行管理。接收到报文时，FIFO 的报文计数器自增；反之，FIFO 中缓存的数据被取走后，报文计数器自减。应用程序通过查询 CAN 接收 FIFO 寄存器（CAN_RFxR）可以获知当前 FIFO 中挂起的消息数。

根据 CAN 主控制寄存器 CAN_MCR 的相关介绍，用户配置该寄存器的"RFLM"位可以控制接收 FIFO 上溢后是否锁定。FIFO 工作在锁定模式时，溢出后会丢弃新报文。反之，在非锁定模式下，FIFO 溢出后新报文将覆盖旧报文。

与发送邮箱类似，每个接收 FIFO 也包含 4 个与数据接收功能相关的寄存器，它们的具体名称和功能如下。

- 标识符寄存器（CAN_RIxR）：用于存储接收报文的标准 ID、扩展 ID 等信息；
- 数据长度控制寄存器（CAN_RDTxR）：用于存储接收报文的数据长度 DLC 段信息；
- 低位数据寄存器（CAN_RDLxR）：用于存储接收报文数据段的低 4 字节内容；
- 高位数据寄存器（CAN_RDHxR）：用于存储接收报文数据段的高 4 字节内容。

（4）筛选器

根据 CAN 技术规范，报文消息的标识符 ID 与节点地址无关，它是消息内容的一部分。在 CAN 总线上，发送单元将消息广播给所有接收单元，接收单元根据标识符 ID 的值来判断是否需要该消息。若需要则存储该消息，反之则丢弃该消息。接收单元的整个流程应在无软件干预的情况下完成。

本项目用到的 CAN 节点数量不多，可不使用 bxCAN 的筛选器，使用软件方式即可。

二、调试 CAN 总线的通信故障

当 CAN 总线上的数据与预期的不同时，可借助"CAN 通信抓包分析工具"来抓取原始数据，下面会讲解如何抓取，若无此工具，也可将此部分内容作为了解。

"CAN 通信抓包分析工具"内部其实也是一个完整的 CAN 通信系统，它可接收到 CAN 总线上的数据帧，并将数据帧通过 USART 上传给 PC，供用户参考。该工具的外形及其接线方式如图 5-3-3 所示。

从图 5-3-3 可以看出，该工具的接线方式较为简单，只需将工具上的"CAN_H"和"CAN_L"端子分别用一根香蕉线与 M3 主控模块上相应的接线端子相连，另一端接入 PC 的 USB 接口。

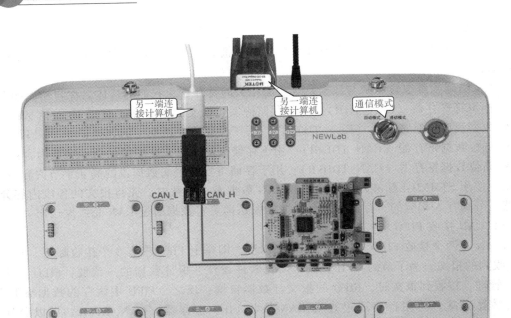

图 5-3-3 "CAN 通信抓包分析工具"的外形及其接线方式

Windows 平台 CAN 通信抓包分析软件的界面如图 5-3-4 所示。

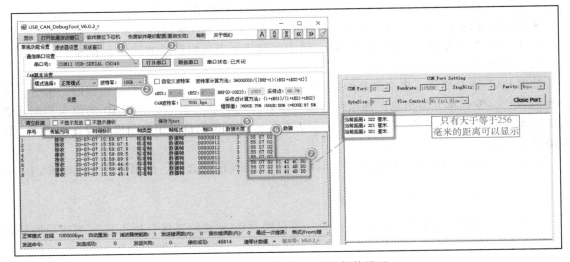

图 5-3-4 CAN 通信抓包分析软件界面

结合图 5-3-4 中的标号对该软件的设置步骤进行分析，设置步骤如下：

- 单击标号①位置，选择正确的"串口号"；
- 在标号②处设置"工作模式"和"波特率"；
- 单击标号③处的"打开串口"按钮；

● 单击标号④处的"设置"按钮使设置的参数生效。

在软件的显示区域可以观察抓取的 CAN 总线上通信帧的各项信息（标号⑤处），包括传输方向、时间标识、帧类型、帧格式、帧 ID、数据长度和数据内容（标号⑥和标号⑦处）等。

三、硬件选型分析

1. 认识超声波传感模块

本任务要求设计汽车倒车雷达功能，因此需要选用超声波传感器。超声波传感器可以分为两大类：一类使用电气方式产生超声波，如压电型、磁致伸缩型等；另一类使用机械方式产生超声波，如液哨、气流旋笛等。

本任务选择压电型超声波传感器，这种类型的超声波发生器内部有两个压电晶片和一个共振板，当其两极外加脉冲信号，其频率等于压电晶片的固有振荡频率时，压电晶片将发生共振并带动共振板振动，从而产生超声波。对于超声波接收器而言，其两极间未加电压，当共振板接收到超声波时将压迫晶片振动，进而将机械能转换为电信号。图 5-3-5 为一个基于 TCT40-16R/T 型超声波传感器设计而成的超声波传感模块。

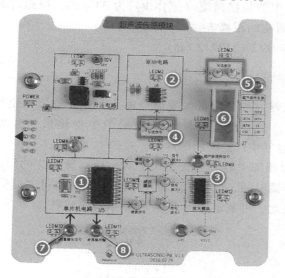

图 5-3-5　超声波传感模块

对图 5-3-5 中的硬件资源说明如下。

标号①：单片机及其外围电路，用于产生驱动电路所需的输入控制信号（标号④处）；

标号②：驱动电路，用于产生驱动超声波传感器的信号（标号⑤处）；

标号③：超声波接收处理电路，由 LM324 组成的三级放大电路，对收到的超声波信号进行放大，最后与单片机产生的滤波信号进行比较，得到接收信号；

标号④：驱动电路的输入控制信号；

标号⑤：放大后的用于驱动超声波传感器的信号；

标号⑥：用于连接超声波收发器的接口；

标号⑦："测量触发信号输入"端子，输入低电平时，超声波传感模块进入测距状态；

标号⑧："距离脉冲输出"端子，在测距状态下该端子将输出如图 5-3-6 所示的波形图，该信号周期约为 100ms，高电平脉冲宽度=超声波接收时刻−超声波发送时刻。

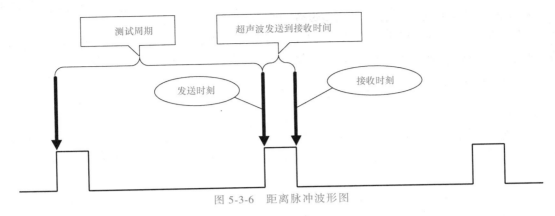

图 5-3-6　距离脉冲波形图

2. 超声波测距原理

超声波测距主要利用其在空气中的传播速度这个特性，超声波发射器向某个方向发送超声波，从发送时刻开始计时。超声波在空气中传播，途中遇到障碍物立刻反弹回来，接收器收到反射波时立即停止计时。超声波在空气中的传播速度（记作 V）为 340m/s，根据计时器记录的传播时间 T，可以得到发射点距离障碍物的距离 L：

$$L = V \times T/2 = 340T/2 \text{（m）} \tag{5-3-1}$$

四、STM32 如何驱动超声波传感模块测距

根据上述超声波传感模块的工作原理，当"测量触发信号输入"端子输入低电平时，超声波传感模块将进入测距状态，此时，在"距离脉冲输出"端子中将输出信号周期约为100ms，高电平脉冲宽度反映超声波在空气中传播时间的脉冲。

因此，可使用 STM32 微控制器定时器的"输入捕获模式"对"距离脉冲"的周期和高电平的持续时间（即超声波在空气中的传播时间，记做 T_h）进行捕获，然后再将"时间 T_h"代入式（5-3-1）中，即可算出距离 L。由此，可制定如图 5-3-7 所示的程序流程。

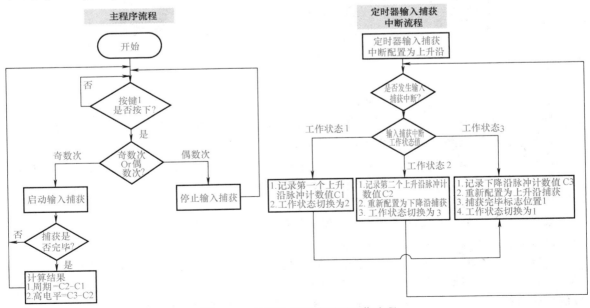

图 5-3-7　STM32 超声波测距工作流程

五、根据任务要求规划 CAN 通信协议

根据本任务的要求，可在任务 2 通信协议的基础上进行扩展，见表 5-3-2。

表 5-3-2   自定义 CAN 通信协议

内容	包头	长度	主指令	副指令 1	副指令 2	校验位	包尾
英文缩写	HEAD	LEN	mCMD	sCMD1	sCMD2	CHKSUM	TAIL
示例	0x55	0x07	0x02	0x01	0x06	0x10	0xDD

对表 5-3-2 中自定义通信协议的各个字段说明如下：

- 包头：固定为 0x55；
- 长度：指示本帧数据的长度，单位为字节，本例中为 0x07；
- 主指令：指示本帧数据的类型，0x01 为温度值，0x02 为距离值；
- 副指令 1：距离值高 8 位部分（单位：mm）；
- 副指令 2：距离值低 8 位部分（单位：mm）；
- 校验位：和校验位，计算"长度"+"主指令"+"副指令 1"+"副指令 2"的和，然后抛弃进位保留低 8 位数据；
- 包尾：固定为 0xDD。

在表 5-3-1 的示例中，副指令 1 为 0x01，副指令 2 为 0x06，表示当前测距值为 262mm。

▶ 任务实施

任务实施前必须先准备好设备和资源，见表 5-3-3。

表 5-3-3   设备和资源清单

序号	设备/资源名称	数量	是否准备到位(√)
1	M3 主控模块	2	
2	超声波传感模块	1	
3	USB 转 RS-232 线缆	1	
4	ST-Link 下载器	1	
5	各色香蕉线	若干	
6	各色杜邦线	若干	
7	CAN 通信代码包	1	
8	超声波传感器驱动代码包	1	

 实施导航

- 修改任务 2 的 STM32CubeMX 工程配置；
- 添加代码包；
- 编写代码；
- 编译下载程序；
- 搭建硬件环境；
- CAN 通信的数据抓包与分析；
- 结果验证。

实施纪要

实施纪要表见表 5-3-4。

表 5-3-4 实施纪要

项目名称	项目 5 汽车传感系统
任务名称	任务 3 设计汽车倒车雷达功能
序号	分步纪要
1	
2	
3	
4	
5	
6	
7	
8	

 实施步骤

1. 修改任务 2 的 STM32CubeMX 工程配置

（1）复制任务 2 的工程并更名

新建文件夹"task3_can-ultrasonic"，将"task2_can-temp. ioc"文件复制到该文件夹，并将其更名为"task3_ can-ultrasonic. ioc"。

（2）配置工程所需 GPIO 引脚功能

本任务需要使用某个 GPIO 引脚输出低电平作为超声波传感模块的"测量触发信号"，另外，还需要使用 M3 主控模块上的"按键 1"启动或停止超声波测距功能。上述两项 GPIO 配置分别如图 5-3-8 和图 5-3-9 所示。

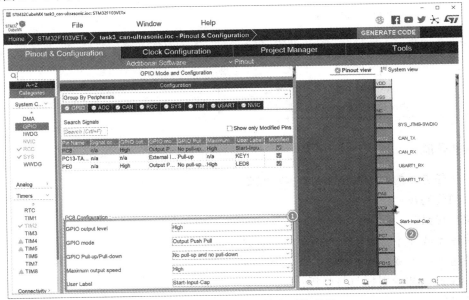

图 5-3-8 测量触发信号输出引脚配置

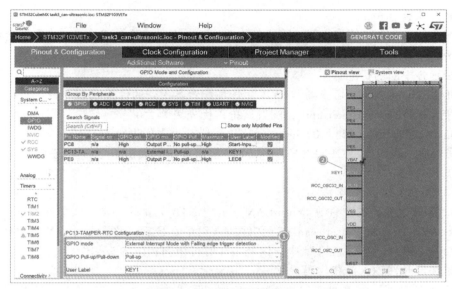

图 5-3-9　按键 1 引脚配置

（3）配置定时器输入捕获功能

本任务需要使用 STM32 微控制器定时器的"输入捕获"功能捕获"距离脉冲"的周期和高电平宽度，因此需要配置定时器的输入捕获功能。配置定时器 2 通道 1 的输入捕获功能的步骤如图 5-3-10 所示。

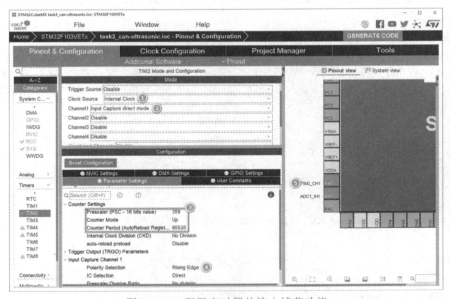

图 5-3-10　配置定时器的输入捕获功能

对图 5-3-10 中的关键配置步骤说明如下。

● 标号①：定时器 2 时钟源选择"Internal Clock（内部时钟）"；

● 标号②：定时器 2 通道 1 功能配置为"Input Capture direct mode（直接输入捕获）"；

● 标号③：分频系数配置为"360（359 + 1）"，即计数频率为 72MHz/360 = 200kHz，一个脉冲的计数周期为 5μs。配置计数模式为"Up（向上计数）"，配置自动重载寄存器值为

"65535（最大计数值 65536）"。

- 标号④：捕获模式配置为"Rising Edge（上升沿）"，即遇到上升沿脉冲将触发捕获中断；
- 标号⑤：配置完成的定时器 2 通道 1。

（4）配置各中断的优先级

电动机"System Core"切换到"NVIC"选项配置各中断的优先级。

- 使能"TIM2 global interrupt"，配置其抢占优先级为"0"；
- 使能"EXTI line［15：10］interrupts"，配置其抢占优先级为"4"。

配置完毕后，可单击"GENERATE CODE"按钮重新生成初始化 C 代码工程。

2. 添加代码包

（1）添加 CAN 通信代码

复制 CAN 通信代码的文件夹"userCAN"至"task3_can-ultrasonic"文件夹下。在工程中建立"userCAN"组，将"user_can.c"文件加入组中。最后，将"userCAN"文件夹加入头文件"Include Paths（包含路径）"中，以便编译时可访问相应的头文件。

（2）添加定时器输入捕获代码

复制 CAN 通信代码的文件夹"userInputCap"至"task3_can-ultrasonic"文件夹下。在工程中建立"userInputCap"组，将"user_inputcap.c"文件加入组中。最后，将"userInput-Cap"文件夹加入头文件"Include Paths（包含路径）"中，以便编译时可访问相应的头文件。

3. 编写代码

（1）将 USART1 输出重定向至 printf 函数

参考项目 4 任务 2 的相关步骤，在"usart.c"文件中输入相应的代码，将 USART1 的输出重定向至 printf 函数。

（2）编写应用层代码

在"main.c"文件相应的位置输入以下代码。

```
1.  /* USER CODE BEGIN PV */
2.  #define MCMD_ULTRASONIC 0x02            //超声波主指令
3.  uint8_t pTxData[8];                     //发送缓存
4.  uint8_t pRxData[8];                     //接收缓存
5.  uint8_t masterCMD, slaveCMD1, slaveCMD2; //主指令和副指令
6.  int distance = 0;                       //距离值
7.  uint8_t h_dis, l_dis;                   //距离值高 8 位和低 8 位
8.  uint8_t keydown_flag = 0, key_count = 0;
9.  /* USER CODE END PV */
10. /* USER CODE BEGIN 0 */
11. #if DEV_SLAVE //监测从机代码
12. void InputCap_CANSend_Task(void)
```

```
13. {
14.   static uint32_t last_time;
15.   if ((uint32_t)HAL_GetTick() - last_time >= 300)
16.   {
17.     last_time = HAL_GetTick();
18.     /* 组建要发送的数据  */
19.     build_payload(MCMD_ULTRASONIC, h_dis, l_dis);
20.     /* 通过 CAN 总线发送数据  */
21.     Can_Send_Msg(0x12, (uint8_t *)pTxData, strlen((const char *)pTxData));
22.   }
23. }
24. #endif
25. /* USER CODE END 0 */
26. int main(void)
27. {
28.   /* USER CODE BEGIN 2 */
29.   CAN_User_Config(&hcan); //配置 CAN 通信参数并启动 CAN 控制器
30.   printf("CAN ultrasonic test.\n");
31.   /* USER CODE END 2 */
32.   /* Infinite loop */
33.   /* USER CODE BEGIN WHILE */
34.   while (1)
35.   {
36.     /* USER CODE END WHILE */
37.     /* USER CODE BEGIN 3 */
38. #if DEV_MASTER //中控主机代码
39.     if (rx_done_flag == 1)
40.     {
41.       rx_done_flag = 0;
42.       if (rcvdata_process(can_rx_data, &masterCMD, &slaveCMD1, &slaveCMD2) < 0)
43.       {
44.         //printf("接收数据校验错误.\n");
45.       }
46.       else if (masterCMD == MCMD_ULTRASONIC) //如果收到了距离数据
47.       {
48.         distance = slaveCMD1 * 256 + slaveCMD2;
49.         printf("当前距离:%d 毫米.\n", distance);
```

```
50.        }
51.        masterCMD = slaveCMD1 = slaveCMD2 = 0x00;
52.        memset(can_rx_data, 0, 8);
53.    }
54. #elif DEV_SLAVE  //监测从机代码
55.    if (keydown_flag == 1)
56.    {
57.        key_count++;
58.        keydown_flag = 0;
59.        if (key_count % 2 == 1)
60.            start_input_cap();  //开启输入捕获功能
61.        else if (key_count % 2 == 0)
62.            stop_input_cap();  //停止输入捕获功能
63.    }
64.    if (uhCaptureDone == 1)
65.    {
66.        uhCaptureDone = 0;
67.        //printf("Frequenty is %ld\n", uwFrequency);

68.        /* 计算距离 /2 单程 | /1000000 转换 μs | *1000 m 转换 mm */
69.        distance = (float)uwDiffCapture32 * 5 * 340.0 / 2 / 1000000 * 1000;
70.        //printf("Distance is %d mm\n", distance);
71.        h_dis = distance >> 8;
72.        l_dis = distance & 0x00FF;
73.        //printf("h_dis = %d, l_dis = %d\n", h_dis, l_dis);

74.        InputCap_CANSend_Task();  //每隔 0.3s 发送一次数据
75.    }
76. #endif
77.    }
78.    /* USER CODE END 3 */
79. }
80. /* USER CODE BEGIN 4 */
81. void HAL_GPIO_EXTI_Callback(uint16_t GPIO_Pin)
82. {
83.    if (GPIO_Pin & KEY1_Pin)
84.        keydown_flag = 1;
85. }
86. /* USER CODE END 4 */
```

在"main.h"文件相应的位置输入以下代码。

```
1.  /* USER CODE BEGIN Includes */
2.  #include "user_can.h"
3.  #include "user_inputcap.h"
4.  #include <stdio.h>
5.  #include <string.h>
6.  /* USER CODE END Includes */
7.  /* USER CODE BEGIN ET */

8.  extern uint8_t pTxData[8];              //发送缓存

9.  /* USER CODE END ET */
10. /* USER CODE BEGIN EM */

11. #define DEV_MASTER 0 //中控主机预编译宏

12. #define DEV_SLAVE 1 //监测从机预编译宏

13. /* USER CODE END EM */
```

4. 编译下载程序

（1）编译下载中控台程序

本任务中的两个节点可共用大部分的程序，两者仅在应用层方面有所区别，因此两个节点可共用一个工程。将"main.h"中的预编译宏修改如下。

```
1.  /* USER CODE BEGIN EM */

2.  #define DEV_MASTER 1 //中控台预编译宏

3.  #define DEV_SLAVE 0  //监测节点预编译宏

4.  /* USER CODE END EM */
```

使用快捷键"F7"编译程序。若程序编译没有错误，接好 ST-Link 下载器后，使用快捷键"F8"即可下载程序至 M3 主控模块，也可以用串口 ISP 方式下载。

（2）编译下载监测节点程序

将"main.h"中的预编译宏修改如下。

```
1.  /* USER CODE BEGIN EM */

2.  #define DEV_MASTER 0 //中控台预编译宏

3.  #define DEV_SLAVE 1  //监测节点预编译宏

4.  /* USER CODE END EM */
```

使用快捷键"F7"编译程序。若程序编译没有错误，接好 ST-Link 下载器后，使用快捷键"F8"即可下载程序至 M3 主控模块。

5. 搭建硬件环境

选取两个 M3 主控模块，使用杜邦线将两个模块的"CAN 通信"端子相连，即两个

"CAN_H"端子相连，两个"CAN_L"端子相连。

选取超声波传感模块，按照以下步骤将其与监测节点的 M3 主控模块相连：

- 监测节点的 M3 主控模块的"PC8"连接超声波传感模块的"测量触发信号"端子；
- 监测节点的 M3 主控模块的"PA0"连接超声波传感模块的"距离脉冲输出"端子。

说明：由于超声波传感模块通过 USART 口输出测距信息，将会干扰中控台节点向上位机串口调试助手输出运行结果，因此超声波传感模块使用"智慧盒"进行供电（不安装在 NEW-Lab 实验平台上）。

搭建好的硬件环境如图 5-3-11 所示。

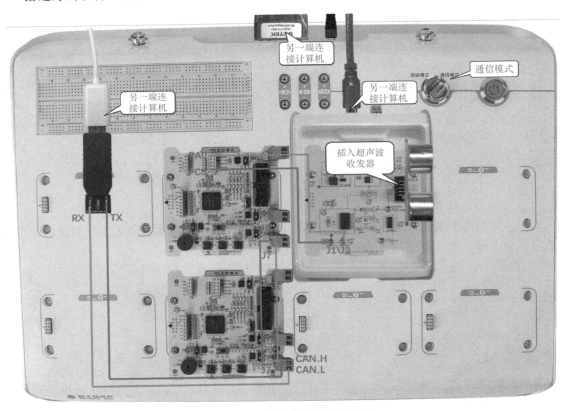

图 5-3-11　完成接线的硬件环境

6. CAN 通信的数据抓包分析

完成程序的下载与硬件环境的搭建后，可为实验平台上电并运行程序。在程序的运行过程中发现：短测距值不显示，只有大于 256mm 的测距值才能显示，具体如图 5-3-4 所示。

对图 5-3-4 中抓取的 CAN 通信帧分析如下：

比较标号⑥和标号⑦处的通信帧数据可以发现：标号⑥处的数据长度异常，只有 3 字节（此时障碍物距离超声波发射器距离小于 256mm）；

移动障碍物，使之与超声波发射器的距离大于等于 256mm 时，可以抓取到标号⑦处的通信帧内容，同时在上位机的串口调试助手可收到中控台节点输出的距离信息，如图 5-3-4 的右半部图片所示。

分析 Bug 产生的原因，当超声波测距值小于 256mm 时，距离值高 8 位的数据为"0x00"。在编写监测节点数据发送函数——InputCap_CANSend_Task（void）时，使用"strlen（（const char ＊ ）pTxData）"语句获取发送数据的长度，此函数遇到 ASCII 码值"0"时，将会停止计算字符串长度，这就造成了 CAN 通信时只发送前 3 字节的数据。

对监测节点的 CAN 数据发送语句作如下修改可使实验结果正常：

```
1.    Can_Send_Msg(0x12, (uint8_t *)pTxData, 7);
```

7. 结果验证

打开 PC 的串口调试助手工具，选择正确的"COM Port"与控制台的 USART1 相连，同时，打开 CAN 通信抓包分析软件。为 NEWLab 实验平台上电，可在工具中观察到如图 5-3-12 所示的实验结果。

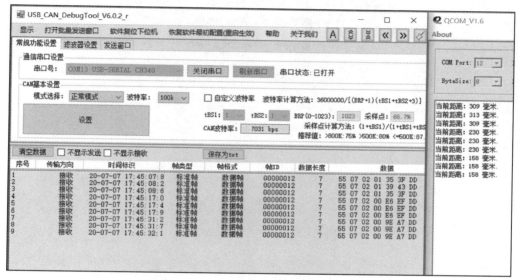

图 5-3-12　设计汽车倒车雷达功能实验结果

任务检查与评价

完成任务实施后，进行任务检查与评价，任务检查与评价表存放在本书配套资源中。

任务小结

本任务首先详细分析了 STM32 的 bxCAN 控制器，包括 bxCAN 的主要特性、工作模式、测试模式及 bxCAN 的组成。然后分析了如何借助"CAN 通信抓包分析工具"调试 CAN 总线的通信故障，对该工具的工作原理和配置过程进行了详细介绍。

通过本任务的学习，可对 STM32 的 bxCAN 外设有更深入的了解，有助于设计出符合项目需求的 CAN 总线数据收发应用程序。另外，读者通过对 CAN 总线通信帧的抓取与分析实践，提高了故障调试的能力。本任务相关知识技能小结的思维导图如图 5-3-13 所示。

任务拓展

请在现有任务的基础上添加一项功能，具体要求如下：

- 不影响原有的功能；
- 中控节点发送命令控制测距节点，实现远程启动或停止"超声波测距"功能。

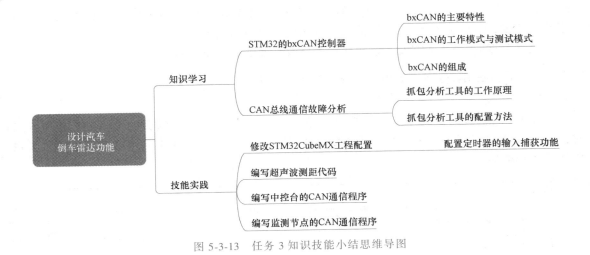

图 5-3-13　任务 3 知识技能小结思维导图

低功耗广域技术篇

项目 ⑥

基于LoRa的智能停车系统

近年来，随着车辆保有量逐年快速增加，停车难、停车场管理难等问题变得日益严峻。采用信息化技术来提高车位利用率和停车管理的效率是缓解"停车难"问题的有效途径。

传统的停车场管理存在以下问题：

1）支付方式单一。有些停车场还保留"现金收费"的模式，这种模式人工成本高、工作效率低，同时还给财务管理带来不便。

2）人力成本高。人工管理模式需配备岗亭收费管理人员，随着人员工资的日益增长，管理方需增加大量的人力成本。

3）出入口拥堵。车主在出入口缴费需排队等候，甚至有部分传统停车场采用取卡方式，造成通行效率低。

4）布线成本高。停车场的每个车位需要加装地磁、超声波等设备以感知车位是否被占用，极大地延长了建设工期，并给停车场的建设增加了大量的布线成本。

LoRa 作为一种无线技术，基于 Sub-GHz 的频段使其更易以较低功耗远距离通信，可以使用电池供电或者其他能量收集的方式供电。较低的数据速率延长了电池寿命，增加了网络容量。LoRa 信号对建筑的穿透力也很强，这些技术特点决定了其特别适合于低成本大规模的物联网部署。

图 6-1-1 展示了基于 LoRa 通信技术的智能停车场系统架构。

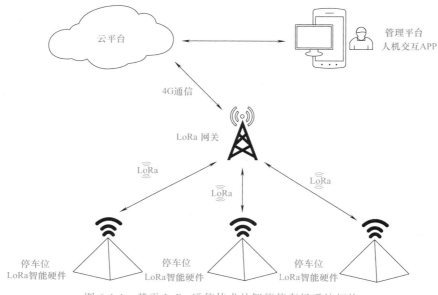

图 6-1-1　基于 LoRa 通信技术的智能停车场系统架构

从图 6-1-1 可以看出，LoRa 通信技术很好地解决了停车场中大量前端感知设备的组网问题，具有免布线、低成本以及快捷部署等优势。本项目将学习实践基于 LoRa 的智能停车系统中的关键技术。

任务 1　建立 LoRa 通信网络

职业能力目标

- 会查阅 LoRa 开发指南，搭建开发环境并完成程序的移植、配置、调试与下载；
- 能利用 LoRa 调制解调技术编程组建 LoRa 无线通信网络，完成数据的收发。

任务描述与要求

任务描述：某大型商超需要为其停车场配备智能停车系统，本任务要求为基于 LoRa 的智能停车系统建立一个 LoRa 通信网络，实现各节点之间的数据双向收发功能。

任务要求：

- 主节点与从节点之间通过 LoRa 通信技术进行连接；
- 主节点每隔 3s 向从节点 1 发送 "ping" 消息，并在其后加入消息序号，如 "ping0001" "ping0007" 等；
- 从节点 1 收到 "ping" 消息后翻转其上的 LED2 灯作为指示，同时回复 "pong" 消息给主节点，其后加入的消息序号格式与 "ping" 消息相同。

任务分析与计划

任务分析与计划见表 6-1-1。

表 6-1-1　任务分析与计划

项目名称	项目6　基于 LoRa 的智能停车系统
任务名称	任务1　建立 LoRa 通信网络
计划方式	自主设计
计划要求	请用 8 个计划步骤完整描述出如何完成本任务
序号	任务计划
1	
2	
3	
4	
5	
6	
7	
8	

知识储备

一、低功耗广域技术

低功耗广域技术（Low Power Wide Area，LPWA）可使用较低功耗实现远距离的无线信号传输。与常见的低功耗蓝牙（BLE）、ZigBee 和 Wi-Fi 等技术相比，LPWA 技术的传输距离更远，一般为千米级，其链接预算（link budget）可达 160dBm，而 BLE 和 ZigBee 等一般在 100dBm 以下。和传统的蜂窝网络技术（2G、3G）相比，LPWA 的功耗更低，电池供电的设备使用寿命可达数年。基于这两个显著特点，LPWA 技术可以真正使能物物互联，助力和引领未来物联网的技术革命。

物联网通信技术根据其传输距离来划分，可以分为两大类：

1）短距离通信技术，包括 ZigBee、Wi-Fi、Bluetooth 和 Z-Wave 等。

2）长距离通信技术，主要包括电信运营商的蜂窝移动通信技术和低功耗广域技术。图 6-1-2 从覆盖面积和传输速率方面对各种通信技术进行了比较。

低功耗广域网络（Low Power Wide Area Network，LPWAN）即

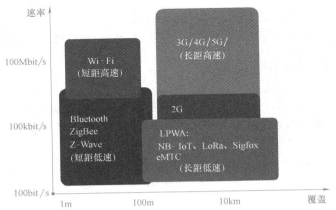

图 6-1-2　各种物联网通信技术的比较

是使用 LPWA 技术搭建的无线通信网络。LPWAN 的覆盖范围广、终端节点功耗低、网络结构简单、运营维护成本低。目前主流的 LPWA 技术有两大阵营。

一类工作在 Sub-GHz 非授权频段，如 LoRa、SigFox 等。LoRa 技术标准由美国 Semtech 研究提出，并在全球范围内成立了广泛的 LoRa 联盟。SigFox 技术标准由法国的 SigFox 公司研究提出，由于其使用的频段与国内的频谱资源冲突，暂时未在国内得到应用。

另一类工作在授权频段，如 NB-IoT、eMTC 等。eMTC 的全称是 LTE enhanced MTO，是基于 LTE 演进的物联网技术。为了更加适合物与物之间的通信，也为了降低成本，它对 LTE 协议进行了裁剪和优化。eMTC 基于蜂窝网络进行部署，支持上下行最大 1Mbit/s 的峰值速率，可以支持丰富、创新的物联应用。

上述各种 LPWA 技术各有其特点，可用于不同的应用领域，表 6-1-2 从多个方面对 NB-IoT、eMTC 和 LoRa 技术进行了对比。

表 6-1-2　NB-IoT、eMTC 和 LoRa 技术对比

技术标准	组织	频段	频宽	传输距离	速率	连接数量	终端电池	网络建设
NB-IoT	3GPP	1GHz 以下授权运营商频段	200kHz	市区 1~8km 郊区 25km	上行 14.7~4.8kbit/s 下行 150kbit/s	5 万	10 年	LTE 软件升级
eMTC	3GPP	运营商频段	1.4MHz	<20km	<1Mbit/s	10 万	10 年	LTE 软件升级
LoRa	LoRa 联盟	1GHz 以下非授权 ISM 频段	125/500kHz	市区 3~5km 郊区 15km	0.18~37.5kbit/s	1 万	10 年	新建网络

二、LoRa 技术初探

1. 什么是 LoRa

LoRa（Long Range Radio，远距离无线电）是一种基于扩频技术的远距离无线传输技术，是众多 LPWA 技术中的一种，最早由美国的 Semtech 公司创建并推广。LoRa 最大的特点是在同样的功耗条件下比其他无线方式传播的距离更远（扩大 3~5 倍），实现了低功耗和远距离的统一。目前，LoRa 主要在 ISM（Industrial Scientific Medical，工业科学医疗）免费频段运行，主要包括 433、868 和 915MHz 等。

扩展阅读： LoRa 与 LoRaWAN

LoRa 是 LPWAN 通信技术中的一种，SX1272、SX1276 和 SX1278 等 LoRa 芯片使用 CSS（Chirp Spread Spectrum，线性调频扩频）技术来组成协议栈的物理层（PHY）。

LoRaWAN 是一种媒体访问控制（MAC）层的协议，专为具有单一运营商的大型公共网络而设计。它使用 Semtech 的 LoRa 调制技术构建，由 LoRa 联盟维护。图 6-1-3 展示了 LoRa 与 LoRaWAN 之间的关系。

动画 LoRa 与 LoRaWAN

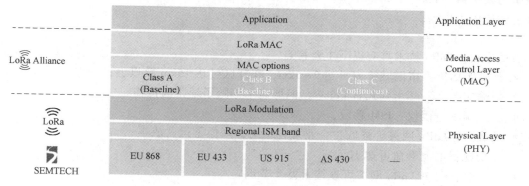

图 6-1-3　LoRa 与 LoRaWAN

图 6-1-4 展示了 LoRaWAN 的网络架构。

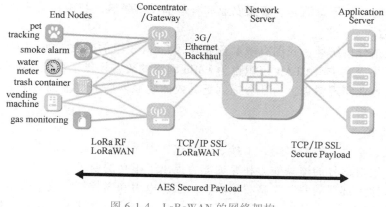

图 6-1-4　LoRaWAN 的网络架构

从图 6-1-4 中可以看出，LoRaWAN 的网络实体分为四个部分：终端节点、网关、网络运营服务器和应用服务器。

- End Nodes：终端节点，一般是各类传感器，进行数据采集、开关控制等。
- Concentrator/Gateway：LoRaWAN 集中器/网关，对收集到的节点数据进行封装转发。
- Network Server：网络运营服务器，主要负责上、下行数据包的完整性校验。
- Application Server：应用服务器，简称 AS。主要负责 OTAA 设备的入网激活，应用数据的加、解密。用户应用则从 AS 中接收来自节点的数据，进行业务逻辑处理，通过 AS 提供的 API 接口向节点发送数据。

---

2. LoRa 的技术背景

2013 年 8 月，Semtech 公司发布了一种使用 Sub-GHz 超长距离低功耗数据传输技术的芯片，即 LoRa 芯片。该芯片的接收灵敏度达到 −148dBm，相比业界其他同类产品提高了 20dB 以上，极大地改善了网络连接的可靠性。

LoRa 芯片之所以能做到低功耗与长传输距离的统一，这与它背后优秀的技术是分不开的。LoRa 使用了线性扩频（Chirp Spread Spectrum，CSS）调制技术，既保持了与频移键控（Frequency Shift Keying，FSK）调制相同的低功耗特性，又明显地增加了通信距离，增强了抗干扰性能（使用不同扩频序列的终端即使采用同频发送也不会产生串扰）。基于上述特性，LoRa 网络中的集中器/网关（Concentrator/Gateway）可并行接收并处理多个 LoRa 节点的数据，系统容量也因此大大提高。

3. LoRa 的技术特点

总的来说，LoRa 技术具有以下主要特点。

- 传输距离远：市区城镇内可达 2~5km，在郊区可达 15km 及以上；
- 传输速率低：几十到几百 kbit/s，但低速率伴随了远距离传输；
- 工作频段免授权：ISM 频段；
- 低成本：LoRa 网关价格低，企业可自组网，降低了运营成本；
- 低功耗：电池寿命可达 10 年；
- 大容量：一个 LoRa 网关可连接上万个节点。

4. LoRa 的应用场景

LoRa 的技术特点决定了其适合部署在传输距离远、功耗低以及容量大的物联网应用场景。同时，LoRa 还可满足有定位跟踪需要的应用需求。具体而言，LoRa 技术可应用在智慧城市、智能停车、智慧医疗、智慧消防、智慧农业和智慧油田等领域。我国在某些重点领域也已开展了 LoRa 网络的建设。

根据有关数据分析统计，我国有多家企业开展 LoRa 模组的研发，如 AUGTEK、普天通达、NPLink、锐捷网络等。中兴 CLAA 组织也为 LoRa 网络的覆盖提供了积极的推动力，未来 LoRa 网络将会在各行各业实现覆盖，为社会提供更高效的物联网服务。下面对 LoRa 技术在不同场景中的应用进行分析。

（1）智慧城市

传统的电表、水表、气表采用人工抄表的形式，因而成本高、易出错。由于三表安装位置相对比较隐蔽，这对信号的覆盖能力和穿透能力提出了很高的要求。

目前城市道路上部署的井盖类型有雨水、污水、电力和通信等，数量众多。井盖一旦被非法开启或盗窃，将存在极大的安全隐患，因此，监控井盖的异常状况并监督其恢复情况对确保市民安全、防涝减灾等方面具有重大的意义。但井盖的数量众多，且监控设备的安装不可外露（必须在铸铁盖下），这项应用对设备组网的容量和信号的穿透性能提出了较高的要求。

随着城镇化的发展，人口密集城市的垃圾桶管理对城市的整洁度具有重要意义。人们不愿意看到垃圾桶被随意挪动、倾倒或者爆满。采取对垃圾堆积高度、桶倾斜或者被移动等异常情况进行监测，并将数据上报管理中心的方式可有效地缓解垃圾桶管理中的难点，此项应用最大的难点是信号的覆盖与成本控制问题。

在上述三项智慧城市的案例中，LoRa技术的广覆盖、低成本、大容量的优势可以很好地解决应用场景中存在的难点，可以较完美地胜任以上应用场景。

（2）智慧消防

火灾是现实生活中最常见、危害最大的灾难之一，直接关系到人民的生命和财产安全。当前城市的消防建设中仍然存在一些安全隐患，将LoRa技术应用其中，发挥其技术优势，可有效地遏制安全隐患的产生。

一是城市中存在大量消防安全监控盲点。火灾报警监测终端的远程管控。通过在各盲点区域部署智能无线独立式烟感探测器、声光报警器和手动报警器等设施，各设备监测到异常情况时，通过其内置的LoRa模组上报数据至网关，网关对数据进行处理融合后上传至平台层和用户监控APP。

二是由于线路老化短路、负荷过高造成的电气火灾隐患。通过在低压配电柜内设置电气火灾监测终端，可实现准确、全天候地监测电气线路中的电压、电流和温度实时情况。

三是燃气泄漏引发的爆炸、中毒和火灾隐患。设置可燃气体探测报警器对环境中的有害气体进行实时连续地采集，通过LoRa网络发送到运营监控中心，可实现对险情的及时处理。

四是由于消防栓水压不足或无水造成不能及时灭火进而使灾难扩大。设置投入式液位计实时监测消防水池或高位水箱的水位变化，在消防管网中设置无线压力变送器实时监测管网内的水压，发现异常则通过LoRa网络反馈至消防物联网平台。

（3）智慧农业

智慧农业即是将信息技术应用并贯穿农业发展的各个环节，进而起到大幅度提高农业生产效率和生产力的效果，全面促进农业现代化发展进程。

草原畜牧业的应用场景广阔，在草原监控区域需要设置环境数据（温度、水质等）监控终端，对于牛、羊等家畜，则有定位以及发情期监控等需求。

渔场需要放置大量的监测终端，用于对水温、水质、溶解氧情况进行采集并上报后台服务器，为投苗、用药、排污等精准养殖需求提供大数据分析决策。

智能灌溉应用场景中，需要外接多种传感器，如土壤湿度检测传感器、电导率和自保持式电磁阀等。

上述各项智慧农业具体的应用场景也对广覆盖、易部署、易维护、抗干扰性能好以及低成本有较高的需求，使用LoRa技术作为解决方案，每5km直径范围设置一台LoRa网关，可以完美且低成本地解决智慧农业各场景的低频数据回传的问题。

三、硬件选型分析

1. LoRa模块板载硬件资源

本项目的目标是设计智能停车系统，停车场内障碍物众多，且车位监测设备的安装高度较低，因此系统对无线通信技术的覆盖性能与信号的穿透性能提出了较高的要求。根据本项目对无线通信技术提出的要求，可选择使用低功耗广域技术——LoRa作为系统的无线通信解决方案。图 6-1-5 是一个基于 LoRa 模组设计的模块电路板。

图 6-1-5　LoRa 模块电路板

接下来对图 6-1-5 中的主要板载硬件资源进行介绍。

- 标号①：ADC 信号输入端子，用于连接外部输出"模拟量"信号的传感器；
- 标号②：基于 Semtech SX1278 芯片的 LoRa 模组；
- 标号③：LoRa 模组的天线连接端子；
- 标号④：LoRa 模组的 SPI 接口拨码开关，一般将"1234"都向上拨，使 LoRa 模组与
STM32 微控制器的 SPI 接口相连；
- 标号⑤：LED1 和 LED2 指示灯，可用于程序运行状态的指示，分别连接"PA3"和
"PB8" GPIO 引脚。

2. LoRa 模组介绍

本 LoRa 模块电路板上集成了利尔达公司提供的 LSD4RF-2F717N30 无线模组，它是一款基于 Semtech 射频集成芯片 SX1278 的射频模组，是一款高性能物联网无线收发器，其特殊的 LoRa 调试方式可以大大增加通信距离，可广泛应用于各种场合的远距离物联网无线通信领域。该模组的主要特点如下。

- 工作电压：2.4~3.6V；
- 工作频段：401~510MHz；
- 发射功率：Max.（19 ± 1）dBm；
- 超高接收灵敏度：-(136±1) dBm（在 250bit/s 时）；
- 超远有效通信距离：5km（在 250bit/s 时）（城市公路环境，非旷野环境）；
- 使用扩频技术通信，同样的城市、工业应用环境，性能优于使用传统调制方式工作的射频产品，在恶劣的噪声环境下（电表、电动机等强干扰源附近，电梯井、矿井、地下室等天然屏蔽环境）优势尤为明显；

- 高保密性：采用 LoRa 调制方式，传统无线设备无法对其进行捕获、解析；
- 高隐蔽性：带内平均功率低于底噪时仍然可以正常通信，无线监听设备无法监听到；
- 采用 LoRa 调制方式，同时兼容并支持 FSK、GFSK、OOK 传统调制方式；
- 支持硬件跳频（FHSS），与 LoRa 扩频技术相结合，可实现超强的通信隐蔽性和安全性；
- 低功耗：接收电流≤14mA；睡眠电流≤2μA；
- SPI 通信接口，可直接连接各种单片机使用，软件编程方便。

SX1276/77/78 收发器主要采用 LoRa 远程调制解调器，用于超长距离扩频通信，抗干扰性强，能够最大限度地降低电流消耗。

四、LoRa 节点端驱动软件包分析

Semtech 公司提供了 LoRa 节点端可用的软件包，软件包内含 LoRa 芯片的 SPI 接口驱动程序、LoRaWAN 协议栈源代码等内容。上述软件包项目名为"LoRaMac-node"，托管在 github 网站上，项目地址为 https：//github. com/Lora-net/LoRaMac-node。

1. LoRa 软件包的文件结构

将压缩包"LoRaMac-node-4.3.2"解压，然后进入解压后的文件夹，LoRa 节点端驱动软件包根目录的文件如图 6-1-6 所示。

图 6-1-6　LoRaMac-node 软件包文件夹

图 6-1-6 中各文件与文件夹的作用分析如下。
- coIDE：基于"coIDE"集成开发环境工具构建的工程；
- Doc：电路原理图与芯片 Datasheet 文件；
- Keil：基于"Keil MDK ARM"集成开发环境工具构建的工程；
- src：LoRa 芯片驱动程序与 LoRaWAN 协议栈源代码；
- readme. md：github 项目说明文档；
- LICENSE：开源协议说明文档。

在上述文件和文件夹中，最重要的是 src 文件夹，该文件夹的内容如图 6-1-7 所示。

对 src 文件夹中的内容分析如下。
- apps：各种 LoRa 应用，含 LoRaWAN、点对点通信、射频灵敏度测试应用程序等；

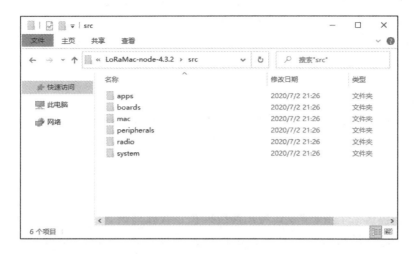

图 6-1-7　src 文件夹内容

- boards：各种单片机的板级支持包，如 STM32L0 和 STM32L1 系列；
- mac：LoRaWAN 协议栈的 MAC 层源代码以及一些加密算法；
- peripherals：板载外设的驱动，如 MMA8451 三轴加速计、mag3110 磁力计等；
- radio：LoRa 射频芯片 SX1276 等的驱动程序；
- system：单片机 GPIO、定时器、ADC、I^2C 等实现底层函数，为板级支持包提供支撑。

2. LoRa 软件包移植思路

从上述 src 文件夹的构成分析中可以得出以下结论。

apps、boards 和 periphrals 文件夹的内容随着"应用场景"与"板载硬件资源"的不同而变化，属于可定制或重新开发的范畴；

mac 文件夹的内容对于大规模 LoRa 网络且需要使用 LoRaWAN 协议栈的应用是必不可少的，但对于小规模点对点通信则无须用到该文件夹内的源代码；

radio 文件夹内的驱动源代码很重要，它为单片机通过 SPI 接口与 LoRa 射频芯片（SX1276 或 SX1278 等）进行通信提供了支撑；

system 文件夹内的单片机外设驱动底层函数可根据用户的硬件电路板进行定制。

综上所述，用户在开发小型点对点的 LoRa 组网应用时，除了可保留 radio 和 mac 两个文件夹无须变动，应根据项目需求和板载硬件资源对 Semtech 官方提供的 LoRa 节点端驱动软件包进行修改定制。

五、规划通信协议

LoRa 节点在发送消息时采用"广播"的形式，即工作在同频且在信号覆盖范围内的其他 LoRa 节点都可以收到该消息。因此，需要通过软件编程的方法为同一区域内的 LoRa 节点进行网络划分，如为若干 LoRa 节点设置相同的网络 ID，然后为每个节点分配不同的地址，即可实现消息的"单播"或者"组播"。另外，根据本任务的要求，主节点需要在发送的"ping"消息后加入长度为 4B 的消息序号，可制定如表 6-1-3 所示的通信协议。

表 6-1-3　自定义 LoRa 通信协议

数据帧构成	网络 ID(4B)	消息主体(4B)	消息编号(4B)
数据帧示例	3F56	ping	0005

表 6-1-3 给 出 了 自 定 义 的 LoRa 通 信 协 议，一 帧 数 据 共 占 12B。在 数 据 帧 样 例 "3F56ping0005"中，"3F56"为网络 ID，"ping"为消息主体，"0005"为消息编号。

任务实施

任务实施前必须先准备好设备和资源，见表 6-1-4。

表 6-1-4　设备和资源清单

序号	设备/资源名称	数量	是否准备到位(√)
1	LoRa 模块	2	
2	智慧盒	1	
3	USB 转 RS-232 线缆	1	
4	方头 USB 线	1	

 实施导航

- 基于 STM32CubeMX 建立工程；
- 添加驱动代码包；
- 编写代码；
- 编译下载程序；
- 搭建硬件环境；
- 结果验证。

 实施纪要

实施纪要见表 6-1-5。

表 6-1-5　实施纪要

项目名称	项目 6　基于 LoRa 的智能停车系统
任务名称	任务 1　建立 LoRa 通信网络
序号	分步纪要
1	
2	
3	
4	
5	
6	
7	
8	

实施步骤

1. 基于 STM32CubeMX 建立工程

（1）建立工程存放文件夹

在任意路径新建文件夹"project6_lora"用于存放项目 6 的工程，然后在该文件夹下新建文件夹"task1_lora-network"用于保存本任务工程。

（2）新建 STM32CubeMX 工程

参照项目 2 任务 2 相关步骤新建 STM32CubeMX 工程，MCU 型号修改为"STM32L151C8TxA"。

（3）配置 STM32 时钟系统和调试端口

参照项目 2 任务 2 相关步骤配置调试端口。

按照图 6-1-8 所示步骤进行时钟系统的配置，注意标号处的配置。

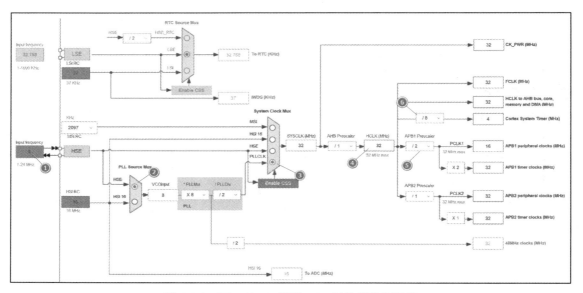

图 6-1-8　STM32L151 系列 MCU 时钟系统的配置

- 标号①：晶体振荡器频率设置为 8MHz；
- 标号②：PLL 时钟源选择 HSE；
- 标号③：系统时钟源选择 PLL；
- 标号④：HCLK 配置为 32MHz；
- 标号⑤：PCLK1 配置为 HCLK 的 2 分频，即 16MHz；
- 标号⑥：Systick 时钟源配置为 HCLK 的 8 分频，即 4MHz。

（4）配置 STM32 的外设

根据任务要求，本任务需要配置的 STM32 外设包括 USART1、SPI、Timer 和 LED 灯 GPIO，配置步骤如下：

- 参照项目 2 任务 2 相关步骤配置 USART1 的波特率为 115200bit/s，使能全局中断。
- 参照项目 2 任务 2 相关步骤配置 LoRa 模块电路板上两个 LED 灯连接的 GPIO 引脚"PA3"和"PB8""User Label"分别设置为"LED1"和"LED2"。

● 参照图 6-1-9 进行 SPI1 外设的配置，注意标号②处选择模式为"Full-Duplex Master（全双工主机）"。

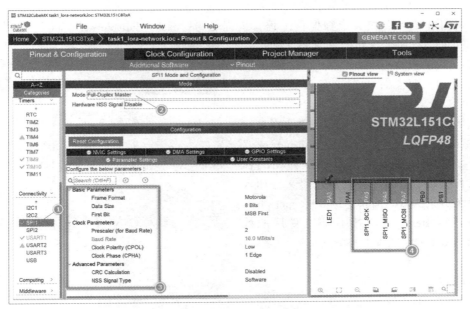

图 6-1-9　SPI1 外设的配置

● 参照图 6-1-10 进行定时器 9 和定时器 10 的配置（采用相同的配置参数）。标号②处的时钟源选择"Internal Clock（内部时钟源）"。另外，需注意标号③处的参数配置，分频系数配置为"32-1"，计数模式为"Up"，自动重载值为"1000-1"，即将定时器的更新周期配置为"1ms"。

● 最后，切换到"NVIC Settings"界面，分别使能 TIM9 和 TIM10 的全局中断以及 USART1 的全局中断。

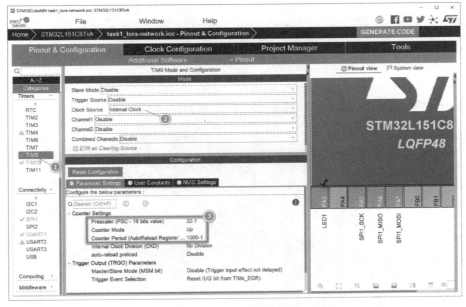

图 6-1-10　定时器的配置

（5）配置工程参数

参照项目 2 任务 2 相关步骤配置工程参数。

（6）保存工程并生成初始化代码

参照项目 2 任务 2 相关步骤保存工程，工程名为"task1_lora-network.ioc"，单击"GEN-ERATE CODE"按钮生成初始 C 代码工程。

2. 添加代码包

（1）复制代码文件夹至工程目录并建立分组

复制 LoRa 节点的驱动与通信代码的文件夹"NLE-LoRaMac"至"task1_lora-network"文件夹下。参照图 2-2-16 所示的步骤在工程中建立文件分组，并将相应的源代码文件加入组中。组名分别为 userApps、boards、peripherals、radio 和 system，加入源代码文件后的效果分别如图 6-1-11~图 6-1-15 所示。

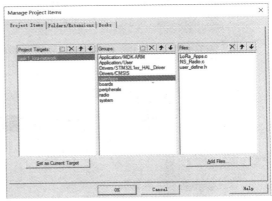

图 6-1-11　userApps 组及其添加的文件

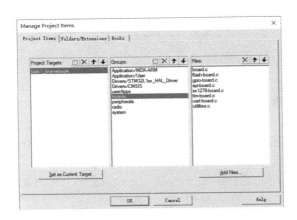

图 6-1-12　boards 组及其添加的文件

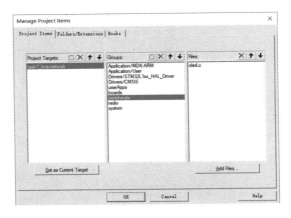

图 6-1-13　peripherals 组及其添加的文件

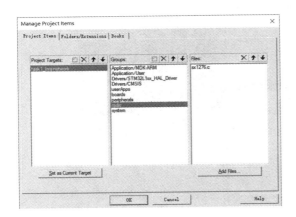

图 6-1-14　radio 组及其添加的文件

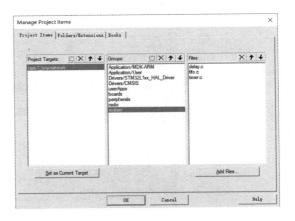

图 6-1-15　system 组及其添加的文件

（2）将相应目录加入头文件包含路径

将相应目录加入头文件"Include Paths（包含路径）"中，以便编译时可访问相应的头文件，具体添加的路径如图 6-1-16 中的方框部分所示。

3. 编写代码

（1）编写射频模块事件回调函数注册程序

在"NS_Radio.c"文件的 NS_RadioEventsInit( )函数中输入下列代码。

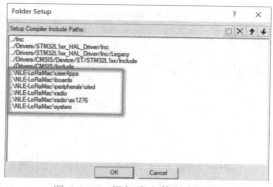

图 6-1-16　添加头文件包含路径

```
1.   void NS_RadioEventsInit(void)
2.   {
3.       /* 射频模块事件回调函数注册 */
4.       RadioEvents.TxDone = OnTxDone;            //发送完毕
5.       RadioEvents.RxDone = OnRxDone;            //接收完毕
6.       RadioEvents.TxTimeout = OnTxTimeout;      //发送超时
7.       RadioEvents.RxTimeout = OnRxTimeout;      //接收超时
8.       RadioEvents.RxError = OnRxError;          //接收错误
9.       Radio.Init(&RadioEvents);                //使配置生效
10.  }
```

（2）编写射频模块发送接收参数初始化程序

在"NS_Radio.c"文件的 NS_RadioInit( )函数中输入下列代码。

```
1.   void NS_RadioInit(uint32_t freq, int8_t power, uint32_t txTimeout, uint32_t rxTime out)
2.   {
3.       NS_RadioEventsInit();                              //射频模块事件回调函数注册
4.       NS_RadioSetTxRxConfig(freq, power, txTimeout);    //配置载波频率发射功率发送超时时间
5.       Radio.Rx(rxTimeout);                              //设置 LoRa 模块为接收模式并设置超时时间
6.   }
```

（3）编写 LoRa 参数和功能初始化程序

在"LoRa_Apps.c"文件的 LoRaRFInit( )函数中输入下列代码。

```
1.   void LoRaRFInit(void)
2.   {
3.       /*LORA 射频初始化*/
4.       NS_RadioInit((uint32_t)RF_PING_PONG_FREQUENCY, (int8_t)TX_OUTPUT_POWER, \
5.                    (uint32_t)TX_TIMEOUT_VALUE, (uint32_t)RX_TIMEOUT_VALUE);
6.   }
```

（4）编写 LoRa 模块数据接收完成处理程序

在"LoRa_Apps.c"文件的 MyRadioRxDoneProcess( )函数中输入下列代码。

```
1.   void MyRadioRxDoneProcess(void)
2.   {
```

```
3.      uint16_t BufferSize = 0;
4.      uint8_t RxBuffer[BUFFER_SIZE];
5.      char strBuff[16] = {0};
6.      uint16_t num = 0;
7.  #ifndef MASTER_NODE
8.      char *pr;
9.  #endif
10.     /* 转移 LoRa 收到的数据至 RxBuffer 中 */
11.     BufferSize = ReadRadioRxBuffer((uint8_t *)RxBuffer);
12.     if (BufferSize > 0)
13.     {
14.       HAL_GPIO_TogglePin(LED2_GPIO_Port, LED2_Pin);
15. #ifdef MASTER_NODE
16.       memcpy(strBuff, RxBuffer, 4);
17.       num = strtol(strBuff, NULL, 16); // 十六进制字符串转换为数字
18.       if (num == NET_ID)
19.       {
20.         if (strstr((const char *)RxBuffer, "pong") != NULL)
21.           printf("Received msg: %s\n", RxBuffer);
22.       }
23. #else
24.       memcpy(strBuff, RxBuffer, 4);
25.       num = strtol(strBuff, NULL, 16); // 十六进制字符串转换为数字
26.       if (num == NET_ID)
27.       {
28.         pr = strstr((const char *)RxBuffer, "ping");
29.         if (pr != NULL)
30.         {
31.           memcpy(strBuff, pr + 4, 4); //从 ping 消息中取出序号
32.           num = atoi(strBuff);
33.           sprintf(strBuff, "%x%s%04d", NET_ID, "pong", num++);
34.           printf("Msg to send: %s\n", strBuff);
35.           Radio.Send((uint8_t *)strBuff, 12); //发送 pong 信息
36.         }
37.       }
38. #endif
39.     }
40. }
```

（5）编写应用层程序

在"main.c"文件相应的位置输入下列代码。

```
1.  /* USER CODE BEGIN Includes */
```

```c
2.  #include <stdio.h>
3.  #include <string.h>
4.  #include "LoRa_Apps.h"
5.  #include "board.h"
6.  #include "radio.h"
7.  #include "NS_Radio.h"
8.  #include "user_define.h"
9.  /* USER CODE END Includes */
10. /* USER CODE BEGIN 0 */
11. void send_ping_task(void)
12. {
13.   static uint32_t last_time;
14.   static uint16_t num = 0;
15.   char strBuff[16] = {0};
16.   /* 主节点每隔 3 s 发送一次 ping */
17.   if ((uint32_t)HAL_GetTick() - last_time >= 3000)
18.   {
19.     last_time = HAL_GetTick();
20.     sprintf(strBuff, "%x%s%04d", NET_ID, "ping", num++);
21.     printf("Msg to send: %s\n", strBuff);
22.     Radio.Send((uint8_t *)strBuff, 12);                //发送 ping 信息
23.     HAL_GPIO_TogglePin(LED1_GPIO_Port, LED1_Pin); //翻转 LED1 指示
24.   }
25. }
26. /* USER CODE END 0 */
27. int main(void)
28. {
29.   /* USER CODE BEGIN 2 */
30.   BoardInitMcu();      //LoRa 模块硬件功能初始化
31.   LoRaRFInit();        //LoRa 射频初始化
32.   OLED_Init();         //OLED 显示模块初始化
33.   Disp_InitInfo();     //显示初始界面
34.   Disp_DeviceInfo();   //显示设备信息
35.   /* USER CODE END 2 */
36.   /* Infinite loop */
37.   /* USER CODE BEGIN WHILE */
38. #ifdef MASTER_NODE
39.   printf("Master Node.\n");
40. #else
41.   printf("Slave Node.\n");
42. #endif
43.   while (1)
```

```
44.  {
45.    /* USER CODE END WHILE */
46.
47.    /* USER CODE BEGIN 3 */
48. #ifdef MASTER_NODE
49.    send_ping_task(); //每隔3 s发送ping消息
50. #endif
51.    MyRadioRxDoneProcess(); //LoRa数据接收完成回调
52.  }
53.  /* USER CODE END 3 */
54. }
```

4. 编译下载程序

（1）下载前的准备

本任务将使用 ISP（In-System Programming，在线系统编程）方式进行 STM32 微控制器的程序下载，下载前需要做以下准备工作：

- 安装"Flash Loader Demostrator"软件；
- 将 LoRa 模块板上的"M3 主控芯片启动或下载切换开关"向左拨，切换为"下载"模式；
- 将 NEWLab 右上角的旋钮拨至"通信模式"。

（2）编译下载 LoRa 主节点程序

本任务中的两个 LoRa 节点可共用 SX1278 芯片的驱动程序，两者仅在应用层方面有所区别，因此两个节点可共用一个工程。使"user_define.h"中的主节点的预编译宏生效即可编译 LoRa 主节点程序，使用快捷键"F7"编译程序，等程序编译完成后，至路径"task1_lora-network \ MDK-ARM \ task1_lora-network"中查看是否生成"task1_lora-network.hex"固件，若有则将其复制到 Windows 系统桌面，便于后续操作。

将主节点接入 NEWLab 实验平台并为平台上电，然后打开"Flash Loader Demostrator"软件进行相应的配置，具体如图 6-1-17 所示。

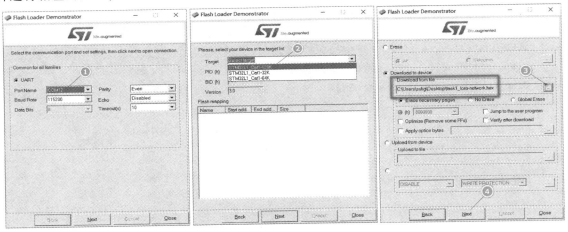

图 6-1-17　Flash Loader Demostrator 软件配置

- 标号①：选择正确的 COM 口；
- 标号②：为 STM32L151C8TxA 微控制器选择正确的 Flash 容量；
- 标号③：定位到桌面上的"task1_lora-network. hex"固件文件；
- 标号④：单击"Next"按钮，如果软硬件配置都正确，将进入下载流程，等待一小段时间后，固件将成功下载到 STM32 微控制器中。

（3）编译下载 LoRa 从节点程序

将主节点取下，然后将从节点接入 NEWLab 实验平台并上电，注释"user_define. h"中的第 15 行的预编译宏。参照"编译下载 LoRa 主节点程序"的步骤将从节点程序下载到 STM32 微控制器中。

5. 搭建硬件环境

按照以下步骤搭建本任务所需的硬件环境：

- 将 LoRa 主节点接入 NEWLab 实验平台，将 USB 转 RS-232 线缆的一端连接 NEWLab 实验平台背后，另一端连接 PC 的 USB 接口；
- 将 LoRa 从节点接入智慧盒，将方口 USB 线的一端连接智慧盒背后，另一端连接 PC 的 USB 接口；
- 将两个 LoRa 节点上的"M3 主控芯片启动或下载切换开关"向右拨，切换为"启动"模式；
- 保持 NewLab 右上角的旋钮拨至"通信模式"。

搭建好的 LoRa 通信网络硬件环境如图 6-1-18 所示。

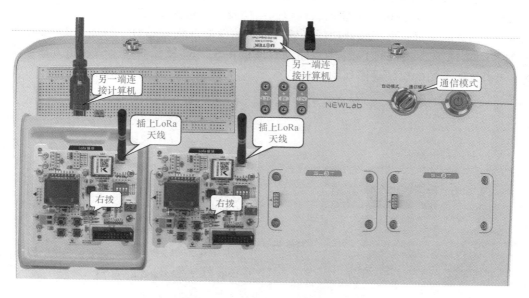

图 6-1-18　搭建好的 LoRa 通信网络硬件环境

6. 结果验证

在 PC 上打开两个串口调试助手工具，分别连接主节点和从节点，选择正确的"COM Port"，为 NEWLab 实验平台和智慧盒上电后，可在工具中观察到如图 6-1-19 所示的现象。

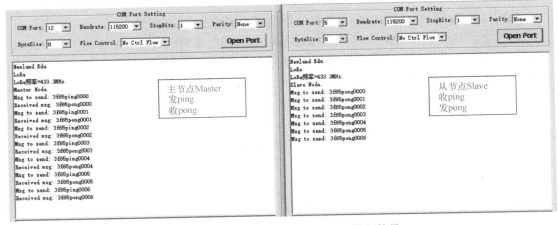

图 6-1-19 建立 LoRa 通信网络程序执行结果

任务检查与评价

完成任务实施后，进行任务检查与评价，任务检查与评价表存放在本书配套资源中。

任务小结

本任务对物联网低功耗广域技术进行了介绍，对 LoRa 技术进行了初探，包括 LoRa 的概述、技术背景、技术特点及其应用场景。在实践环节中，基于 SX1278 的 LoRa 模组电路板，对 Semtech 官方提供的 LoRa 节点驱动软件包的结构及其移植的步骤进行了学习与实践。

通过本任务的学习，可了解低功耗广域网技术的发展现状与趋势，掌握对 LoRa 技术的细节，掌握 Semtech 官方提供的 LoRa 节点驱动软件包在 STM32 微控制器上的移植方法。本任务相关的知识技能小结的思维导图如图 6-1-20 所示。

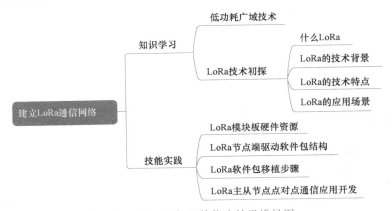

图 6-1-20 任务 1 知识技能小结思维导图

任务拓展

请在现有任务的基础上添加一项功能，具体要求如下：

- 不影响已有功能；
- 主节点与从节点将通过 LoRa 技术收到的数据显示至 OLED 屏上。

任务2 设计车位检测与显示功能

职业能力目标

- 能根据项目需求自行制定通信协议；
- 会设计 Cortex-M3 微控制器与红外反射传感器的接口（GPIO）程序与 OLED 显示屏的接口（SPI）程序，并与物联网组网程序进行集成应用；
- 会根据应用的需求配置 LoRa 无线通信的各项参数。

任务描述与要求

任务描述：本任务要求为基于 LoRa 的智能停车系统设计车位检测与显示功能，车位检测节点可通过指示灯展示当前车位是否被占用，中控节点可显示停车场剩余的车位数。

任务要求：

- 车位检测节点与中控节点之间通过 LoRa 无线通信技术进行连接；
- 车位检测节点启动后，绿色指示灯亮、红色指示灯灭，代表当前车位未被占用；
- 中控节点每隔 3s 向车位检测节点发送一次"请求"命令，车位检测节点收到后上报"车位占用情况"至中控节点；
- 中控节点与车位检测节点启动后，驱动其上连接的 OLED 显示屏，实时更新并显示当前停车场的剩余车位数量与某个车位的"占用情况"。

任务分析与计划

任务分析与计划见表 6-2-1。

表 6-2-1 任务分析与计划

项目名称	项目6 基于 LoRa 的智能停车系统
任务名称	任务2 设计车位检测与显示功能
计划方式	自主设计
计划要求	请用 8 个计划步骤完整描述出如何完成本任务
序号	任务计划
1	
2	
3	
4	
5	
6	
7	
8	

▶ 知识储备

一、LoRa 扩频技术

通过对本项目任务 1 的学习，了解了 LoRa 的技术特点。LoRa 最大的技术优势就是实现了低功耗与长传输距离的统一，而这项优势背后的关键就是 LoRa 扩频技术。

扩展频谱通信简称扩频通信，是一种信息传输方式，其信号所占有的频带宽度远大于所传信息必需的最小带宽；频带的扩展是通过一个独立的码序列（一般是伪随机码）来完成的，用编码及调制的方法实现，与所传信息数据无关；在接收端则用同样的码进行相关同步接收、解扩及恢复所传信息数据。扩频通信技术的基本原理如图 6-2-1 所示。

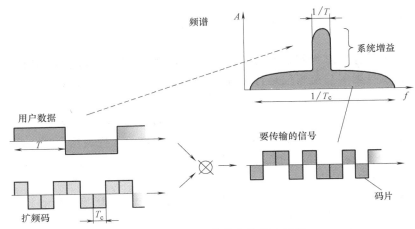

图 6-2-1　扩频通信技术的基本原理

从图 6-2-1 可以看出，原始的"用户数据"与"扩频码"进行"异或"后，生成最终"要传输的信号"，可以称之为"码片"。从右上角的频谱示意图可以看到信号的频谱被扩宽了很多，同时单位频谱上的信号能量也降低了。

LoRa 扩频技术的信号调制与解调过程示意图如图 6-2-2 所示。

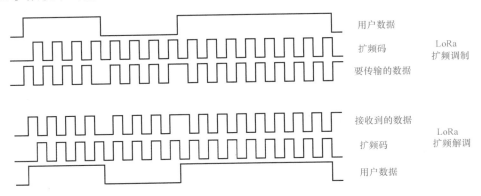

图 6-2-2　LoRa 扩频技术的信号调制与解调过程示意图

图 6-2-2 的上半部分展示了 LoRa 扩频调制的过程，LoRa 发送端将原始的"用户数据"与"扩频码"进行"异或"后，得到"要传输的信号"。下半部分展示了 LoRa 扩频解调的过程，

LoRa 接收端将"接收到的信号"与相同的"扩频码"进行"异或"后,可解调出原始的"用户数据"。

二、LoRa 调制解调的关键参数

LoRa 的调制解调器采用了扩频调制和前向纠错技术。与传统的 FSK 和 OOK 调制技术相比,这种技术不仅扩大了无线通信链路的覆盖范围,而且提高了链路的鲁棒性。通过调整 LoRa 通信的各项参数配比可以提高 LoRa 调制解调器的性能,进而在带宽占用、数据速率、链路预算以及抗干扰性能等方面达到更完美的平衡,以适应不同的应用场景。接下来介绍 SX1278 芯片的 LoRa 调制解调器的几个关键参数。

1. 扩频因子

LoRa 扩频调制技术采用多个信息码片来代表有效负载信息的每个位。扩频信息的发送速度称为符号速率 (Rs),而码片速率与标称符号速率之间的比值即为扩频因子 (Spreading Factor,SF),其表示每个信息位发送的符号数量。LoRa 调制解调器中扩频因子的取值范围见表 6-2-2。

表 6-2-2 扩频因子取值范围

扩频因子配置寄存器	扩频因子取值	LoRa 解调器信噪比(S/N)/dB
6	64	−5
7	128	−7.5
8	256	−10
9	512	−12.5
10	1024	−15
11	2048	−17.5
12	4096	−20

表 6-2-2 最左边一列代表 SX1278 芯片"RegModulationCfg"寄存器的值,配置该寄存器的值可相应地改变扩频因子的取值。当扩频因子取值为 64 时,LoRa 调制解调器的传输速率最快,传输距离最近。反之,当扩频因子取值为 4096 时,LoRa 调制解调器的传输速率最慢,传输距离最远。

2. 编码率

编码率 (Coding Rate,CR) 是数据流中有用部分 (非冗余) 的比例。LoRa 调制解调器采用循环纠错编码进行前向错误检测与纠错。使用这样的纠错编码之后,会产生传输开销。每次传输产生的数据开销见表 6-2-3。

表 6-2-3 循环编码开销

编码率(RegTxCfg1)	循环编码率	开销比率
1	4/5	1.25
2	4/6	1.5
3	4/7	1.75
4	4/8	2

3. 信号带宽

信号带宽 (Band Width,BW) 是指信号频率最大值与最小值的差值。信号带宽与信号的传输速率有较大的联系，增加信号带宽可以提高传输速率，但是牺牲了接收灵敏度。

表 6-2-4 列出了当扩频因子配置为 12，编码率配置为 4/5 时的带宽与传输速率的变化范围。

表 6-2-4　LoRa 带宽选项

带宽/kHz	扩频因子	编码率	标称比特率/（bit/s）
7.8	12	4/5	18
10.4	12	4/5	24
15.6	12	4/5	37
20.8	12	4/5	49
31.2	12	4/5	73
41.7	12	4/5	98
62.5	12	4/5	146
125	12	4/5	293
250	12	4/5	586
500	12	4/5	1172

三、硬件选型分析

1. 车位检测传感器选型

在智能停车系统中，车位检测传感器作为核心部件，其稳定性和准确性直接影响系统的可靠性，因此需要结合多种因素为系统选择合适的传感器。目前停车位检测技术主要有以下几种。

1）地感线圈检测技术。这种技术需要将地面切开一个凹槽，内嵌若干匝金属线圈，该线圈与电容器组成振荡电路。当汽车经过时，空间介质变化引起振荡频率的变化，微控制器检测到该变化量即可感知汽车的存在。地感线圈技术较成熟，有使用寿命长、准确率高、抗干扰性强和成本低廉的优点，缺点是需要对路面进行改造，施工量较大且需要有线供电。

2）超声波检测技术。这种技术需要在车位上方安装超声波传感器，当有车辆在传感器上方停放时，超声波传感器测得的障碍物与传感器的距离与无车停放时明显不同。微控制器通过上述特性即可判断当前是否有车辆停靠。这种检测技术的缺点是受环境影响较大，同时由于传感器安装在停车位上方，不适合室外、路边和广场停车位。

3）红外检测技术。这种技术也需要在车位上方安装红外传感器，其检测原理与超声波检测相似。红外线技术成熟，且具有非常强的抗干扰能力，如抗电磁干扰、抗噪声干扰等。另外，红外检测技术的优点是安装与维护十分方便，且造价低。缺点是易受光源和热源等环境因素干扰，同样不适合室外大型停车场。

4）地磁检测技术。这种技术是一种新型的车辆检测技术，其检测原理是在停车位地面上放置地磁传感器，采集车辆引起地磁场变化，进而判断停车位的状态。地磁检测技术灵敏度高，抗干扰性强，检测信息更加丰富。缺点是存在探测的盲区，且某些车型可能会导致磁场扰动不足，影响准确率。

分析对比现有的 4 种车位检测技术，从实现难易程度、造价、抗干扰性和准确率等方面考虑，本任务选择红外检测技术作为系统的车位检测技术方案。

2. 认识红外光电传感器

目前常见的红外光电传感器有光电开关和光电断续器两种，它们都是由红外发射元件与光敏接收元件组成的，可用于检测物体的靠近和通过等状态，是一种常用的数字量检测器件，可与继电器组合成电子开关。

光电开关的检测距离较远，可达数十米。光电断续器为整体结构，红外线发射器与接收器被放置于一个体积很小的塑料壳体中以确保两者能可靠地对准，其检测距离只有几毫米至几十毫米。光电断续器可以分为对射型和反射型两种，其外形如图 6-2-3 所示。

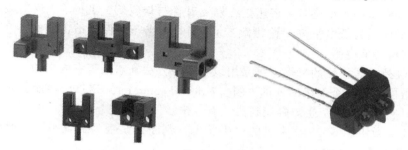

a) 对射型红外光电传感器 　　b) 反射型红外光电传感器

图 6-2-3　红外光电传感器

根据本任务的要求，应选择反射型红外光电传感器，图 6-2-4 是一款基于反射型红外光电传感器 ITR20001/T 设计而成的红外传感模块电路板。

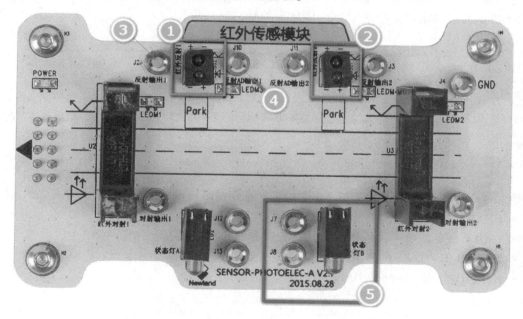

图 6-2-4　红外传感模块

对图 6-2-4 中与本任务关联的硬件资源介绍如下。

标号①：反射型红外光电传感器 1。

标号②：反射型红外光电传感器 2。

标号③：反射输出端口 1。当反射型红外光电传感器 1 被遮挡时，该端子输出低电平，反之输出高电平。

标号④：反射 AD 输出端口 1。

标号⑤：状态灯 B 及其输入端子，J7 对应绿灯，J8 对应红灯，输入低电平时对应的状态灯亮。

四、如何判断车位是否被占用

通过对红外传感模块硬件资源的学习，已掌握了模块上反射式红外光电传感器及其输出信号的特性。当有汽车停入车位时，将遮挡红外发射管与接收管，此时，"反射输出端口 1"的电平将由高电平切换为低电平（下降沿跳变）。同时，当车位保持被占用时，"反射输出端口 1"的电平也将保持低电平。

根据上述红外传感模块的特性，可采用以下两种方法判断是否有人来访。

1）使能微控制器某个引脚的外部中断（External Interrupt，EXTI）功能，并将触发方式配置为"下降沿"，利用 EXTI 通知微控制器"有人来访"的信息；

2）直接读取微控制器 GPIO 引脚的电平状态，判断其是否为低电平，据此判断车位是否被占用。本任务将使用这种方法。

五、根据任务要求规划 LoRa 通信协议

根据本任务的要求，中控节点需要发送"请求命令"至车位检测节点；车位检测节点收到"请求命令"并解析后，回复"响应信息"至中控节点。因此，可制定如表 6-2-5 和表 6-2-6 所示的"请求命令"和"响应信息"帧结构。

表 6-2-5　请求命令帧结构

项目	HEAD	CMD	NET_ID_H	NET_ID_L	ADDR	CHK
字节编号	0	1	2	3	4	5
含义	帧头	命令	网络 ID 高 8 位	网络 ID 低 8 位	LoRa 节点地址	和校验
长度/B	1	1	1	1	1	1
示例	0x55	0x01	0x3F	0x56	0x01	SUM

请求命令帧长度为 6B，对表 6-2-5 中的请求命令帧结构说明如下。

- HEAD：帧头，请求帧固定为 0x55；
- CMD：命令，如"读传感器数据"的命令为 0x01；
- NET_ID_H：LoRa 网络 ID 高 8 位；
- NET_ID_L：LoRa 网络 ID 低 8 位；

表 6-2-6　响应信息帧结构

项目	HEAD	CMD	NET_ID_H	NET_ID_L	ADDR	ACK	LEN	DATA	CHK
字节编号	0	1	2	3	4	5	6	7～(n-1)	n
含义	帧头	命令	网络 ID 高 8 位	网络 ID 低 8 位	LoRa 节点地址	响应	数据域长度	数据域内容	和校验
长度/B	1	1	1	1	1	1	1	n-7	1
示例	0x88	0x01	0x3F	0x56	0x01	0x00	0x02	数据域	SUM

- ADDR：发送方自身的节点地址，主节点为 0x00，从节点从 0x01 开始编号；
- CHK：校验和，计算从 HEAD 至 CHK 前一字节的和，保留低 8 位。

对表 6-2-6 中与表 6-2-5 不同的帧域说明如下：

- HEAD：帧头，响应帧固定为 0x88；
- CMD：命令，如 "响应读传感器数据" 的命令为 0x81；
- ACK：响应，0x00 对应 "正常响应"，0x01 对应 "无数据"，0x02 对应 "数据错误"；
- LEN：数据域长度 (**注意**：当 ACK 为非 0x00 时，无此项)；
- DATA：数据域内容，格式样例：free，代表车位空闲。

六、制定硬件接线表

根据任务要求制定表 6-2-7 所示的硬件接线表。

表 6-2-7 车位检测与显示硬件接线表

模块名称	接线端子	接线端子	模块名称
LoRa 模块 （车位检测 节点）	J13-PA8	J2-反射输出 1	红外传感模块
	U3-PA2	状态灯 B-J7	
	U3-PB2	状态灯 B-J8	

任务实施

任务实施前必须先准备好设备和资源，见表 6-2-8。

表 6-2-8 设备和资源清单

序号	设备/资源名称	数量	是否准备到位(√)
1	LoRa 模块	2	
2	智慧盒	1	
3	USB 转 RS-232 线缆	1	
4	方头 USB 线	1	
5	红外传感模块	1	
6	各色香蕉线	若干	

实施导航

- 修改任务 1 的 STM32CubeMX 工程配置；
- 添加代码包；
- 编写代码；
- 编译下载程序；
- 搭建硬件环境；
- 结果验证。

实施纪要

实施纪要见表6-2-9。

表6-2-9　实施纪要

项目名称	项目6　基于 LoRa 的智能停车系统
任务名称	任务2　设计车位检测与显示功能
序号	分步纪要
1	
2	
3	
4	
5	
6	
7	
8	

实施步骤

1. 修改任务1的 STM32CubeMX 工程配置

（1）复制任务1的工程并更名

新建文件夹"task2_lora-park"，将"task1_lora-network.ioc"文件复制到该文件夹，并将其更名为"task2_lora-park.ioc"。

（2）配置车位检测 GPIO 功能

按照项目2任务2相关步骤将"PA8"引脚配置为"GPIO_Input（GPIO 输入）"功能，用于检测当前车位是否被占用，"User Label"为"PARK"。"PA8"引脚用于连接红外传感模块的"反射输出端口1"。

（3）配置状态灯控制 GPIO 功能

按照项目2任务2相关步骤将"PA2"和"PB2"引脚配置为"GPIO_Output（GPIO 输出）"，选择"Output Push Pull（推挽输出）"模式，"PA2"默认输出低电平（绿灯亮——车位空闲），"User Lable"为"Green"，"PB2"默认输出高电平（红灯灭），"UserLabel"为"RED"，这两个 GPIO 引脚用于连接红外传感模块上的状态灯。

（4）配置工程参数

参照项目2任务2相关步骤配置工程参数。

（5）保存工程并生成初始化代码

参照项目2任务2相关步骤保存工程，工程名为"task2_lora-park.ioc"，单击"GENER-ATE CODE"按钮生成初始 C 代码工程。

2. 添加代码包

（1）复制代码文件夹至工程目录并建立分组

从任务1"task1_lora-network"文件夹中将已经补充完整的 LoRa 节点的驱动与通信代码的文件夹"NLE-LoRaMac"复制至"task2_lora-park"文件夹下。按照本项目任务1相应的步骤在工程中建立文件分组，并将相应的源代码文件加入组中，具体内容可查阅任务1相关内容。

（2）将相应目录加入头文件包含路径

将相应目录加入头文件"Include Paths（包含路径）"中，以便编译时可访问相应的头文件，具体添加的路径如图6-1-16中的方框部分所示。

3. 编写代码

（1）编写用户程序

编写"OLED 显示初始化信息"程序，在"LoRa_Apps. c"文件中的 Disp_InitInfo（）函数中输入下列代码。

```
1.  void Disp_InitInfo(void)
2.  {
3.    OLED_Clear();
4.    OLED_ShowString(16, 0, (uint8_t *)"Smart Parking");
5.  #ifdef MASTER_NODE
6.    OLED_ShowString(16, 2, (uint8_t *)"LoRa Master");
7.    OLED_ShowString(16, 4, (uint8_t *)"Free: 100/100");
8.  #else
9.    OLED_ShowString(24, 2, (uint8_t *)"LoRa Slave");
10.   OLED_ShowString(16, 4, (uint8_t *)"Free: 100/100");
11.   OLED_ShowString(16, 6, (uint8_t *)"NO 1: free");
12. #endif
13. }
```

编写"车位数量更新"程序，在"LoRa_Apps. c"文件中添加下列代码。

```
1.  void Disp_Parking_Num(uint8_t addr, uint8_t remain_num, uint8_t *str_park_state)
2.  {
3.    char showBuf[16];
4.    sprintf(showBuf, "Free: %03d/100", remain_num);
5.    OLED_ShowString(16, 4, (uint8_t *)showBuf);
6.    memset(showBuf, 0, 16);
7.    OLED_ShowString(16, 6, (uint8_t *)"              ");  //14 个空格用于清屏
8.    sprintf(showBuf, "NO.%d: %s", addr, str_park_state);
9.    OLED_ShowString(16, 6, (uint8_t *)showBuf);
10.   memset(showBuf, 0, 16);
11. }
```

编写"计算校验和"程序，在"LoRa_Apps. c"文件中添加下列代码。

```
1.  uint8_t CheckSum(uint8_t *buf, uint8_t len)
2.  {
3.    uint8_t temp = 0;
4.    while (len--)
5.    {
6.      temp += *buf;
7.      buf++;
```

```
8.    }
9.    return (uint8_t)temp;
10. }
```

编写"组建请求帧"和"组建响应帧"程序，在"LoRa_Apps.c"文件中添加下列代码。

```
1.  //组建 req 帧
2.  void build_req_frame(uint8_t *reqbuff, uint8_t myAddr)
3.  {
4.    *reqbuff = HEAD_REQ;
5.    *(reqbuff + 1) = CMD_REQ;
6.    *(reqbuff + 2) = (uint8_t)(NET_ID >> 8);
7.    *(reqbuff + 3) = (uint8_t)NET_ID;
8.    *(reqbuff + 4) = myAddr;
9.    *(reqbuff + 5) = CheckSum((uint8_t *)reqbuff, 5);
10. }
11. //组建 rsp 帧
12. void build_rsp_frame(uint8_t *rspbuff, uint8_t myAddr, const char *data, uint8_t d
    atalen)
13. {
14.   *rspbuff = HEAD_RSP;
15.   *(rspbuff + 1) = CMD_RSP;
16.   *(rspbuff + 2) = (uint8_t)(NET_ID >> 8);
17.   *(rspbuff + 3) = (uint8_t)NET_ID;
18.   *(rspbuff + 4) = myAddr;                  //发送方地址
19.   *(rspbuff + 5) = 0x00;                    //响应 ACK
20.   *(rspbuff + 6) = datalen;                 //数据长度
21.   memcpy(rspbuff + 7, data, datalen); //数据域 7 ~ 7+datalen-1
22.   *(rspbuff + 7 + datalen) = CheckSum((uint8_t *)rspbuff, 7 + datalen);
23. }
```

编写"解析请求帧"和"解析响应帧"程序，在"LoRa_Apps.c"文件中添加下列代码。

```
1.  //解析请求帧
2.  int analysis_req_frame(uint8_t *reqbuff, uint8_t buffsize, uint8_t *cmd)
3.  {
4.    uint8_t chksum;
5.    uint16_t net_id;
6.  #define HEAD_DQ *reqbuff                          //帧头
7.  #define CMD_DQ *(reqbuff + 1)                     //命令
8.  #define NETH_DQ *(reqbuff + 2)                    //网络 ID 高字节
9.  #define NETL_DQ *(reqbuff + 3)                    //网络 ID 低字节
10. #define ADDR_DQ *(reqbuff + 4)                    //LoRa 节点地址
11.   if (HEAD_DQ != HEAD_REQ && CMD_DQ != CMD_REQ) //判断包头
```

```
12.    return -1;
13.   chksum = CheckSum((uint8_t *)reqbuff, buffsize - 1);
14.   if (chksum != *(reqbuff + buffsize - 1)) //判断 chksum
15.     return -2;
16.   net_id = (uint16_t)(NETH_DQ << 8) + NETL_DQ; //网络 ID 有误
17.   if (net_id != NET_ID)
18.     return -3;
19.   *cmd = CMD_DQ; //取出命令
20.   return 0;
21. }
22. //解析响应帧
23. int analysis_rsp_frame(uint8_t *rspbuff, uint8_t buffsize, uint8_t *addr, uint8_t
    *data)
24. {
25.   uint8_t chksum;
26.   uint16_t net_id;
27. #define HEAD_DATA *rspbuff              //帧头
28. #define CMD_DATA *(rspbuff + 1)         //命令
29. #define NETH_DATA *(rspbuff + 2)        //网络 ID 高字节
30. #define NETL_DATA *(rspbuff + 3)        //网络 ID 低字节
31. #define ADDR_DATA *(rspbuff + 4)        //LoRa 节点地址
32. #define ACK_DATA *(rspbuff + 5)         //响应
33. #define LEN_DATA *(rspbuff + 6)         //长度
34. #define DATASTAR_DATA *(rspbuff + 7)    //数据域起始
35.   if (HEAD_DATA != HEAD_RSP && CMD_DATA != CMD_RSP) //判断包头与命令
36.     return -1;
37.   chksum = CheckSum((uint8_t *)rspbuff, buffsize - 1);
38.   if (chksum != *(rspbuff + buffsize - 1)) //判断 chksum
39.     return -2;
40.   net_id = (uint16_t)(NETH_DATA << 8) + NETL_DATA; //网络 ID 有误
41.   if (net_id != NET_ID)
42.     return -3;
43.   *addr = ADDR_DATA;                         //取出 LoRa 节点地址
44.   memcpy(data, &DATASTAR_DATA, LEN_DATA); //取出数据域
45.   return 0;
46. }
```

声明上述用户程序，在"LoRa_Apps. h"文件中添加下列代码。

```
1.  /* 任务 2 新增声明 */
2.  uint8_t CheckSum(uint8_t *buf, uint8_t len);
3.  void Disp_Parking_Num(uint8_t addr, uint8_t remain_num, uint8_t *str_park_state);
4.  void build_req_frame(uint8_t *reqbuff, uint8_t DstAddr);
```

```
5.  void build_rsp_frame(uint8_t *rspbuff, uint8_t myAddr, const char *data, uint8_t d
    atalen);
6.  int analysis_req_frame(uint8_t *reqbuff, uint8_t buffsize, uint8_t *cmd);
7.  int analysis_rsp_frame(uint8_t *rspbuff, uint8_t buffsize, uint8_t *addr, uint8_t
    *data);
```

（2）添加应用所需相关宏定义

为程序添加应用所需的宏定义，在"user_define.h"文件中添加下列代码。

```
1.  /* 定义帧结构各数据域 */
2.  #define HEAD_REQ 0x55   //帧头-请求
3.  #define HEAD_RSP 0x88   //帧头-响应
4.  #define CMD_REQ 0x01    //命令-请求
5.  #define CMD_RSP 0x81    //命令-响应
6.  #define ACK_OK 0x00     //响应-OK
7.  #define ACK_NONE 0x01   //响应-无数据
8.  #define ACK_ERROR 0x02  //响应-数据错误
9.  /* 定义网络 ID 和设备地址 */
10. #define NET_ID 0xD088       //网络 ID
11. #define ADDR_MASTER 0x00 //主节点地址
12. #define ADDR_SLAVE 0x01   //从节点地址
```

（3）编写应用层程序

编写应用层程序，在"main.c"中相应的位置添加下列代码。

```
1.  /* USER CODE BEGIN Includes */
2.  #include <stdio.h>
3.  #include <string.h>
4.  #include "LoRa_Apps.h"
5.  #include "board.h"
6.  #include "radio.h"
7.  #include "NS_Radio.h"
8.  #include "user_define.h"
9.  /* USER CODE END Includes */
10. /* USER CODE BEGIN PV */
11. #define IsParkFree() HAL_GPIO_ReadPin(PARK_GPIO_Port, PARK_Pin)
12. uint8_t req_buff[16] = {0};     //LoRa 发送缓存
13. uint8_t rsp_buff[24] = {0};     //LoRa 响应缓存
14. uint8_t lora_work_state = 0;    //LoRa 节点工作状态 1:响应传感器数据
15. uint8_t remain_park_num = 100; //剩余车位数量
16. uint8_t minus_lock = 1, plus_lock = 0;
17. /* USER CODE END PV */
18. /* USER CODE BEGIN 0 */
19. void send_req_task(void)
```

```
20.  {
21.      static uint32_t last_time;
22.      /* 主节点每隔 3 s 发送一次请求帧 */
23.      if ((uint32_t)HAL_GetTick() - last_time >= 3000)
24.      {
25.          last_time = HAL_GetTick();
26.          build_req_frame(req_buff, ADDR_SLAVE);          //组建请求帧
27.          Radio.Send(req_buff, 6);                        //发送请求帧
28.          HAL_GPIO_TogglePin(LED1_GPIO_Port, LED1_Pin);   //翻转 LED1 指示
29.      }
30.  }
31.  /* USER CODE END 0 */
32.  /* USER CODE BEGIN 2 */
33.      BoardInitMcu();   //LoRa 模块硬件功能初始化
34.      LoRaRFInit();     //LoRa 射频初始化
35.      OLED_Init();      //OLED 显示模块初始化
36.      Disp_InitInfo();  //显示初始界面
37.  /* USER CODE END 2 */
38.
39.  /* Infinite loop */
40.  /* USER CODE BEGIN WHILE */
41.      while (1)
42.      {
43.      /* USER CODE END WHILE */
44.      /* USER CODE BEGIN 3 */
45.  #ifdef MASTER_NODE
46.      send_req_task();
47.  #else
48.      switch (lora_work_state)
49.      {
50.      case 1:
51.          if (IsParkFree() == 1)
52.          {
53.          if ((remain_park_num < 100) && (plus_lock == 1))
54.          {
55.              remain_park_num++;
56.              Disp_Parking_Num(1, remain_park_num, (uint8_t *)"free");
57.              HAL_GPIO_WritePin(GREEN_GPIO_Port, GREEN_Pin, GPIO_PIN_RESET);
58.              HAL_GPIO_WritePin(RED_GPIO_Port, RED_Pin, GPIO_PIN_SET);
59.              /* 第一次发首字母小写的"free" 主控节点车位数量只加一次 */
60.              build_rsp_frame(rsp_buff, 1, "free", 4);
61.              Radio.Send(rsp_buff, 8 + 4);
```

```
62.            plus_lock = 0;   //"加操作"锁，不允许再加
63.            minus_lock = 1;  //"减操作"锁，开放减操作
64.        }
65.        else
66.        {
67.            /* 第二次以上发首字母大写的"Free" */
68.            build_rsp_frame(rsp_buff, 1, "Free", 4);
69.            Radio.Send(rsp_buff, 8 + 4);
70.        }
71.    }
72.    else if (IsParkFree() == 0)
73.    {
74.        if ((remain_park_num > 0) && (minus_lock == 1))
75.        {
76.            remain_park_num--;
77.            Disp_Parking_Num(1, remain_park_num, (uint8_t *)"occupied");
78.            HAL_GPIO_WritePin(GREEN_GPIO_Port, GREEN_Pin, GPIO_PIN_SET);
79.            HAL_GPIO_WritePin(RED_GPIO_Port, RED_Pin, GPIO_PIN_RESET);
80.            /* 第一次发首字母小写的"occupied" 主控节点车位数量只减一次 */
81.            build_rsp_frame(rsp_buff, 1, "occupied", 8);
82.            Radio.Send(rsp_buff, 8 + 8);
83.            minus_lock = 0; //不允许再减
84.            plus_lock = 1;   //开放加操作
85.        }
86.        else
87.        {
88.            /* 第二次以上发首字母大写的"Occupied" */
89.            build_rsp_frame(rsp_buff, 1, "Occupied", 8);
90.            Radio.Send(rsp_buff, 8 + 8);
91.        }
92.    }
93.    lora_work_state = 0;
94.    memset(rsp_buff, 0, 24);
95.    break;
96.  case 2: //可添加其他状态 如紧急停车状态
97.    break;
98.  default:
99.    break;
100.  }
101. #endif
102.    MyRadioRxDoneProcess(); //LoRa 数据接收完毕回调处理
103. }
104. /* USER CODE END 3 */
```

（4）修改 LoRa 调制解调参数

将 LoRa 调制解调的频率修改为470MHz 频段附近，将"NS_Radio.h"文件第13行做以下修改。

```
1.  #define RF_PING_PONG_FREQUENCY 433300000 // Hz
2.  /* 修改如下 */
3.  #define RF_PING_PONG_FREQUENCY 470100000 // Hz
```

上述代码将原频率"433.3MHz"修改为"470.1MHz"。

4. 编译下载程序

（1）下载前的准备

本任务将使用 ISP（In-System Programming，在线系统编程）方式进行 STM32 微控制器的程序下载，参照本项目任务 1 相应的步骤做好下载前的准备。

（2）编译下载 LoRa 中控节点程序

本任务中的两个 LoRa 节点可共用 SX1278 芯片的驱动程序，两者仅在应用层方面有所区别，因此两个节点可共用一个工程。参照本项目任务 1 中编译下载主节点程序的步骤进行 LoRa 中控节点程序的编译与下载。

（3）编译下载 LoRa 车位检测节点程序

参照本项目任务 1 中编译下载从节点程序的步骤进行 LoRa 车位检测节点程序的编译与下载。

5. 搭建硬件环境

根据表 6-2-7 所示的硬件接线表搭建硬件环境，完成接线的硬件环境如图 6-2-5 所示。

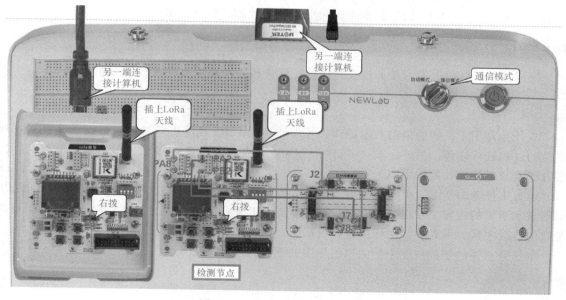

图 6-2-5　完成接线的硬件环境

6. 结果验证

搭建好硬件环境后，打开两个 PC 上的串口调试助手，选择正确的"COM"口分别连接 NEWLab 实验平台与智慧盒背后的串口。

为 NEWLab 实验平台和智慧盒上电后，即可在串口调试助手中看到如图 6-2-6 所示的结果。

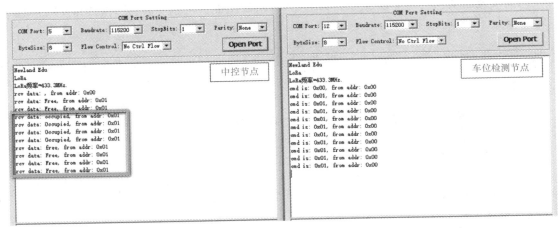

图 6-2-6　运行结果

对图 6-2-6 中的运行结果说明如下。

左半部为连接"中控节点"的串口调试助手输出情况，从图中方框内的信息可以看到：当车位占用情况改变时，车位检测节点第一次发来的消息为"首字母小写"的英文单词，如"occupied"或"free"；后续车位占用情况保持不变时，车位检测节点发来的消息为"首字母大写"的英文单词，如"Occupied"或"Free"。上述程序设计为了实现停车场的"剩余车位数量"针对某个车位只操作一次。

右半部为连接"车位检测节点"的串口调试助手输出情况，可以看到该节点每隔 3s 收到一次来自地址为"0x00"的中控节点的命令，命令号为"0x01"。

任务检查与评价

完成任务实施后，进行任务检查与评价，任务检查与评价表存放在本书配套资源中。

任务小结

本任务介绍了扩频通信的基本原理，并借助一个 LoRa 线性扩频调制与解调的实例对扩频通信的过程进行理解。另外，本任务讲解了 LoRa 调制解调的关键参数，包括它们的概念、配置方法及其对传输性能的影响。

通过本任务的学习，可掌握反射式红外光电传感器的驱动开发、根据应用需求驱动 OLED 屏幕显示指定的内容，并将其与 LoRa 组网通信应用进行集成。同时，通过对 LoRa 调制解调参数的修改实践，可对参数的作用进行巩固。

本任务相关的知识技能小结的思维导图如图 6-2-7 所示。

任务拓展

请在现有任务的基础上添加一项功能，具体要求如下：

- 不影响已有功能；
- 中控节点可通过按键控制某个车位的"被占用"指示灯亮灭，以便应付紧急停车需求（预留车位）。

提示：可为程序设计一个"紧急停车"状态，在该状态中超声波传感器失效，仅"指示灯"受到中控节点的控制。

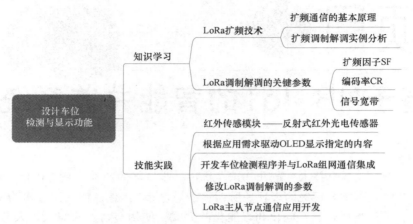

图 6-2-7　任务 2 知识技能小结思维导图

项目 ⑦

基于NB-IoT的智能井盖系统

引导案例

　　智慧城市是新一轮信息技术变革和知识经济进一步发展的产物，是工业化、城市化与信息化的深度融合并向更高阶段迈进的表现。所谓"智慧城市"，是以物联网技术为基础，在"数字城市"之上，通过物联化、互联化和智能化的方式，使物与物、物与人、人与人互联互通，形成技术集成、综合应用、高端发展的现代化、网络化和信息化的城市，提高城市的智慧化程度。

　　目前 NB-IoT 生态体系逐渐形成，推动了行业应用的落地。NB-IoT 技术凭借其大接入、广覆盖、深穿透、低功耗和低成本等技术优势，解决了以往智慧城市落地的各种问题，迅速落地各大应用场景。

　　据调研数据分析，目前 NB-IoT 在智慧城市的市政建设领域的主要应用方向有智能停车场、智能水表、智能路灯和环境监控；在环境监测领域，以智能井盖、智能垃圾桶、有害气体监测和水务监测等应用场景为主要落地方向。

　　以 NB-IoT 在智能井盖系统上的应用为例，图 7-1-1 展示了一个基于 NB-IoT 技术的智能井盖监控系统的架构。

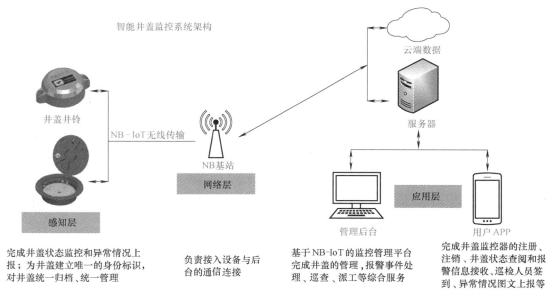

图 7-1-1　NB-IoT 智能井盖监控系统架构

　　本项目将揭开 NB-IoT 技术的神秘面纱，学习实践基于 NB-IoT 的智能井盖系统的设计与实现。

任务1　控制 NB-IoT 模组接入物联网云平台

职业能力目标

- 会在物联网云平台上建立基于 NB-IoT 接入方式的项目并完成相关的配置；
- 能在 PC 上使用 AT 指令控制 NB-IoT 通信模组，通过核心网接入物联网云平台，完成数据的收发。

任务描述与要求

任务描述：本项目需要设计一个基于 NB-IoT 的智能井盖系统，系统采集的传感器数据将通过 NB-IoT 通信技术上传至物联网云平台。本任务要求借助 PC 控制 NB-IoT 模组接入物联网云平台，为后续的系统设计奠定基础。

任务要求：

- 数据采集节点通过 NB-IoT 通信技术接入物联网云平台；
- 数据采集节点上的 NB-IoT 模组与 PC 之间使用串行通信的方式进行通信；
- 用户在物联网云平台上建立基于 NB-IoT 接入方式的项目并完成相应的配置；
- 用户使用串口调试助手发送 AT 指令控制 NB-IoT 模组，使其通过核心网接入物联网云平台，完成温度值等传感器数据的上报。

任务分析与计划

任务分析与计划见表 7-1-1。

表 7-1-1　任务分析与计划

项目名称	项目7　基于 NB-IoT 的智能井盖系统
任务名称	任务1　控制 NB-IoT 模组接入物联网云平台
计划方式	自主设计
计划要求	请用8个计划步骤完整描述出如何完成本任务
序号	任务计划
1	
2	
3	
4	
5	
6	
7	
8	

> **知识储备**

一、NB-IoT 初探

1. 什么是 NB-IoT

NB-IoT（Narrow Band Internet of Things，窄带物联网）是一种全新的蜂窝物联网技术，它是 3GPP（3rd Generation Partnership Project，第三代合作伙伴计划）组织定义的，可在全球范围内广泛部署的低功耗广域网络，它基于运营商的授权频谱，可以支持大量的低吞吐率的设备连接，并具有低功耗、优化的网络架构等优势。

2. NB-IoT 的提出背景

长期以来，物联网设备的广域连接更多是借助电信运营商提供的蜂窝网络进行连接，GPRS、3G 和 4G 等通信技术为布局在不同地域的物联网设备提供了互联的可能性。在实际的行业应用中，工业、物流、交通、环保等领域均大量地使用蜂窝网络进行设备的联网。看似在广域连接方面网络层已做好准备，但物联网应用的碎片化特性决定了仍有大量设备的需求是传统蜂窝网络技术无法满足的，上述设备主要集中在远程抄表行业，环境恶劣的气象、水文、山体数据采集和矿井领域，这些类型的物联网设备若采用现有的运营商网络，可能会遇到下列问题：

1）功耗问题。传统的蜂窝网络功耗高，使用电池供电的设备如果采用运营商网络将会面临频繁更换电池的问题，但在恶劣的环境中这一要求几乎无法实现。

2）信号覆盖问题。传统的蜂窝网络在人口稀少、环境复杂的区域存在信号强度弱甚至无法覆盖的问题，因此无法保障数据的稳定传输。

3）成本问题。物联网设备一般仅需传输极少量的数据，且传输的频率很低。而传统的运营商网络主要面向高带宽、高传输速率的应用需求，将其用于物联网设备将会导致网络性能过剩、成本核算不科学的问题。

如前所述，正是由于传统的蜂窝网络在物联网应用中存在功耗、信号覆盖和成本方面的缺陷，在 2014 年 3 月，3GPP 组织提出新的研究项目，以支持更低复杂度、更低成本、更低功耗和更强覆盖等特性，NB-IoT 则是这个项目的研究方向之一。

以上就是 NB-IoT 的提出背景。

3. NB-IoT 标准的演进历程

NB-IoT 自项目启动以来，仅经历了两年时间便形成了一系列标准并进入了商用阶段，该技术的快速发展表明低功耗广域网技术受到了业界的青睐，其演进历程如图 7-1-2 所示。

下面对 NB-IoT 标准在演进历程中的几个重要的时间点进行说明。

2014 年 5 月：华为和英国电信运营商沃达丰共同向 3GPP 提出 NB-M2M（Machine to Machine）技术方案。

2015 年 5 月：华为与高通宣布 NB-M2M 融合 NB-OFDMA（Orthogonal Frequency Division Multiple Access，空带正交分多址技术）形成 NB-CIoT。

2015 年 8 月：爱立信联合英特尔、诺基亚提出与 4G LTE 技术兼容的 NB-LTE 的方案。

2015 年 9 月：在 3GPP RAN 第 69 次会议上，NB-CIoT 与 NB-LTE 技术融合形成新的 NB-IoT 技术方案，3GPP 正式宣布 NB-IoT 标准立项，至此 NB-IoT 技术正式写入 3GPP 协议。

2016 年 6 月：NB-IoT 技术协议获得 3GPP RAN 技术规范组会议通过，NB-IoT 规范在 3GPP 协议 Rel-13 版本全部冻结，标准化工作完成，至此全球运营商有了标准化的物联网专有

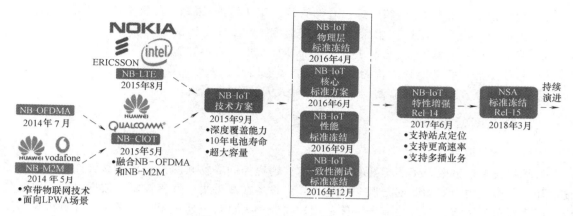

图 7-1-2 NB-IoT 标准的演进历程

协议。

2017 年 6 月：为了满足更多的应用场景和市场需求，3GPP 在 Rel-14 版本的协议中对 NB-IoT 技术进行了一系列增强并于 2017 年 6 月完成了核心规范。Rel-14 版的 NB-IoT 技术增加了定位和多播功能，提供了更高的数据速率，在非锚点载波上进行寻呼和随机接入，增强了连接态的移动性并支持更低的 UE 功率等级。

2018 年 3 月：3GPP 第一个 5G 版本（Rel-15）冻结，正式确定了"5GNR 与 eMTC/NB-IoT 将应用于不同的物联网场景"，这标志着在 3GPP 协议中，eMTC/NB-IoT 已经被认可为 5G 的一部分，并将与 5GNR 长时间共存，NB-IoT 也将在 5G 时代扮演更加重要的角色。

4. NB-IoT 技术的特点

NB-IoT 技术之所以能在低速物联网领域得到广泛的应用，这与它自身的特点是息息相关的。总的来说，NB-IoT 技术具有以下几个特点：

1）大连接。在理想情况下，NB-IoT 基站的终端接入数量是现有技术的 50～100 倍，最高可达 20 万个。

2）广覆盖与深穿透。一个 NB-IoT 基站的覆盖范围为几千米，对于有广覆盖需求的地域，如偏远山区，也是可以适用的。在相同频段下，NB-IoT 技术的最大链路预算可比现有的无线技术提高 20dB 增益，这意味着 NB-IoT 技术可用于地下井盖、地下车库等对无线信号深度穿透有需求的应用。

3）低功耗。NB-IoT 在 LTE 系统的 DRX（Discontinuous Reception，非连续接收模式）基础上进行了优化采用功耗节省模式 PSM（Power Saving Mode）和增强型非连续接收模式 eDRX（Extended DRX）。在终端设备每日传输少量数据的情况下，可使电池运行时间达到 10 年。

4）低成本。NB-IoT 技术的低成本主要体现在三个方面：终端模组成本低、网络部署成本低以及流量费用低等。目前 NB-IoT 模组的成本为 5 美元左右，同时随着技术的大规模应用，其成本还将逐步降低。NB-IoT 在建设初期可以直接利用现有的技术和基站，可复用现有的硬件设备，共享频谱，因此其在网络部署方面的成本较低。

5. NB-IoT 的主要应用领域

在物联网领域，NB-IoT 作为一个新制式，主要面向有海量连接、广深覆盖、低功耗、低速率和低成本需求的物联网业务。目前，NB-IoT 技术已在智慧市政、智慧物流、工业物联、智能穿戴、智能家居和广域物联等几大领域率先开展应用实践。

1）智慧市政：智能路灯、智能消防栓、智能停车、智能表计、智能烟感、共享单车。

2）智慧物流：资产/集装箱跟踪、仓储管理、车队管理/跟踪、冷链物流（状态/追踪）。

3）工业物联：智能工厂、能源设施/油气监控、化工园区监测。

4）智能穿戴：儿童/老人智能手表、生命体征监控、防拆卸腕表。

5）智能家居：智能门禁、智能安防、家居环境监控、家电远程控制。

6）广域物联：山体滑坡监测与预警、森林火灾监测与预警。

二、物联网云平台

1. 什么是物联网云平台

物联网云平台是融合了传感器、无线通信、远程控制等物联网核心技术和云计算大数据等技术开发而形成的一套物联网云服务系统，它集设备在线采集、远程控制、数据存储、数据分析、预警发布和决策支持等功能于一体。用户与管理人员可以通过手机、平板、计算机等信息终端接入平台，实时掌控设备数据，及时获取报警、预警信息，并可采取手动或自动的方式对设备进行控制。

2. 云平台在物联网体系架构中的地位

图 7-1-3 展示了当前流行的物联网四层体系架构。

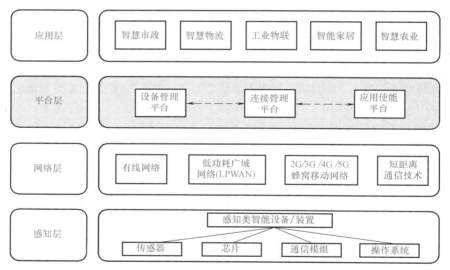

图 7-1-3　物联网四层体系架构

从图 7-1-3 中可以看到，云平台位于物联网四层体系架构中的"平台层"，它是物联网网络架构和产业链中的关键枢纽。云平台向下接入分散的物联网设备，汇集传感器数据；向上面向应用服务提供商，提供应用开发的基础性平台和面向底层网络的统一数据接口，支持具体的基于传感器数据的物联网应用。

此外，云平台可实现对终端设备和资产的"管、控、营"一体化，并为各行各业提供通用的服务能力，如数据路由、数据处理与挖掘、仿真与优化、业务流程和应用整合、通信管理、应用开发、设备维护服务等。

▶ **扩展阅读：** 国内各大电信运营商部署 NB-IoT 网络的频段

NB-IoT 沿用了 LTE 定义的频段号，在 3GPP Rel-13 版本规定了 14 个工作频段，全球大多数运营商使用 900MHz 频段来部署 NB-IoT，有些运营商部署在 800MHz 频段。

中国联通的 NB-IoT 部署在 900MHz 和 1800MHz 频段，目前只有 900MHz 可以试验。

中国移动为了建设 NB-IoT 物联网，将会获得 FDD 牌照，并且允许重耕现有的 900MHz、1800MHz 频段。

中国电信的 NB-IoT 部署在 800MHz 频段。表 7-1-2 展示了国内运营商部署 NB-IoT 网络所使用的频段。

表 7-1-2　国内运营商部署 NB-IoT 网络的频段

运营商	频段	上行频率/MHz	下行频率/MHz	频宽/MHz
中国联通	Band3	1745～1765	1840～1860	20
	Band8	909～915	954～960	6
中国移动	Band3	1725～1735	1820～1830	10
	Band8	890～900	934～944	10
中国电信	Band5	825～840	870～885	15

三、硬件选型分析

1. NB-IoT 模块板载硬件资源

本项目的目标是设计智能井盖系统，在井下部署物联网设备对无线信号的穿透能力提出了更高的要求，因此在制定系统的无线通信方案时，应选择比传统通信技术灵敏度更高的低功耗广域网技术，如 NB-IoT 通信技术。图 7-1-4 是一个基于 NB-IoT 模组设计而成的模块电路板。

接下来对图 7-1-4 中的主要板载硬件资源进行介绍。

- 标号①：利尔达 NB-IoT 模组。
- 标号②：NB-IoT 模组串口连接拨码开关。"1、2 上拨，3、4 下拨"时，NB-IoT 模组的串口与电路板的串口相连，可与 PC 通信。"1、2 下拨，3、4 上拨"时，NB-IoT 模组的串口与 M3 主控芯片的 USART1 相连，可受 M3 主控芯片控制。
- 标号③：NB-IoT 模块板串口连接切换开关。该开关左拨时，M3 主控芯片的 USART1 与电路板的串口相连；右拨时，M3 主控芯片的 USART1 与 NB-IoT 模组的串口相连。
- 标号④：M3 主控芯片启动或下载切换开关。该开关左拨时，M3 主控芯片正常启动，进入工作状态；开关右拨时，M3 主控芯片进入 ISP 下载状态，可基于串口借助 PC 下载工具进行 ".hex" 格式固件的下载。
- 标号⑤：ADC 输入端子，与 M3 主控芯片的 PA1 引脚（通道 1）相连。

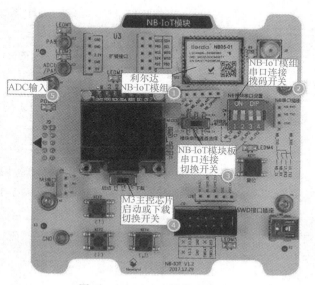

图 7-1-4　NB-IoT 模块电路板

2. 利尔达 NB86-G 模组简介

利尔达 NB86-G 系列模组基于海思 Hi2110 NB-IoT 芯片开发，该模组为全球领先的 NB-IoT 无线通信模块，符合 3GPP 标准，支持 Band1、Band2、Band3、Band5、Band8、Band20 和 Band28 等频段，具有体积小、功耗低、传输距离远、抗干扰能力强等特点。图 7-1-5 是利尔达 NB86-G 模组外形图。

图 7-1-5　利尔达 NB86-G 模组外形

NB86-G 系列模块有以下主要特性：

- 模块封装：LCC and Stamphole package；
- 超小模块尺寸：20mm×16mm×2.2mm（$L×W×H$），重量 1.3g；
- 超低功耗：≤5μA；
- 工作电压：VBAT 3.1~4.2V（典型值：3.6V）、VDD_IO（典型值：3.0V）；
- 发射功率：（23±2）dBm（Max），最大链路预算比 GPRS 或 LTE 提升 20dB，最大耦合损耗 MCL 为−164dBm；
- 提供两路 UART 接口、1 路 SIM/USIM 卡通信接口、1 个复位引脚、1 路 ADC 接口、1 个天线接口（特性阻抗 50Ω）；
- 支持 3GPP Rel. 13 NB-IoT 无线电通信接口和协议；
- 内嵌 UDP、IP、COAP 等网络协议栈；
- 所有器件符合 EU RoHS 标准。

四、NB-IoT 模组与云平台的通信协议分析

以新大陆物联网云平台为例，NB-IoT 模组上行报文的帧格式见表 7-1-3。

表 7-1-3　上行报文帧格式

字段名	长度/B	取值	说明
identifier	1	固定值 0x4a	设备标识，可以用模块地址
msgType	1	固定值 0	固定值 0 表示上报数据
hasMore	1	0 或 1	表示后续是否还有数据 0：没有，1：有
data	可变	可变	详见数据字段说明表

从表 7-1-3 可以看出，NB-IoT 模组上报至物联网云平台的报文帧由四个字段构成，其中，"data" 字段为数据字段，该字段的具体说明见表 7-1-4。

表 7-1-4　数据字段说明表

服务	字段名	长度/B	取值	说明
Temperature	serviceId	1	固定 0x00	
	Temperature	2	温度	
Illumination	serviceId	1	固定 0x01	
	Illumination	2	光照度	
Light	serviceId	1	固定 0x02	
	state	1	1 亮，0 灭	

（续）

服务	字段名	长度/B	取值	说明
Fan	serviceId	1	固定 0x03	
	state	1	1 亮，0 灭	
Humidity	serviceId	1	固定 0x06	
	humidity	1	湿度	
ReportTime	serviceId	1	固定 0x04	
	eventTime	7	yyyyMMddHHmmss	时间信息可选，如果没有上传时间信息，则用 IoT 平台的时间信息
DeviceInfo	serviceId	1	固定 0x05	
	batteryLevel	1	0～100	电量信息（0～100%）
	RSRP	2	short（-140～-44）	信号强度 RSRP（-140～-44）
	ECL	1	（0～2）	信号覆盖等级（0～2）
	SNR	1	（-20～30）dB	信噪比（-20～30）dB

五、NB86-G 模组常用的 AT 指令及其接入云平台的流程

NB86-G 模组支持三种类型的 AT 指令，其语法规则见表 7-1-5。

表 7-1-5　NB86-G 模组支持的 AT 指令类型

AT 指令语法	指令类型	作用
AT+<cmd>=p1,[p2[,p3[…]]]	设置指令	根据参数进行模组的设置
AT+<cmd>?	读取参数指令	检查某指令当前设置的参数值
AT+<cmd>=?	测试指令	检查某指令支持的参数值

NB86-G 模组支持的 AT 指令较多，现对一些常用的指令进行介绍，详见表 7-1-6。

表 7-1-6　NB86-G 模组常用 AT 指令

AT 指令	参数与功能说明
AT	测试模组是否正常启动，正常将返回 OK
AT+NRB	复位 NB-IoT 模组
AT+CFUN = <fun>	更改设备功能级别，<fun>取值可变 0：最小功能；1：全功能
AT+CGSN = <snt>	查询产品序列号，<snt>取值可变 0：返回 SN；1：返回 IMEI
AT+NBAND = <n>	设置频段，<n>代表频段号，中国电信为频段 5
AT+NCDP = 117. 60. 157. 137,5683	设置对接的平台 IP 与端口号，5683 为非加密端口，5684 为 DTLS 加密端口
AT+CGATT = <state>	设置终端附着 NB-IoT 网络，<state>取值可变 0：脱离网络；1：附着到网络
AT+CEREG = <n>	设置是否打开网络注册和位置信息的上报结果码，<n>取值可变 0：禁用；1：使能网络注册信息上报的结果码；2：使能网络注册和位置信息上报的结果码
AT+CGPADDR	查询终端 IP 地址，若终端已成功入网，将返回分配到的 IP 地址

（续）

AT 指令	参数与功能说明
AT+CCLK？	查询网络时间
AT+NMGS=2,0001	发送上行数据，第1个参数为数据长度，第2个参数为十六进制字符串（上报的数据）
AT+NNMI=\<status\>	设置是否开启下行消息通知，\<status\>取值可变 0：不开启通知；1：开启通知和消息内容；2：仅通知
AT+CSCON=1	基站连接通知

用户借助 PC 上的串口调试助手发送 AT 指令，控制 NB86-G 模组接入新大陆物联网云平台的流程见表 7-1-7。

表 7-1-7　NB86-G 模组接入云平台流程

步骤	AT 指令	作用
1	AT+NRB	复位 NB-IoT 模组
2	AT	测试模组是否正常启动
3	AT+CFUN=0	设置设备功能级别为最小功能，设置频段需要
4	AT+NBAND=5	设置频段5，中国电信运营商
5	AT+NCDP=117.60.157.137,5683	设置对接的云平台 IP 和端口号
6	AT+CFUN=1	设置设备功能级别为全功能
7	AT+CGATT=1	附着到 NB-IoT 网络
8	AT+CEREG=2	打开核心网注册和位置信息结果码
9	AT+CGPADDR	查询终端获取的 IP 地址
10	AT+NNMI=1	开启下行数据通知
11	AT+NMGS=6,4a0001000025	发送上行数据，第1个参数为数据长度，第2个参数为16进制字符串（上报的数据）

任务实施

任务实施前必须先准备好设备和资源，见表 7-1-8。

表 7-1-8　设备及资源清单

序号	设备/资源名称	数量	是否准备到位（√）
1	NB-IoT 模块	1	
2	USB 转 RS-232 线缆	1	

 实施导航

- 在物联网云平台上建立 NB-IoT 项目；
- 搭建硬件环境；
- 配置 NB-IoT 模组；
- 上传数据至云平台；
- 验证结果。

实施纪要

实施纪要见表 7-1-9。

表 7-1-9 实施纪要

项目名称	项目 7 基于 NB-IoT 的智能井盖系统
任务名称	任务 1 控制 NB-IoT 模组接入物联网云平台
序号	分步纪要
1	
2	
3	
4	
5	
6	
7	
8	

 实施步骤

1. 在物联网云平台上建立 NB-IoT 项目

（1）注册账号

登录网址为 http：//www.nlecloud.com/my/login，单击图 7-1-6 中标号①处按钮，按照网站流程免费注册一个账号。

图 7-1-6 新大陆物联网云平台登录界面

注册完毕后，可用该账号登录物联网云平台。

（2）新建物联网项目

登录物联网云平台后，单击图 7-1-6 中标号②处的"开发者中心"，进入项目管理界面。

如图 7-1-7 所示，按照下列步骤新建一个基于 NB-IoT 通信技术的物联网项目。

- 标号①：单击"新建项目"按钮；
- 标号②：为项目取名，如"NB-IoT 项目"，项目名可自取；
- 标号③：选择行业类别为"智能家居"；
- 标号④：联网方案选择"NB-IoT"；
- 标号⑤：单击"下一步"按钮完成项目的建立。

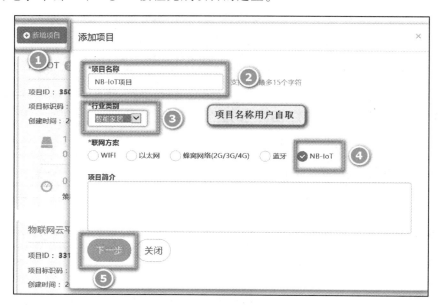

图 7-1-7　新建物联网项目

（3）添加 NB-IoT 设备

物联网项目建立完毕后，将自动进入"添加 NB-IoT 设备"流程，根据图 7-1-8 所示的步骤添加 NB-IoT 设备。

- 标号①：为设备取名为"智能井盖"；
- 标号②：通信协议选择"LWM2M"；
- 标号③：设备标识填写 NB-IoT 模块电路板上 NB86-G 模组上的 IMEI 号；
- 标号④：单击"确定添加设备"按钮，云平台将建立并添加相应的 NB-IoT 设备。

（4）查看云平台项目的传感器数据

可按图 7-1-9 所示的顺序进入云平台项目的传感器数据显示界面。

- 标号①：在项目管理界面单击标号①处的链接，将进入设备管理界面；
- 标号②：在设备管理界面单击标号②处的链接，将进入传感器数据显示界面；
- 标号③：在传感器数据显示界面可以看到云平台自动为"智能家居"类别项目匹配生成了一些传感器，如温度、光照、湿度等。

2. 搭建硬件环境

按照下列步骤搭建本任务的硬件环境：

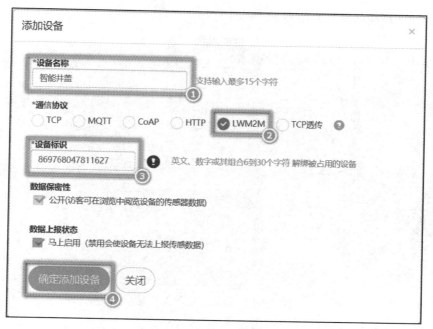

图 7-1-8　添加 NB-IoT 设备

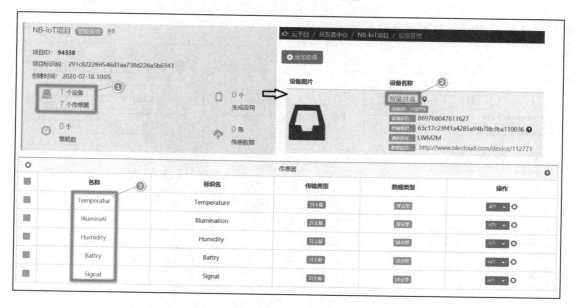

图 7-1-9　查看云平台项目的传感器数据

- 取一个 NB-IoT 模块电路板，接上天线并插入 SIM 卡，将其接入 NEWLab 实验平台；
- USB 转 RS-232 线缆的一端插入 NEWLab 实验平台背后的接口，另一端接入 PC 的 USB 接口；
- 拨动 NB-IoT 模组串口连接拨码开关（图 7-1-4 标号②处），"1""2" 上拨，"3""4" 下拨；
- 拨动 NB-IoT 模块板串口连接切换开关（图 7-1-4 标号③处），将此开关右拨，使 NB-IoT 模块电路板上的串口与利尔达 NB86-G 模组的串口直连。

搭建好的硬件环境如图 7-1-10 所示。

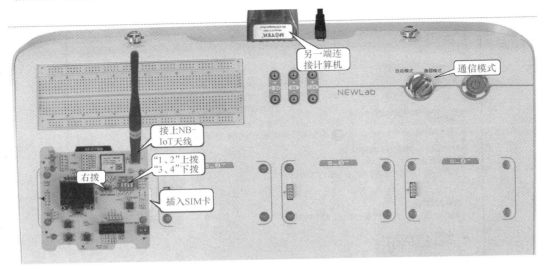

图 7-1-10　搭建好的硬件环境

3. 配置 NB-IoT 模组

打开 PC 的串口调试助手，根据表 7-1-7 所示的流程依次发送步骤 1~步骤 10 的 AT 指令，对 NB-IoT 模组进行参数配置，执行结果如图 7-1-11 所示。

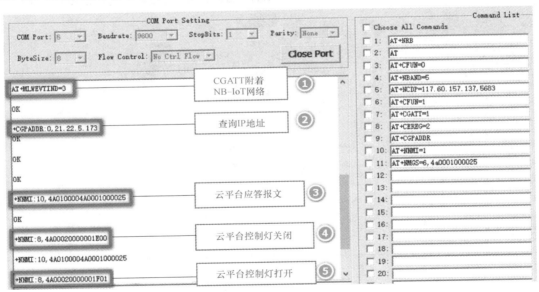

图 7-1-11　发送 AT 指令配置 NB-IoT 模组

执行"AT+CGATT = 1"指令附着 NB-IoT 网络后，若成功，将返回"AT+MLWEVTIND = 3"，如图 7-1-11 中标号①处所示。

执行"AT+CGPADDR"指令查询 IP 地址，若附着网络成功，将返回模组获取到的 IP 地址，如图 7-1-11 中标号②处所示。

4. 上传数据至云平台

根据表 7-1-3 和表 7-1-4 可模拟组建一帧温度数据报文上传至云平台，报文内容为"AT+

NMGS＝6，4A0001000025"。在该报文中，"6"代表要发送6字节长度的数据，数据的具体含义见表7-1-10。

表7-1-10　温度数据报文含义

报文内容	0x4A	0x00	0x01	0x00	0x00	0x25
含义	固定报头0x4A	0x00代表上报数据	hasMore后续还有数据	serviced温度为0x00	温度高8位为0℃	温度低8位为37℃

数据报文上传云平台成功后，云平台将发送应答报文，如图7-1-11中标号③处所示。

5. 验证结果

数据上报云平台后，可打开图7-1-9所示的传感器数据显示界面查看，详情如图7-1-12所示。

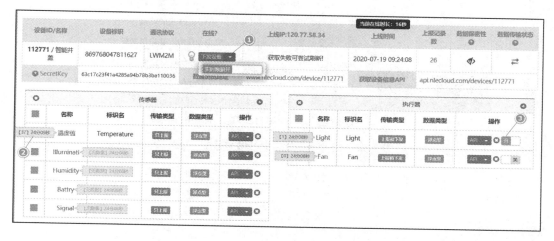

图7-1-12　传感器数据显示界面

单击图7-1-12中标号①处的按钮，设置为"实时数据开"，即可查看实时传感器数据。如在标号②处显示当前温度值为37℃。

单击图7-1-12中标号③处的滑动开关，可自云平台向设备发送灯控指令，此时，NB-IoT模组的串口会收到相应的下行报文，如图7-1-11中标号④和标号⑤处所示。以标号⑤处"云平台控制灯打开"指令为例，报文内容为"＋NNMI：8，4A00020000000100"，其含义见表7-1-11。

表7-1-11　云平台发送的灯控指令含义

报文内容	0x4A	0x00	0x02	0x00	0x00	0x00	0x01	0x00
含义	固定报头0x4A	msgType	serviceId灯控0x02	cmd控制指令	hasMore	消息编号高8位	消息编号低8位	控制指令0关,1开

任务检查与评价

完成任务实施后，进行任务检查与评价，任务检查与评价表存放在本书配套资源中。

任务小结

本任务首先对 NB-IoT 技术进行介绍，引出了当前物联网四层体系架构中的云平台，对云平台的概念及其地位进行分析。在硬件选型分析方面，简要介绍了 NB-IoT 模块板的硬件资源和利尔达 NB86-G 模组的特性，并着重分析了 NB-IoT 模组与云平台之间的通信协议，NB86-G 常用的 AT 指令及其接入云平台的流程。

通过本任务的学习，可掌握在 PC 上利用串口调试助手发送 AT 指令对 NB-IoT 模组进行设置，控制其接入物联网云平台的过程，进而掌握常用的物联网通信协议。本任务相关的知识技能小结的思维导图如图 7-1-13 所示。

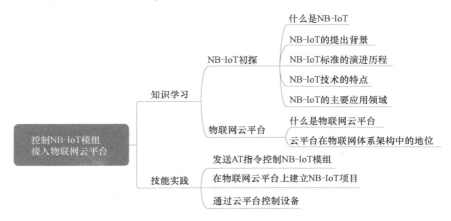

图 7-1-13　任务 1 知识技能小结思维导图

任务拓展

请在现有任务的基础上添加一项功能，具体要求如下：

● 不影响已有功能；

● 根据表 7-1-3 和表 7-1-4 模拟上报当前的环境湿度值至物联网云平台，假设环境湿度值为 60%；

● 上报的环境湿度值可在物联网云平台上观察，并可实时更新。

任务2　设计井内有害气体监测功能

职业能力目标

● 会设计 Cortex-M3 微控制器与有害气体传感器的接口（ADC）程序，并与物联网组网程序进行集成应用；

● 会查阅 NB-IoT 模组的开发指南等资料，搭建相应的开发环境并完成工程的建立、配置、调试与下载；

● 能根据功能需求正确添加 NB-IoT 代码，实现与云平台的通信连接。

任务描述与要求

任务描述：本任务要求为基于 NB-IoT 的智能井盖系统设计井内有害气体监测功能，智能井盖上安装的数据采集节点可以每隔一段时间检测一次井内有害气体的情况，并将采集的数据上传至物联网云平台进行存储与展示。

任务要求：

- 数据采集节点通过 NB-IoT 通信技术接入物联网云平台；
- 数据采集节点与物联网云平台之间通过 COAP 通信协议进行数据交互；
- 数据采集节点每隔 5s 检测一次有害气体的情况，将采集的数据上传至物联网云平台；
- 物联网云平台收到数据采集节点上报的井内有害气体情况后，将其存入数据库以备查询。

任务分析与计划

任务分析与计划见表 7-2-1。

表 7-2-1　任务分析与计划

项目名称	项目 7　基于 NB-IoT 的智能井盖系统
任务名称	任务 2　设计井内有害气体监测功能
计划方式	自主设计
计划要求	请用 8 个计划步骤完整描述出如何完成本任务
序号	任务计划
1	
2	
3	
4	
5	
6	
7	
8	

知识储备

一、NB-IoT 的网络部署

由于在低频段建网可以有效地降低站点数量并提升其深度覆盖程度，因而全球大多数电信运营商选择在低频部署 NB-IoT 网络。3GPP 协议定义了三种 NB-IoT 网络的部署模式：独立部署、保护带部署和带内部署，如图 7-2-1 所示。

1. 独立部署（Stand-alone operation）

不依赖 LTE，与 LTE 可以完全解耦，适用于重耕 GSM 频段。GSM 的信道带宽为 200kHz，大于 NB-IoT 所需的传输带宽 180kHz，两边各留出 10kHz 的保护带。

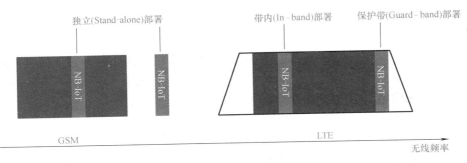

图 7-2-1 NB-IoT 网络的部署模式

2. 保护带部署（Guard-band operation）

适用于 LTE 频段。不占 LTE 资源，利用 LTE 边缘保护频带中未使用的 180kHz 的带宽资源。

3. 带内部署（In-band operation）

适用于 LTE 频段，将网络部署在 LTE 带内的一个 PRB 资源。

除了独立部署模式外，另外两种部署模式都需要考虑和原 LTE 系统的兼容性，部署的技术难度相对较高，网络容量相对较低。

二、NB-IoT 的关键技术

在项目 7 任务 1 中了解了 NB-IoT 主要有大连接、广覆盖与深穿透、低功耗和低成本等主要特点，接下来学习支撑这些特点的关键技术。

1. 大连接

传统的蜂窝移动网络的基站设计主要满足用户的并发通信和减小时延两大需求，而物联网业务的低速率要求和对时延的不敏感决定了 NB-IoT 具有小包数据发送和终端极低激活比的特征，因此 NB-IoT 基站可以同时允许更多的用户（5 万个左右）接入。而且，NB-IoT 通过减小空口信令开销，大大提升了频谱效率。据相关设备厂家评估，NB-IoT 比 2G/3G/4G 有 50~100 倍的上行容量提升。

2. 广覆盖与深穿透

NB-IoT 主要通过提高功率谱密度、重复发送和引入上行 Inter-site CoMP 技术等方式提高其覆盖能力。

1）功率谱密度。NB-IoT 采用窄带设计方式，下行带宽 180kHz，因此在同样的发射功率情况下，NB-IoT 的功率谱密度和 GSM 相当，比 CDMA 高 8dB。另外，NB-IoT 上行带宽最低为 3.75kHz，它的上行功率谱密度比 GSM 高 7dB，比 CDMA 高 25dB。

2）重复发送。NB-IoT 最高支持 128 次重复，实际中一般取下行 8 次重复，上行 16 次重复，获得 9~12dB 的增益。

3）上行 Inter-site CoMP。NB-IoT 上行引入 IntersiteCoMP 技术，可以获得 3dB 的增益。因此，NB-IoT 在上行链路至少可以提升 20dB，既能满足郊区、农村区域的广覆盖需求，也可以实现城市区域的深度覆盖，就算在地下车库、地下室、地下管道等信号难以到达的地方也能覆盖到。

3. 低功耗

3GPP 在相关系列标准中引入了 PSM（Power Saving Mode，省电模式）和 eDRX（Extended

Discontinuous Reception，增强型非连续接收模式）技术，NB-IoT 才真正具备了低功耗特性。PSM 是 3GPP Release12 中新增的功能，在此模式下，终端仍旧注册在网，但信令不可达，从而使终端更长时间驻留在深睡眠以达到省电的目的，适用于时延不敏感业务；eDRX 是 3GPP Release13 中新增的功能，即增强 DRX，进一步延长终端在空闲模式下的睡眠周期，最长周期约 3h，减少接收单元的信令处理，相对于 PSM，大幅度提升了下行可达性。图 7-2-2 展示了 NB-IoT 的 PSM 与 eDRX 技术的特性。

动画　NB-IoT如何实现低功耗

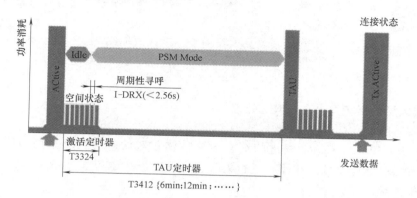

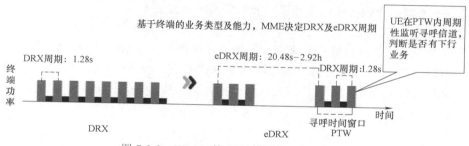

图 7-2-2　NB-IoT 的 PSM 模式与 eDRX 技术

4. 低成本

终端芯片通常由基带处理模块、射频模块、功放模块、电源管理模块和 Flash/RAM 等组成。和 4G 智能手机或其他终端相比，NB-IoT 终端采用 180kHz 的窄带带宽，基带模块复杂度低；低数据速率和协议栈简化可以大大降低对 Flash/RAM 大小的要求；单天线、半双工的方式，可以有效简化射频模块。目前，NB-IoT 终端芯片能够做到低至 1 美元。

三、NB-IoT 的体系架构

NB-IoT 的体系架构如图 7-2-3 所示。

从图 7-2-3 可以看出，NB-IoT 的体系架构可以分为以下五个部分。

1. NB-IoT 终端

终端涉及 NB-IoT 芯片、NB-IoT 模组、NB-IoT UE 和传感器等。其中，UE（User Equipment，用户终端）是移动通信网络的接入点，通过 NB-IoT 的 Uu 接口与基站相连，进而与 EPC 核心网实现通信。

2. NB-IoT 基站

基站主要承担空口接入处理，小区管理等相关功能，并通过 S1-lite 接口与 IoT 核心网进行

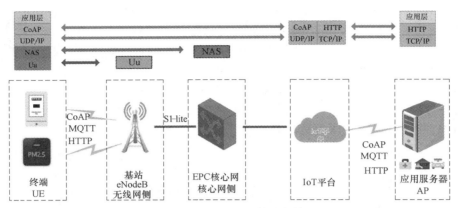

图 7-2-3　NB-IoT 的体系架构

连接，将非接入层数据转发给高层网元处理。

3. EPC 核心网

EPC（Evolved Packet Core，演进的核心系统）核心网承担与终端非接入层交互的功能，并将 IoT 业务相关数据转发到 IoT 平台进行处理。它提供全 IP 连接的承载网络，能提供所有基于 IP 业务的能力集。

4. IoT 平台

IoT 平台主要包括物联网连接管理平台和物联网业务使能平台。

5. 应用服务器

应用服务器是 IoT 数据的最终汇聚点，根据客户的需求进行数据处理等操作。应用服务器通过 HTTP/HTTPs 协议和平台通信，通过调用平台的开放 API 来控制设备，平台把设备上报的数据推送给应用服务器。

四、硬件选型分析

1. 认识气体传感器模块

本任务要求监测井内有害气体的浓度，因此需要选用气体传感器，它是一种电导率随着空气中污染气体浓度变化的半导体传感器。

MQ135 气体传感器所使用的气敏材料是在清洁空气中电导率较低的二氧化锡（SnO_2）。当传感器所处环境中存在污染气体时，传感器的电导率随空气中污染气体浓度的增加而增大，使用简单的电路即可将电导率的变化转换为与该气体浓度相对应的输出信号。

MQ135 气体传感器对氨气、硫化物、苯系蒸气的灵敏度高，对烟雾和其他有害气体的监测也很理想。这种传感器可检测多种有害气体，是一款适合多种应用的低成本传感器。它具有以下特点：

- 在较宽的浓度范围内对有害气体有良好的灵敏度；
- 对氨气、硫化物、苯系等灵敏度较高；
- 长寿命、低成本；
- 只需简单的驱动电路即可工作。

正是因为 MQ135 具备上述优点，因此常被用于家用空气污染报警器、工业用空气污染报警器和便携式空气污染检测器等产品中。图 7-2-4 展示了一款基于 MQ135 型空气污染传感器设计而成的气体传感器模块。

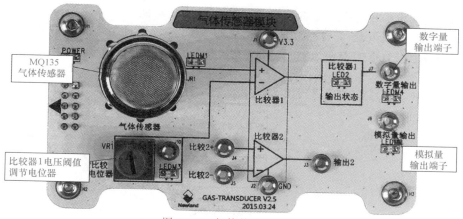

图 7-2-4　气体传感器模块

2. 气体传感器模块的工作原理分析

从图 7-2-4 可以看到气体传感器模块有两个输出端子，一个输出数字量，另一个输出模拟量。

数字量输出端子接比较器 1 的输出，仅输出两种电平：高电平 1，低电平 0。比较器 1 的基准电压来自于电位器，调节电位器可改变基准电压值。

气体传感器模块的主要电路原理图如图 7-2-5 所示。

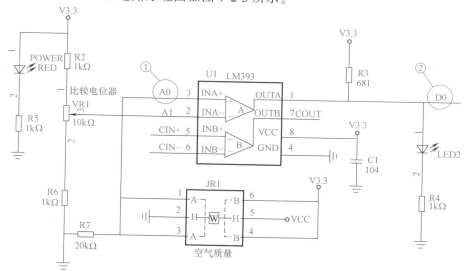

图 7-2-5　气体传感器模块的主要电路原理图

在图 7-2-5 中，JR1 为 MQ135 型气体传感器，当空气中污染气体浓度增加时，其输出电压值也增大。它的模拟量电压输出端子"A0"（标号①处）接入比较器 1 的"+"端，与基准电压值比较，若 MQ135 型气体传感器输出的电压更高，则比较器 1 的数字量输出端子（标号②处）为高电平，反之亦然。

在本任务中主要关注 MQ135 型气体传感器的模拟电压输出值。

五、规划 NB-IoT 模块的工作流程

根据表 7-1-4 的说明，感知层设备在上报传感器数据至云平台时，应同时携带当时的日期

与时间信息，因此设备在上报数据前应确保本地时间的正确性。NB-IoT 模组提供了"获取网络时间"的功能，通过发送"AT+CCLK？"指令至 NB-IoT 模组即可实现。另外，根据任务要求，感知层设备上报数据的周期为 10s，可制定如图 7-2-6 所示的工作流程。

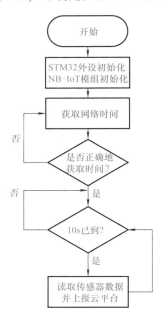

图 7-2-6　NB-IoT 模块的工作流程

任务实施

任务实施前必须先准备好设备和资源，见表 7-2-2。

表 7-2-2　设备和资源清单

序号	设备/资源名称	数量	是否准备到位(√)
1	NB-IoT 模块	1	
2	USB 转 RS-232 线缆	1	
3	气体传感器模块	1	
4	各色香蕉线	若干	
5	Flash Loader Demostrator 软件	1	
6	关键代码包	1	

实施导航

- 基于 STM32CubeMX 建立工程；
- 添加代码包；
- 编写代码；
- 编译下载程序；
- 搭建硬件环境；
- 结果验证。

实施纪要

实施纪要见表 7-2-3。

表 7-2-3 实施纪要

项目名称	项目 7　基于 NB-IoT 的智能井盖系统
任务名称	任务 2　设计井内有害气体监测功能
序号	分步纪要
1	
2	
3	
4	
5	
6	
7	
8	

实施步骤

1. 基于 STM32CubeMX 建立工程

（1）建立工程存放文件夹

在任意路径新建文件夹 "project7_nbiot" 用于存放项目 7 的工程，然后在该文件夹下新建文件夹 "task2_nbiot-gas" 用于保存本任务工程。

（2）新建 STM32CubeMX 工程

参照项目 2 任务 2 相关步骤新建 STM32CubeMX 工程，MCU 型号修改为 "STM32L151C8Tx"。

（3）配置 STM32 的外设

根据任务要求，本任务需要配置的 STM32 外设包括 USART1、USART2、ADC 和 RTC（实时时钟），配置步骤如下：

- 参照项目 2 任务 2 相关步骤配置 USART1 的波特率为 115200bit/s，使能全局中断。
- 参照项目 2 任务 2 相关步骤配置 USART2 的波特率为 9600bit/s，使能全局中断。
- 根据项目 5 任务 2 相关步骤进行 ADC 外设的配置，使能外部通道 1（IN1），其余参数均保持默认即可。
- 按照图 7-2-7 所示的步骤进行 RTC 的配置，注意将标号③处的 "Data Format" 改成 "Binary data format"。

（4）配置 STM32 时钟系统和调试端口

参照项目 2 任务 2 相关步骤配置调试端口。

按照图 7-2-8 所示的步骤进行时钟系统的配置，注意标号处的配置。

标号①：晶体振荡器频率设置为 8MHz；

标号②：RTC 时钟源选择 LSE；

标号③：PLL 时钟源选择 HSE；

标号④：HCLK 配置为 32MHz；

标号⑤：PCLK1 配置为 HCLK 的 2 分频，即 16MHz；

标号⑥：Systick 时钟源配置为 HCLK 的 8 分频，即 4MHz。

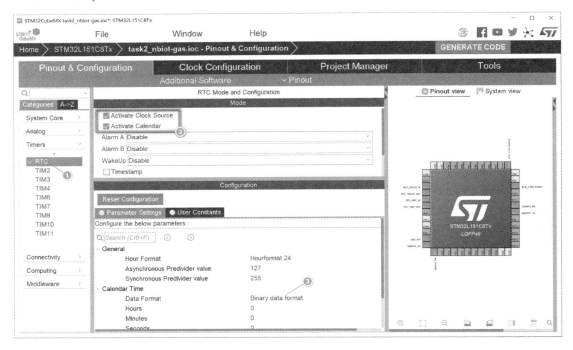

图 7-2-7　RTC 的配置

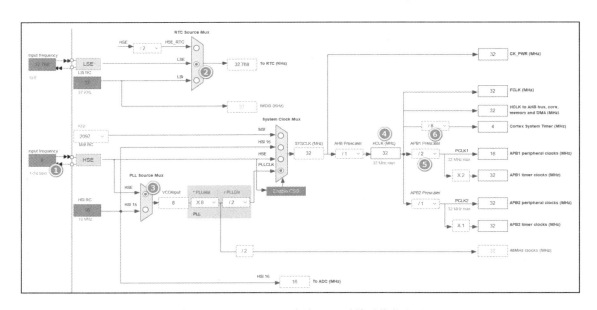

图 7-2-8　STM32L151 系列 MCU 时钟系统的配置

（5）配置工程参数

参照项目 2 任务 2 相关步骤配置工程参数。

（6）保存工程并生成初始化代码

参照项目 2 任务 2 相关步骤保存工程，工程名为"task2_nbiot-gas. ioc"，单击"GENER-

ATE CODE”按钮生成初始 C 代码工程。(**注意**：保存路径中不能有中文。)

2. 添加代码包

复制本任务的代码文件夹“OLED”和“UserApp”至“task2_nbiot-gas”文件夹下。参照项目 2 任务 2 相关步骤在工程中建立“OLED”组，将“oled.c”文件加入组中。建立“UserApp”组，加入“user_cloud.c”“user_oled.c”“user_rtc.c”“user_usart1.c”和“user_usart2.c”等 5 个文件。最后，将“OLED”“UserApp”文件夹加入头文件“Include Paths（包含路径）”中，以便编译时可访问相应的头文件。

3. 编写代码

(1) 编写 NB-IoT 模组配置代码

在“user_cloud.c”中编写 NB-IoT 模组配置相关的代码，在“nbiot_config”函数中输入下列代码。

```
1.  void nbiot_config(void)
2.  {
3.      /*在这里补充 NB-IoT 模组配置代码*/
4.      send_AT_command("AT+CFUN=%d\r\n", 0);
5.      wait_answer("OK");
6.      send_AT_command("AT+NBAND=%d\r\n", 5);
7.      wait_answer("OK");
8.      send_AT_command("AT+NCDP=%s,%d\r\n", "117.60.157.137", 5683);
9.      wait_answer("OK");
10.     send_AT_command("AT+CFUN=%d\r\n", 1);
11.     wait_answer("OK");
12.     send_AT_command("AT+CEREG=%d\r\n", 2);
13.     wait_answer("OK");
14.     send_AT_command("AT+NNMI=%d\r\n", 1);
15.     wait_answer("OK");
16.     send_AT_command("AT+CGATT=%d\r\n", 1);
17.     wait_answer("AT+MLWEVTIND=3");
18.  }
```

(2) 添加 OLED 显示信息函数

在“user_oled.c”中添加“OLED 显示初始化信息”和“OLED 显示气体浓度信息”函数，具体代码如下。

```
1.  /**
2.   * @brief  OLED 显示初始化信息
3.   */
4.  void oled_init_info(void)
5.  {
6.      OLED_ShowString(24, 0, (uint8_t *)"Smart City");
7.      OLED_ShowString(24, 2, (uint8_t *)"Net : ");
8.      OLED_ShowString(24, 4, (uint8_t *)"Gas : ");
```

```
9.  }
10. /**
11.  * @brief   OLED 显示气体浓度信息
12.  * @param   气体传感器电压值,单位为 mV
13.  */
14. void oled_show_gas(int gas_mv)
15. {
16.   uint8_t tmp[8] = {0};
17.   uint8_t oledBuf[32];
18.   sprintf((char *)oledBuf, "%d mv", gas_mv); //格式化
19.   memcpy(tmp, oledBuf, 7);
20.   OLED_ShowString(72, 4, tmp); //OLED 显示
21. }
```

（3）编写应用层代码

在 "main. c" 文件相应的位置输入以下代码。

```
1.  /* USER CODE BEGIN Includes */
2.  #include "oled.h"
3.  #include "user_oled.h"
4.  #include "user_usart1.h"
5.  #include "user_usart2.h"
6.  #include "user_cloud.h"
7.  /* USER CODE END Includes */
8.
9.  /* USER CODE BEGIN PV */
10. uint8_t usart1RxBuf;
11. uint8_t usart2RxBuf;
12. int gas_mv = 0; //MQ-135 气体传感器电压值,单位为mV
13. uint8_t state_flag = 0, ret = 255, i = 0;
14. /* USER CODE END PV */
15.
16. /* USER CODE BEGIN PFP */
17. /**
18.  * @brief   获取气体浓度电压值
19.  * @retval 电压值,单位为mV
20.  */
21. int get_gas_value(void)
22. {
23.   float adcValue;
24.
25.   HAL_ADC_Start(&hadc);                      //启动 ADC
26.   HAL_ADC_PollForConversion(&hadc, 10); //等待采集完成
```

```
27.     adcValue = HAL_ADC_GetValue(&hadc);      //获取 ADC 值
28.     adcValue = adcValue * 3.3 / 4096.0;      //ADC 值转换为电压值
29.     HAL_ADC_Stop(&hadc);                     //停止 ADC
30.     return (int)(adcValue * 1000);
31. }
32. /* USER CODE END PFP */
33.
34. int main(void)
35. {
36.   /* USER CODE BEGIN 2 */
37.   OLED_Init(); //OLED 初始化
38.   oled_init_info(); //OLED 显示初始信息
39.   oled_display_connection_status(LINKING);
40.   /*开启 USART1 中断接收*/
41.   HAL_UART_Receive_IT(&huart1, &usart1RxBuf, 1);
42.   /*开启 USART2 中断接收*/
43.   HAL_UART_Receive_IT(&huart2, &usart2RxBuf, 1);
44.   wait_nbiot_start(); //等待 NB 模块启动
45.   nbiot_config();        //NB 模块参数配置并入网
46.   printf("Init OK\n");
47.   /* USER CODE END 2 */
48.   /* USER CODE BEGIN WHILE */
49.   while (1)
50.   {
51.     /* USER CODE END WHILE */
52.     /* USER CODE BEGIN 3 */
53.     /*每隔 10s 采集并发送一次数据*/
54.     if (i++ > 100)
55.     {
56.       i = 0;
57.       gas_mv = get_gas_value(); //获取传感器值
58.       //printf("gas_mv is %d\n", gas_mv);
59.       oled_show_gas(gas_mv);
60.       if (state_flag < 2)
61.       {
62.         //printf("to get time\n");
63.         get_time_from_server(); //获取网络时间
64.       }
65.       else if (state_flag == 2)
66.       {
67.         //printf("to send data\n");
68.         send_data_to_cloud(gas_mv); //发送数据到云平台
```

```
69.         }
70.       }
71.     /*接收数据处理*/
72.     ret = rcv_data_deal();
73.     switch (ret)
74.     {
75.     case TIME_OK:                               //成功获取到网络时间
76.       oled_display_connection_status(LINKED); //OLED 显示-网络已连接
77.       state_flag = 2;
78.       break;
79.     default:
80.       break;
81.     }
82.     HAL_Delay(100);
83.   }
84.   /* USER CODE END 3 */
85. }
86.
87. /* USER CODE BEGIN 4 */
88. /**
89.   * @brief   串口接收中断回调函数
90.   * @param   *huart 串口句柄
91.   */
92. void HAL_UART_RxCpltCallback(UART_HandleTypeDef *huart)
93. {
94.   if (huart == &huart1) //USART1 产生中断
95.   {
96.     usart1_data_fifo_put(usart1RxBuf); //向 USART1 缓冲区写入数据
97.     HAL_UART_Receive_IT(&huart1, &usart1RxBuf, 1);
98.   }
99.   if (huart == &huart2) //USART2 产生中断
100.   {
101.     usart2_data_fifo_put(usart2RxBuf); //向 USART2 缓冲区写入数据
102.     HAL_UART_Receive_IT(&huart2, &usart2RxBuf, 1);
103.   }
104. }
105. /**
106.   * @brief   串口出错回调函数
107.   * @param   *huart 串口句柄
108.   */
109. void HAL_UART_ErrorCallback(UART_HandleTypeDef *huart)
110. {
```

```
111.    printf("UART Error:%x\r\n", huart->ErrorCode); //报告错误编号
112.    huart->ErrorCode = HAL_UART_ERROR_NONE;
113.    if (huart == &huart1)
114.    {
115.      HAL_UART_Receive_IT(&huart1, &usart1RxBuf, 1); //重新打开 USART1 接收中断
116.    }
117.    if (huart == &huart2)
118.    {
119.      HAL_UART_Receive_IT(&huart2, &usart2RxBuf, 1); //重新打开 USART2 接收中断
120.    }
121.  }
122.  /* USER CODE END 4 */
```

4. 编译下载程序

（1）下载前的准备

本任务将使用 ISP（In-System Programming，在线系统编程）方式进行 STM32 微控制器的程序下载，下载前需要做以下准备工作：

- 安装 "Flash Loader Demostrator" 软件；
- 取一个 NB-IoT 模块板，接入 NEWLab 实验平台；
- 将 NB-IoT 模块板上的 "M3 主控芯片启动或下载切换开关" 向右拨，切换为 "下载" 模式；
- 将 NB-IoT 模块板上的 "NB-IoT 模块板串口连接切换开关" 向左拨，使 NEWLab 实验平台背后的串口与 M3 主控芯片的 USART1 相连；
- 将 NEWLab 右上角的旋钮拨至 "通信模式"。

（2）编译程序

使用快捷键 "F7" 编译程序，等程序编译完成后，至路径 "task2_nbiot-gas\MDK-ARM\task2_nbiot-gas" 中查看是否生成 "task2_nbiot-gas. hex" 固件，若有则将其复制到 Windows 系统桌面，便于后续操作。

（3）下载程序

为 NEWLab 实验平台上电，然后打开 "Flash Loader Demostrator" 软件进行相应的配置，具体如图 7-2-9 所示。

- 标号①：选择正确的 COM 口；
- 标号②：为 STM32L151C8Tx 微控制器选择正确的 Flash 容量；
- 标号③：定位到桌面上的 "task2_nbiot-gas. hex" 固件文件；
- 标号④：单击 "Next" 按钮，如果软硬件配置都正确，将进入下载流程，等待一小段时间后，固件将成功下载到 STM32 微控制器中。

5. 搭建硬件环境

按照以下步骤搭建本任务所需的硬件环境。

- 取一个 NB-IoT 模块板，接入 NEWLab 实验平台；
- 将 NB-IoT 模块板上的 "M3 主控芯片启动或下载切换开关" 向左拨，切换为 "启动" 模式；
- 将 NB-IoT 模块板上的 "NB-IoT 模块板串口连接切换开关" 向左拨，使 NEWLab 实验

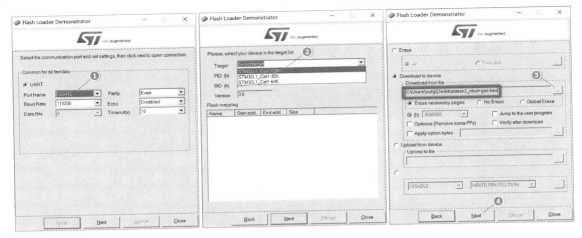

图 7-2-9 Flash Loader Demostrator 软件配置

平台背后的串口与 M3 主控芯片的 USART1 相连；

- 将 "NB-IoT 模组串口连接拨码开关状态改变为 "1" "2" 下拨，"3" "4" 上拨；
- 将 NEWLab 右上角的旋钮拨至 "通信模式"；
- 选取气体传感器模块，接入 NEWLab 实验平台，取一条香蕉线，一端连接 NB-IoT 模块板的 "ADC1" 端子，另一端连接气体传感器模块的 "模拟量输出" 端子。

搭建好的硬件环境如图 7-2-10 所示。

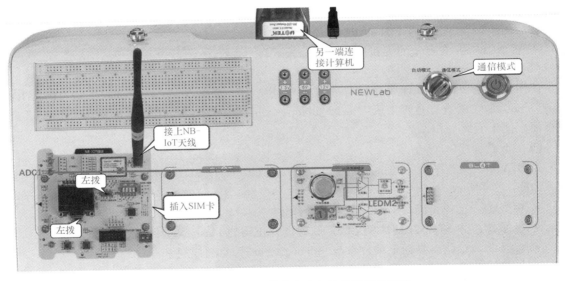

图 7-2-10 搭建好的井内有害气体监测硬件环境

6. 结果验证

搭建好硬件环境后，为 NEWLab 实验平台上电，等待一段时间后，NB-IoT 模块板将周期性（10s）地上报其采集的 MQ135 气体传感器的数据至物联网云平台。参照图 7-1-12 进行相应的设置后，云平台可显示实时的传感器数据，如图 7-2-11 所示。

注： 本任务使用了云平台 "光照值" 协议上报数据，可单击图 7-2-11 中标号①处的链接，

图 7-2-11　物联网云平台运行结果

将传感器的名称修改为"有害气体"，使之看起来更加直观。

同时，NB-IoT 模块板上的 OLED 屏幕将显示当前 NB-IoT 网络的连接情况以及实时的气体传感器数据。

任务检查与评价

完成任务实施后，进行任务检查与评价，任务检查与评价表存放在本书配套资源中。

任务小结

本任务对 NB-IoT 技术进行了更深入的分析，首先介绍了 NB-IoT 网络的部署模式，然后结合 NB-IoT 的特点分析了其背后的关键技术，最后讲解了 NB-IoT 的体系架构。

通过本任务的学习，可掌握 NB-IoT 模组与嵌入式微控制器组合的方法，采集传感器数据并上报至云平台的实现方法。本任务相关的知识技能小结的思维导图如图 7-2-12 所示。

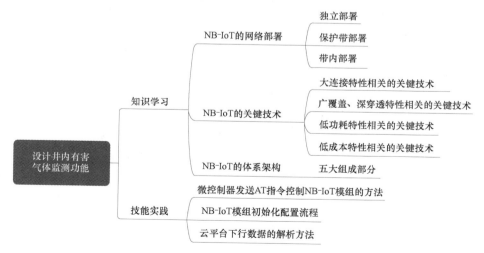

图 7-2-12　任务 2 知识技能小结思维导图

请在现有任务的基础上添加一项功能，具体要求如下：

- 不影响已有功能；
- 配置板载 LED 灯连接的"PB9"引脚；
- 根据表 7-1-11 云平台发送的灯控指令含义的说明，使用云平台提供的灯控按钮，下发指令控制本地 LED 灯的亮灭。

参 考 文 献

［1］ 苏李果，宋丽. STM32 嵌入式技术应用开发全案例实践［M］. 北京：人民邮电出版社，2020.
［2］ 房华，彭力. NB-IoT/LoRa 窄带物联网技术［M］. 北京：机械工业出版社，2019.
［3］ 熊保松，李雪峰，魏彪. 物联网 NB-IoT 开发与实践［M］. 北京：人民邮电出版社，2020.
［4］ 廖建尚，冯锦澎，纪金水. 面向物联网的嵌入式系统开发［M］. 北京：电子工业出版社，2019.
［5］ 肖佳，胡国胜. 物联网通信技术及应用［M］. 北京：机械工业出版社，2019.
［6］ 黄宇红，杨光. NB-IoT 物联网技术解析与案例详解［M］. 北京：机械工业出版社，2018.
［7］ 廖建尚，周伟敏，李兵. 物联网短距离无线通信技术应用与开发［M］. 北京：电子工业出版社，2019.